テルペン利用の新展開

Advanced Technologies for Terpenoids

監修：大平辰朗，宮澤三雄
Supervisor：Tatsuro Ohira, Mitsuo Miyazawa

シーエムシー出版

はじめに

　テルペン（テルペノイド，イソプレノイド）は，動植物の組織中に見出されているが，特に植物中に広く存在している有機化合物である。テルペンの語源は，テレピン油（turpentine）に由来しており，ギリシャ語で「テレペンチンを生じる木」という意味をもつ"terebinthos"を起源としており，テルペンは古くから私たちの生活に利用されてきた歴史をもっている。例えば針葉樹の切口等からしみ出てくる樹液は，ターペンタインと呼ばれ，古代エジプトではこれを蒸留してテレピン油（ターペンタインの揮発性成分）を得ていたと言われており，また古代より木材から得られるタールやピッチは，木造船の継ぎ目のコーキングや防腐剤，たいまつ等に利用されていた。一方では美容のための香油，殺菌剤，塗装や絵画のラッカーとしてもテレピン油は使用されてきた。生松脂が採取・使用されるようになってからは，用途も次第に拡大し，19世紀中頃には生松脂からガムテレピン油とガムロジンの工業生産（ガムプロセス）が始まり，急激に普及拡大した。当初テルペンは，テレピン油に含まれる炭化水素や樹脂酸等を示すものだったが，研究が進展するにしたがって現在では意味する対象は多様な化学的特性を有する広範な物質群になっている。テルペンやフラボノイド，アルカロイド等のいわゆる二次代謝産物は，植物が生産する有機化合物の中でも特に多様性に富んでいる化合物である。とりわけテルペンは，これまでに植物を含め動物，微生物等から約40,000種類が単離されており，自然界で最も複雑な化合物群を構成している[1]。テルペンは，現在でも薬理活性，殺虫活性等，市場価値の高い物質が多く含まれているので，様々な分野で活用されている。例えば，クスノキから得られる樟脳（カンファー）は，防虫剤，防腐剤，医薬品等として用いられていたり，合成樹脂セルロイドの可塑剤としても一産業を支える重要な物質だった。太平洋イチイ（*Taxus brevifolia*）樹皮から見出されたジテルペンアルカロイドの一種"Taxol"は，制がん作用に優れた物質であり，卵巣ガンや乳ガンの治療に利用されている。樹木関連では東北地方に多く生育するヒノキアスナロ（*Thujopsis dolabrata*）の材に含まれるテルペン類の一種"ヒノキチオール"は，広い抗菌スペクトルを有し，抗菌活性にも優れており，医薬品をはじめ，防腐剤，殺虫剤等して多用されている。戦時下の物資不足の日本では，マツ（アカマツ等）の切り株を乾留して得られる油分（松根油（テルペン類が主体））を燃料として活用する試みも行われた。これら以外にも多くのテルペン類が医薬品原料，香料，食品添加物，農薬，工業原料等として流通しており，産業界においてはたいへん有用な化合物群となっている。このようにテルペン類は，その利用の歴史は古く，また現在でも様々分野で利用され，私たちの身近な生活に大きく関わっている貴重な物質群と言える。そのためテルペンに関する優れた著書は多数出版されており，いずれも有益な情報をもたらしてくれているが，残念ながらその多くは利用分野に限定した内容のものが多い。そこで本書では，テルペン類の様々な利用法について基礎から応用まで網羅的にまとめることを基本として，利用する上でのベースになるテルペン類に関する知識（分類，生合成，抽出・分析法，機能性（抗菌，防虫，消

臭，抗酸化性，生理活性，医薬活性等），安全性，反応性等），最新の利用に関する情報を網羅的に取り上げ，「テルペン利用の新展開」としてまとめることにした。執筆には国内の第一線で活躍されている様々な専門分野の研究者，技術者等が携わっている。主要な内容は漏れなく取り入れた感はあるが，紙面の関係上漏れた内容も一部あるかもしれない。ご容赦願いたい。本書が，テルペン類の基礎研究，利用研究，商品開発等に携わっている多くの研究者，技術者，経営者等の座右の書の一つになれば幸いである。

1) S. C. Roberts, *Nature Chemical Biology*, **3**, 387-395 (2007)

2016年8月

森林総合研究所
大平辰朗

近畿大学
奈良先端科学技術大学院大学
宮澤三雄

執筆者一覧（執筆順）

谷田貝　光克	香りの図書館　館長；東京大学名誉教授；秋田県立大学名誉教授
大平　辰朗	森林総合研究所　森林資源化学研究領域　樹木抽出成分研究室　室長
上垣外　正己	名古屋大学　大学院工学研究科　化学・生物工学専攻　教授
佐藤　浩太郎	名古屋大学　大学院工学研究科　化学・生物工学専攻　准教授
山下　光明	近畿大学　農学部　応用生命化学科　生物環境学研究室　講師
北山　隆	近畿大学　農学部　バイオサイエンス学科　天然物有機化学研究室　教授
堀内　哲嗣郎	におい 香り研究家
芦谷　竜矢	山形大学　農学部　教授
光永　徹	岐阜大学　応用生物科学部　天然物利用化学研究室　教授
松原　恵理	森林総合研究所　複合材料研究領域　主任研究員
宮澤　三雄	近畿大学　名誉教授 奈良先端科学技術大学院大学　客員教授
丸本　真輔	近畿大学　共同利用センター　助教
山本　雅之	日本香料薬品㈱　研究所　課長
櫻井　和俊	高砂香料工業㈱　研究開発本部　テクニカルアドバイザー
片岡　郷	アットアロマ㈱　代表取締役
今　喜裕	産業技術総合研究所　触媒化学融合研究センター　主任研究員
笹川　巨樹	荒川化学工業㈱　研究開発本部　コーポレート開発部　主査
内匠　清	荒川化学工業㈱　研究開発本部　開発推進部　主査
川崎　郁勇	武庫川女子大学　薬学部　薬化学Ⅰ講座　教授
藤井　義晴	東京農工大学　国際生物資源学研究室　教授
染矢　慶太	ライオン㈱　学術情報部　主任部員
大野木　宏	タカラバイオ㈱　事業開発部　部長代理
東　昌弘	㈲キセイテック　代表取締役

目　　次

【基礎編】

第1章　テルペンとは何か？　　谷田貝光克

1　はじめに …………………………… 1
2　抽出成分としてのテルペン ……… 1
3　種類 ………………………………… 3
　3.1　精油 ………………………… 3
　3.2　樹脂 ………………………… 6
　3.3　サポニン …………………… 7
4　テルペンの生合成 ………………… 8
5　特性 ………………………………… 9
　5.1　抗菌作用 …………………… 9
　5.2　抗害虫作用 ………………… 9
　5.3　アレロパシー ……………… 9
　5.4　薬理作用 …………………… 10
　5.5　その他の多様な働きをするテルペン
　　　………………………………… 10

第2章　テルペン類の抽出法　　大平辰朗

1　はじめに …………………………… 11
2　一般的な抽出法 …………………… 11
　2.1　圧搾法 ……………………… 12
　2.2　有機溶剤抽出法 …………… 12
　2.3　水蒸気蒸留法 ……………… 13
3　高効率的な最新の抽出法 ………… 14
　3.1　超臨界流体 ………………… 14
　3.2　超臨界流体による成分抽出機構 … 15
　3.3　有用成分の選択的な抽出・分離 … 16
4　超音波やマイクロ波を利用した抽出技術
　　　………………………………… 16
　4.1　超音波抽出法（Ultrasound-assisted extraction, USE）……………… 16
　4.2　マイクロ波を利用した抽出 ……… 17
　　4.2.1　マイクロ波の特性 ……… 17
　　4.2.2　マイクロ波を利用した抽出技術
　　　　……………………………… 18
　　4.2.3　減圧式マイクロ波水蒸気蒸留法（Vaccume Microwave-assisted Steam Distillation, VMSD）… 18
　　4.2.4　精油成分のVMSD抽出時に得られる芳香蒸留水 …………… 19

第3章　テルペン類の分析法　　大平辰朗

1　はじめに …………………………… 23
2　分析法 ……………………………… 23
　2.1　分析の前処理 ……………… 23
　　2.1.1　ヘッドスペース法 ……… 24
　2.2　分析機器 …………………… 25
　　2.2.1　ガスクロマトグラフ（GC）法
　　　　……………………………… 25
　　2.2.2　Fast GC …………………… 27
　　2.2.3　多次元ガスクロマトグラフィー（MDGC）…………………… 27

I

2.2.4 質量分析（MS）……… 28	2.2.6 超臨界流体クロマトグラフィー
2.2.5 高速液体クロマトグラフ法	（SFC）…………………… 31
（HPLC）………………… 30	2.2.7 その他の分析法 ………… 32

第4章　テルペン類の重合反応　　上垣外正己，佐藤浩太郎

1 はじめに ……………………… 35	………………………………… 42
2 β-ピネン ……………………… 36	6.1 α-および β-フェランドレン …… 42
3 α-ピネン ……………………… 38	6.2 β-ファルネセン ……………… 42
4 リモネン ……………………… 39	6.3 β-カリオフィレンおよび α-フムレン
5 ミルセン, α-オシメン, アロオシメン	………………………………… 43
………………………………… 40	6.4 モノテルペンアルデヒド ……… 43
6 その他のテルペンおよびテルペノイド類	7 おわりに ……………………… 44

第5章　テルペン類の合成について　　山下光明，北山　隆

1 はじめに ……………………… 47	2.5 Weisaconitine D (Marth, 2015) … 55
2 最近の代表的テルペン合成 ……… 48	2.6 （−）-Jiadifenolide (Shenvi, 2015)
2.1 Taxadienone (Baran, 2013) …… 48	………………………………… 56
2.2 Ingenol (Baran, 2013) ………… 50	2.7 その他のテルペン類 ………… 57
2.3 Pallambin (Carreira, 2015) …… 51	3 結語 …………………………… 57
2.4 Ouabagenin (Inoue, 2015) …… 52	

第6章　テルペン類の安全性　　堀内哲嗣郎

1 はじめに ……………………… 59	………………………………… 61
2 香粧品用香料の安全性 …………… 60	2.2.3 IFRA 執行委員会（IEC：IFRA
2.1 安全性に係わる特性 ………… 60	Executive Committee）……… 62
2.2 安全性に関わる組織と活動 …… 61	2.2.4 日本香料工業会（JFFMA：
2.2.1 IFRA：International Fragrance	Japan Flavor and Fragrance
Association（国際フレグランス	Manufacturers Association）
協会）…………………… 61	………………………………… 62
2.2.2 RIFM：Research Institute for	2.3 安全性確保のためのガイドライン
Fragrance Materials（フレグ	………………………………… 63
ランス物質のための研究機関）	2.4 最新の規制動向 ……………… 63

| 2.5 日本の法規制の現状 ·················· 64
| 2.5.1 薬事法 ························· 65
| 2.5.2 化学物質の審査及び製造等の
| 規制に関する法律（化審法）··· 65
| 2.5.3 労働安全衛生法 ················· 66
| 2.5.4 有機溶剤中毒予防規則 ········· 66
| 2.5.5 毒物及び劇物取締法 ············ 67
| 2.5.6 消防法 ························· 67
| 2.5.7 麻薬及び向精神薬取締法 ······ 68
| 2.5.8 覚せい剤取締法 ················· 68
| 2.5.9 製造物責任法（PL：products
| liability 法）················· 68
| 2.5.10 悪臭防止法 ····················· 69
| 2.5.11 その他（揮発性有機化合物の
| 規制動向）··················· 69
| 3 食品用香料の安全性 ·················· 69
| 3.1 食品香料の安全性に係わる特性 ··· 70
| 3.2 食品香料の規制方式 ·············· 70
| 3.2.1 食品香料の規制上の分類 ····· 70
| 3.3 日本の規制状況 ··················· 71
| 3.3.1 合成香料 ····················· 71
| 3.3.2 天然香料 ····················· 71
| 3.4 米国での規制状況 ················· 71
| 3.4.1 FDA 許可物質（CFR 収載）··· 72
| 3.4.2 FEMA GRAS 物質 ············ 72
| 3.5 国際的規制状況 ··················· 72
| 3.5.1 国連 ························· 72
| 3.5.2 IOFI(international organization
| of the flavor industry) ········· 73
| 4 おわりに ·························· 73

第 7 章　テルペンの抗菌性，防虫性　　芦谷竜矢

1 はじめに ·························· 74
2 試験法 ···························· 75
  2.1 抗菌試験 ························· 75
  2.2 抗虫活性 ························· 75
3 テルペンの活性 ···················· 76
  3.1 モノテルペンの活性 ·············· 76
  3.2 セスキテルペンの活性 ············ 77
  3.3 ジテルペンの活性 ················· 78
4 おわりに ·························· 79

第 8 章　テルペンの機能（動物・ヒトへの効果）　　光永　徹，松原恵理

1 はじめに ·························· 82
2 ホワイトサイプレス材精油（CEO）の
  吸入によるマウスの肥満抑制効果 ····· 83
  2.1 脂質代謝に与える影響 ············ 83
  2.2 CEO 分画物の脂質代謝に及ぼす
      影響 ························· 84
3 CEO を吸入した麻酔下ラットの交感
  神経活動 ·························· 85
  3.1 CEO の吸入が交感神経活動におよ
      ぼす影響 ························· 85
  3.2 交感神経活動を高める CEO 成分
      ·································· 87
4 スギ材精油を吸入した麻酔下ラットの
  自立神経活動 ······················ 88
  4.1 スギ材精油成分の GC-MS 分析結果
      ·································· 88
  4.2 スギ材精油吸入による自律神経活動
      の挙動 ························· 88

5 スギ材内装施工空間におけるヒトの生理心理応答 ………………………… 89
　5.1 供試材料と実験空間 …………… 89
　5.2 実験空間におけるテルペン類の分析と推移 ………………………………… 89
　5.3 生理応答指標の計測と評価 …… 90
　5.4 心理応答の評価 ………………… 91
6 おわりに ……………………………… 92

第9章　テルペン類の消臭活性　大平辰朗

1 はじめに ……………………………… 95
2 消臭方法 ……………………………… 96
3 植物系テルペン類（精油成分）の消臭・脱臭活性 ………………………………… 97
　3.1 樹木精油の消臭作用 …………… 98
　3.2 硫黄系物質に対する精油成分の効果 …………………………………… 98
　3.3 窒素系物質に対する精油成分の効果 …………………………………… 99
　3.4 精油成分による悪臭物質の感覚的消臭効果の生理的及び主観評価 … 99
　3.5 精油成分による悪臭物質の消臭性分子挙動 ……………………………… 100
4 環境汚染物質に対する精油成分の効果 ……………………………………… 102
　4.1 ホルムアルデヒド等に対する精油成分の浄化能 ……………………… 102
　4.2 テルペン類による大気環境汚染物質の浄化 …………………………… 103
5 植物抽出物による悪臭物質の浄化機能 ……………………………………… 103

第10章　テルペン類の抗酸化効果　大平辰朗

1 はじめに ……………………………… 105
2 抗酸化作用のメカニズム …………… 105
　2.1 活性酸素と活性酸素種 ………… 105
　2.2 抗酸化性物質の作用機構 ……… 106
3 植物から見出された抗酸化物質 …… 108
　3.1 抗酸化活性を有するモノ・セスキテルペン類 ………………………… 108
　3.2 抗酸化活性を有するジテルペン類 ……………………………………… 113
4 おわりに ……………………………… 116

第11章　精油構成分子の化学と産業化　宮澤三雄，丸本真輔

1 はじめに ……………………………… 118
2 精油構成分子の解析とその機能性発現 ……………………………………… 119
3 まとめ ………………………………… 128

【応用編】

第1章 ファインケミカル分野での応用

1 パインオイルの浮遊選鉱剤としての使用
　　　　　　　　　　山本雅之 … 130
　1.1 浮遊選鉱剤と歴史 …………… 130
　　1.1.1 パインオイルと界面活性剤 … 130
　　1.1.2 浮遊選鉱の歴史 ………… 130
　　1.1.3 浮遊選鉱剤の変遷 ……… 130
　1.2 浮遊選鉱 …………………… 131
　　1.2.1 浮遊選鉱の方法 ………… 131
　　1.2.2 浮遊選鉱機と操作 ……… 131
　1.3 浮遊選鉱剤と原理 ………… 132
　　1.3.1 浮遊選鉱剤の種類 ……… 132
　　1.3.2 金属と気泡の関係 ……… 132
　1.4 浮遊選鉱剤の選定 ………… 133
　　1.4.1 起泡剤 …………………… 133
　　1.4.2 捕集剤 …………………… 135
　1.5 浮遊選鉱の今後の展望 …… 136
　　1.5.1 浮遊選鉱の収率 ………… 136
　　1.5.2 浮遊選鉱の限界 ………… 136
　1.6 おわりに …………………… 137
2 ファインケミカル分野での特許動向
　　　　　　　シーエムシー出版　編集部 … 139
　2.1 はじめに …………………… 139
　2.2 プラスチック等の材料関連の主な
　　　特許 ………………………… 139
　2.3 「パインオイルの浮遊選鉱剤」に
　　　関連する特許 ……………… 146

第2章 香料分野での応用

1 テルペン類の香料への応用
　　　　　　　　　　櫻井和俊 … 149
　1.1 はじめに …………………… 149
　1.2 香粧品香料の組み立て …… 149
　1.3 モノテルペン類の利用 …… 149
　　1.3.1 炭化水素の利用：ミルセンか
　　　　らの合成香料 …………… 151
　　1.3.2 構造と香り（光学異性体と幾
　　　　何異性体） ……………… 152
　　1.3.3 モノテルペンケトン類の利用
　　　　　　　　　　　 ………… 154
　　1.3.4 モノテルペンエーテルおよび
　　　　ジオール類の利用 ……… 154
　1.4 C13イソプレノイドの利用 … 155
　1.5 セスキテルペン類の利用 … 156
　　1.5.1 セスキテルペン炭化水素類の
　　　　利用：カリオフィレン・ロンギ
　　　　フォレン ………………… 156
　　1.5.2 ベースノート（ウッディ香気・
　　　　サンダル香気）に寄与する香り
　　　　　　　　　　　 ………… 156
　　1.5.3 白檀（サンダル）様香気を有
　　　　する化合物 ……………… 157
　　1.5.4 パチュリ香気・ベチバー香気
　　　　　　　　　　　 ………… 159
　　1.5.5 鎖状のセスキテルペン類 … 159
　1.6 ジテルペン類の利用 ……… 160
　1.7 おわりに …………………… 160
2 トドマツ枝葉から生まれた空気浄化剤
　　　　　　　　　　大平辰朗 … 163

2.1 はじめに …………………… 163
2.2 なぜ空気質問題は重要なのか？ … 163
2.3 私たちの生活環境の空気質 …… 164
2.4 二酸化窒素浄化対策 ………… 165
2.5 植物等による二酸化窒素の浄化作用
　　………………………………… 165
　2.5.1 樹木の香り成分による二酸化
　　　　窒素の浄化作用 ………… 166
　2.5.2 モノテルペン類と二酸化窒素
　　　　の反応 …………………… 166
2.6 トドマツ葉香り成分の効率的な抽
　　出法の開発―空気浄化剤の実用化
　　に向けて― ……………………… 170
2.7 事業化の試みと今後の展望 …… 171
3 香り空間創造ビジネス
　　…………………… 片岡　郷 … 174
3.1 はじめに ……………………… 174
3.2 アロマ空間デザインとは ……… 175
　3.2.1 空間デザインに香りの要素を
　　　　取り入れる ……………… 175
　3.2.2 香りビジネスへの取り組み … 176
　3.2.3 伝統の中で受け継がれてきた
　　　　香り文化 ………………… 176
　3.2.4 香り文化の先進国, 日本 …… 177
3.3 アロマ空間デザインが提供する空
　　間の価値 ……………………… 178
　3.3.1 パブリック空間における香り
　　　　の活用 …………………… 178
　3.3.2 アロマ空間の感性的価値 …… 179
　3.3.3 アロマ空間の機能的価値 …… 180
3.4 香りが持つ無限の可能性 ……… 181
　3.4.1 アロマの質を維持するために
　　………………………………… 181
　3.4.2 アロマ空間の広がりと可能性
　　………………………………… 182
4 香料分野での特許動向
　　……… シーエムシー出版　編集部 … 183
4.1 はじめに ……………………… 183
4.2 香粧品への応用特許 …………… 183
4.3 空気浄化剤への応用特許 ……… 189

第3章　電子分野での応用

1 エレクトロニクス用厚膜ペースト溶剤
　　………………………… 山本雅之 … 196
1.1 厚膜ペーストとは ……………… 196
　1.1.1 厚膜ペーストと歴史 ……… 196
　1.1.2 厚膜ペーストの組成 ……… 196
1.2 厚膜ペーストの用途 …………… 196
　1.2.1 使用用途 ………………… 196
　1.2.2 スクリーン印刷に求められる
　　　　特性 ……………………… 197
　1.2.3 スクリーン印刷工程とペースト
　　　　条件 ……………………… 197
1.3 溶解度とSP値 ………………… 198
　1.3.1 溶質の性質 ……………… 198
　1.3.2 SP値の計算 ……………… 199
1.4 ペースト溶剤としてのパインオイル
　　………………………………… 201
1.5 おわりに ……………………… 204
2 機能性化学品への誘導を指向したテル
　ペンのエポキシ化反応
　　…… 今　喜裕, 笹川巨樹, 内匠　清 … 205
2.1 はじめに ……………………… 205
2.2 種々酸化剤によるα-ピネンの酸化
　　反応 …………………………… 206
2.3 有機溶媒を使用しない条件下でのα-

ピネンの酸化反応 …………… 207
　2.4 α-ピネンの酸化反応における最近
　　　の進捗 …………………………… 209
　2.5 おわりに ………………………… 209
3 電子分野での特許動向
　………………シーエムシー出版　編集部 … 211
　3.1 テルペンの電子分野への応用特許
　　　…………………………………… 211
　3.2 エレクトロニクス用圧膜ペースト
　　　溶剤への応用特許 ……………… 211
　3.3 テルペンのエポキシ化と電子材料
　　　原料 ……………………………… 222

第4章　医農薬，ライフサイエンス分野での応用

1 医薬品・医薬中間体として用いられるテル
　ペン化合物
　……………………………川崎郁勇 … 226
　1.1 はじめに ………………………… 226
　1.2 医薬品として用いられるテルペン
　　　化合物 …………………………… 226
　1.3 医薬中間体として用いられるテル
　　　ペン化合物 ……………………… 228
　1.4 おわりに ………………………… 230
2 アレロケミカル由来の天然テルペン類
　と農薬への利用
　……………………………藤井義晴 … 232
　2.1 アレロパシーとアレロケミカル … 232
　2.2 モノテルペン類 ………………… 232
　　2.2.1 サルビア現象と1,8-シネオール
　　　　　………………………………… 232
　　2.2.2 シネオール類と除草剤シンメチ
　　　　　リン ……………………………… 232
　　2.2.3 クミンアルデヒド …………… 233
　2.3 ノルセスキテルペン類 ………… 234
　　2.3.1 イオノン類 …………………… 234
　　2.3.2 アヌイオノン類 ……………… 234
　2.4 セスキテルペン類 ……………… 235
　　2.4.1 ヨモギ類に含まれるアルテミシ
　　　　　ニン類 …………………………… 235
　　2.4.2 ヒマワリ由来のセスキテルペン
　　　　　ラクトン類 ……………………… 235
　　2.4.3 ストリゴラクトンとカリッキン
　　　　　…………………………………… 236
　　2.4.4 ベータトリケトンから新たな
　　　　　除草剤の開発 …………………… 237
　2.5 ジテルペン ……………………… 237
　　2.5.1 イネのアレロケミカルとして
　　　　　のモミラクトン ………………… 237
　　2.5.2 マキ属植物に含まれるナギラ
　　　　　クトン …………………………… 238
　2.6 トリテルペン類 ………………… 239
　2.7 テルペン類のアレロケミカルを用
　　　いた農薬の将来展望 …………… 239
3 体臭の抑制と植物成分
　……………………………染矢慶太 … 242
　3.1 はじめに ………………………… 242
　3.2 体臭中のビニルケトン類とクワ
　　　（桑白皮）抽出物によるその制御
　　　…………………………………… 242
　3.3 皮膚常在菌によるイソ吉草酸発生
　　　とクララ抽出物によるその抑制 … 245
　3.4 殺菌後も継続する臭気発生とローズ
　　　マリー抽出物等の植物成分の酵素
　　　不活化によるその抑制 ………… 248
　3.5 おわりに ………………………… 251
4 きのこテルペンの抗腫瘍作用

……………………大野木 宏 … 254	5.2.2 ヒノキ葉油 …………… 265
4.1 はじめに ………………… 254	5.2.3 スギ油 ………………… 267
4.2 きのこテルペンの抗腫瘍効果 …… 254	5.3 青森ヒバ材油 ……………… 267
4.3 きのこテルペンの培養がん細胞に対する増殖抑制作用 ……………… 255	5.4 ウエスターンレッドセダー（Western Red Cedar：WRC）（ベイスギ）精油 ……………………………… 269
4.4 きのこテルペンの増殖抑制作用に対するカスパーゼの関与 ………… 257	5.5 現在の精油利用開発の動向 …… 272
4.5 きのこテルペンの増殖抑制作用におけるメカニズム解析 ………… 259	5.6 産業資材としての資格 ………… 272
4.6 きのこテルペンのがん転移の抑制作用 ……………………………… 261	6 医農薬, ライフサイエンス分野での特許動向……シーエムシー出版 編集部 … 274
4.7 おわりに ………………………… 261	6.1 医薬品・医薬中間体への応用特許 ……………………………… 274
5 ヒノキおよび青森ヒバ, ベイスギ精油の製造と, 含有成分の産業応用 ……………………………東 昌弘 … 263	6.2 農薬への応用特許 …………… 274
5.1 はじめに ………………………… 263	6.3 体臭抑制剤と植物オイルへの利用の特許 ……………………………… 274
5.2 ヒノキ精油 ……………………… 265	6.4 キノコテルペンの特許 ……… 278
5.2.1 ヒノキ材油 ……………… 265	6.5 青森ヒバ由来精油, 木曽ヒノキ由来精油の特許 ……………………… 278

【基礎編】

第1章　テルペンとは何か？

谷田貝光克*

1　はじめに

　われわれは古くから植物成分を生活の中に取り入れて利用してきた。香料，樹脂，薬用，染料，塗料，香辛料など，その用途は幅広く，その成分も多岐にわたりその働きも多種多様である。数ある成分の中でも多様な構造を持つテルペン類は，抗菌・抗カビ作用，抗酸化作用，殺虫・忌避作用，薬理作用など，その働きは幅広く，これまでに利用に供されているものも数多い。本章ではテルペンとは何か，その起源，種類，特性などについて概説する。

2　抽出成分としてのテルペン

　植物は光合成によりグルコースを作り，それを出発物質として植物体内に含まれる酵素の助けによって生きるのに必要なさまざまな物質を作り出す。その代表的な物質はセルロースであり，ヘミセルロース，リグニンである。木を例にとれば，これらは植物体に量的に多く含まれるので主要三大成分と呼ばれる。さらに木を鉄筋コンクリートの建物に例えれば，セルロースは鉄筋，リグニンはコンクリート，そしてヘミセルロースは鉄筋とコンクリートをなじませる鉄筋の突起などである。これら主要三大成分は植物の身体を支える細胞壁構成成分である。木がしっかりと大地に腰を据えて立っているのはコンクリートの役目をするリグニンの含量が高いためであり，草本が風になびくのはリグニン含量が低いためである。表1の例に示すように木材ではリグニンの割合が25〜30％であるのに対して草本のサトウキビのしぼりかすバガス，イネわらでは木材よりもかなり低い値である[1]。また，主要三大成分の占める割合は，表1の例ではバガスでは83％，イネわらでは76％，木材では85％以上であり，まさに植物成分の大半を占めていることになる。

表1　植物の成分組成の例（重量％）[1]

	セルロース	ヘミセルロース	リグニン	灰分	その他
バガス	41	24	18	2	8
稲わら	35	35	6	8	16
木　材	40〜55	20〜35	25〜30	0.2〜2.0	—

*　Mitsuyoshi Yatagai　香りの図書館　館長；東京大学名誉教授；秋田県立大学名誉教授

表2 植物の主な成分

細胞壁構成成分 （主要三大成分）	セルロース ヘミセルロース リグニン
細胞内・細胞間含有成分	抽出成分 デンプン タンパク質 ペクチン 無機質 　　　　など

　主要三大成分以外に含まれている植物成分には抽出成分，デンプン，タンパク質，ペクチン，無機質などがある。これらの成分は，主要三大成分が細胞壁成分であるのに対して，細胞内，あるいは細胞間に含まれる成分である（表2)[2]。本書で取り上げるテルペンは抽出成分の中の一つのグループに属する成分であり，主要三大成分が高分子であるのに対して低分子であり，その分子量はたかだか1,000程度である。低分子ゆえに溶媒に溶ける性質があり，溶媒によって取り出すことができるので，それが抽出成分の呼び名の由来となっている。

　抽出成分は含まれている量は少ないものの，植物の色や香り，そして耐久性などの基となり，それぞれの植物を特徴づける鍵物質とも言える。

　生物に共通して生命を維持するために必要なタンパク質，炭水化物，アミノ酸などの代謝産物は一次代謝産物と呼ばれるのに対して，ある植物には含まれているが，違う種類の植物には含まれていないというように特定の植物にのみ見出され，一般的でない代謝産物は二次代謝産物と呼ばれる。抽出成分は二次代謝産物で，草や木の種類によって香りが違い，色が違うといったように含まれている成分は異なる。抽出成分は草木の個体性の現れの基となっているとも言える。

　抽出成分は一昔前まではその植物自体に必須であるかどうか不明のもの，生命維持に直接関係ないものと考えられ，植物が作り出す不要になった排泄物と考えられていたこともあった。が，しかし，近年の科学の進歩により個々の成分の働きが明らかになるにつれて抽出成分は植物にとってそれぞれに有用な働きをするものと捉えられている。例えば，病害虫を防ぐ成分，他の植物の侵入を防ぐためのアレロパシーに関与する成分，酸化を防ぐための抗酸化成分など，いずれも植物が自分の身を守るための自己防衛のための武器と考えられる。

　さてそれではその抽出成分にはどのようなものがあるのだろうか。多彩な働きをする抽出成分の構造は多岐に及んでいる。化合物の構造に基づきグループごとに見ると，テルペン類のほかに一部重複するものもあるが，アルカロイド，フェノール類，フラボン類，タンニン，ステロイド，炭化水素，脂肪酸，キノン類，エステル類などがある。表3には抽出成分の主なグループとその主な成分を例示した。

　テルペン類は抽出成分の一グループであり，要約して言うならば，炭素5個のイソプレンが生体内で複数個結合した化合物群をイソプレノイドといい，イソプレノイドのうち，イソプレン単

第1章 テルペンとは何か？

表3 抽出成分の主な種類と成分の例

種類	主な成分
テルペン	α-ピネン，カンファー，セドロール，アビエチン酸
アルカロイド	カフェイン，キニーネ，モルフィン，ベルベリン
フラボン類	ケルセチン，タキシホリン，ケンペロール
タンニン	没食子酸，エラグ酸，タンニン酸
ステロイド	コレステロール，テストステロン
炭化水素	エチレン，トリデカン
脂肪酸	パルミチン酸，オレイン酸
キノン類	ユグロン，ダルベルギオン
エステル類	リナリルアセテート，ベンジルアセテート

位の結合数が2個から6個までの化合物群をテルペノイド，あるいはテルペン類という。

3 種類

テルペン類のうち，イソプレン単位が2個のもの，すなわち炭素数10個のものをモノテルペン，イソプレン単位が3個のものをセスキテルペン，4個のものをジテルペン，5個のものをセスタテルペン，6個のものをトリテルペンという（表4）。表4には代表的な化合物の例を示した。

イソプレン単位がさらに多く結合したものに，イソプレン単位が8個結合したカロテノイド，イソプレンが多数結合し高分子化した天然ゴム，トリテルペンの構造から派生して生じたステロイドがあるが，これらはテルペン類とは呼ばない。ステロイドは鎖状トリテルペンのスクワレンからラノステロールを経て，3個の脱メチルとともに転位が生じて生合成される。

イソプレノイドは植物界に2万5千〜3万種前後存在すると言われているが，実際には見いだされていないものもあるのでさらに多い種類が存在する可能性もある。

表4 イソプレノイドの種類

種類	炭素（イソプレン単位）	化合物の例
モノテルペン	10（2）	α-ピネン，リモネン
セスキテルペン	15（3）	α-カジノール，オイデスモール
ジテルペン	20（4）	ジベレリン，ピシフェリン酸
セスタテルペン	25（5）	ゲラニルファルネソール
トリテルペン	30（6）	ベチュリン，ルペオール
カロテノイド	40（8）	α-カロテン，ルティン
天然ゴム	〜約数十万（〜十数万）	イソプレンゴム

3.1 精油

テルペン類のうちで，比較的低分子で揮発性の高いモノテルペン，セスキテルペンは香りを持つものが多く，蒸留によって精油として得ることができる。精油は植物の花，果実，葉，材など

から得られる液状の香り物質である。精油には麝香（ムスク），霊猫香（シベット），竜ぜん香（アンバーグリース）などの動物性のものもあるが，植物性のものが種類も多く，その生産量も圧倒的に多い。植物精油の構成成分としてはテルペン類，エステル類，炭化水素類，フェノール類などがあるが，テルペノイドが主要な構成成分である。樹木精油の場合にはその主要な成分はこれらのテルペン類で占められている。

　樹木精油は葉，幹，根の各部位に含まれている。葉の精油含量が高いものが多いが，中にはクスノキのように材にも葉にも精油含量が高いものもある。表5[3]に主な樹木の葉に含まれる精油量を示した。一般に針葉樹の方が広葉樹よりも精油含量は高い。また，一年を通して精油含量は変化し，光合成の盛んな夏季に含量は高くなり，冬に向かって減少する。表6[3]に主な針葉樹の葉の精油成分を示すが，いずれもその主な構成成分はテルペン類である。表7[4]には国産樹種の材に含まれる精油含量とその主な成分を示した。

　樹木精油をはじめとした植物精油は揮発性テルペンを主体とした50～100種類ほどの成分を含んでいる。

　合成品が多く出回る中で，植物からの天然精油は特有の複雑な香気を持ち合成や調合ではまねのできない良さを持ち，世界各地で精油採取が行われている。商業的に出回っている植物精油は250種程度と言われているが，ローカル的に小規模生産のものも含めればその数はかなりの数となる。樹木精油としてはユーカリ，クローブ，カシア，アビエス，パインニードル，シナモン，白檀，樟脳，ローズウッド，イランイラン，マヌカ，バラ，ボローニア，ラヴィンツァラ，パロ・サントなどがあり，必ずしもその主要成分がテルペンでないものもあり，また，その生産・消費量には大小，大きな差があるものの天然香料として親しまれている。草本では，ラベンダー，ハッ

表5　主な樹種の葉油含量

針葉樹	葉油含量	広葉樹	葉油含量
ヒノキ	4.0	クスノキ	2.4
サワラ	1.4	ヤブニッケイ	2.0
ニオイヒバ	4.0	タブノキ	2.2
ネズコ	4.2	シロダモ	0.4
アオモリヒバ	2.4	シロモジ	0.4
イチョウ	0.4	シキミ	4.4
イヌマキ	0.1	アセビ	0.1
スギ	3.1	ノリウツギ	0.1
モミ	0.9	サンショウ	0.6
トドマツ	8.0	ミヤマシキミ	2.4
エゾマツ	2.1	クヌギ	～0
カラマツ	0.3	シラカシ	～0
アカマツ	0.2	スダジイ	～0
イチイ	0.1		
カヤ	0.7		

乾葉100g当たりの精油含量（ml）

第1章 テルペンとは何か？

表6 樹木葉油に含まれる主なテルペン類（%）

化合物＼樹種	ヒノキ	スギ	アスナロ	ローソンヒノキ	レモンユーカリ
α-ピネン	4.71	16.13	3.29	0.75	4.80
β-ピネン	0.36	0.94	0.21	—	0.13
サビネン	11.96	5.92	23.95	0.16	0.90
ミルセン	5.16	4.81	4.80	2.57	0.16
δ-3-カレン	0.47	2.84	0.55	—	—
リモネン	6.96	6.38	2.93	65.00	—
1,8-シネオール	—	—	—	—	72.48
リナロール	0.97	0.38	0.19	0.05	0.08
リナリルアセテート	0.31	0.15	—	—	—
ボルニルアセテート	7.24	1.85	0.05	—	—
α-テルピネオール	1.41	17.57	1.35	—	2.88
α-テルピニルアセテート	14.99	—	8.39	1.33	11.05
ツヨプセン	2.52	—	—	—	—
エレモール	6.65	4.25	3.14	—	0.19
α-カジノール	0.23	0.68	—	0.59	—

表7 主な国産材の精油含量と主な成分

樹種名	精油含量	主な成分
アオモリヒバ	1～1.5	ツヨプセン，ヒノキチオール，クパレン
クスノキ	2～2.3	カンファー，リモネン，サフロール
ツガ	～0.2	α-ピネン，カンフェン，酢酸ボルニル
コウヤマキ	～2.0	セドレン，セドロール，ジテルペン
スギ	0.1～2.0	クリプトメリオール，フェルギノール
ヒノキ	1～3.0	α-カジノール，ボルネオール，α-ピネン
サワラ	0.5～2.0	α-カジネン，α-カジノール，ピシフェリン酸
ネズコ	0.7～1.0	ヒノキチオール，ボルネオール，カンフェン
コノテガシワ	～0.2	ツヨプセン，ヒノキチオール，γ-ツヤプリシン

乾材100 g 当たりの精油含量（mL）

カ，ベチバー，パチューリ，パルモローザ，ベイ，レモングラース，ゼラニウム，マジョラムなどがあり，その香りをテルペン類が構成している。

わが国で使用される精油類はこれまで欧米，特に西欧からもたらされるものが多かったが，最近では国産樹種からの精油採取が行われるようになり，「和の精油」の名の下で，その生産・消費が進められている。

青森ヒバ，ヒノキの材油は比較的古くから採取されていたが，ひと頃その生産が低下したものの近年になりまた生産が行われている。クスノキ，芳樟，クロモジの精油採取もローカル的小規模ながら行われているし，北海道ではトドマツの葉からの精油採取が行われ，また，秋田を中心にスギ葉の精油採取も行われている。

樹木は一般に材よりも葉に精油含量が高いにもかかわらず，これまで青森ヒバやヒノキでは製材の際に排出されるおが粉からの精油採取が主で，伐採の際に林地に散在する枝葉を収集・搬出するのが困難であるためにその精油採取は行われていなかった。最近ではスギの葉の精油採取が行われ，その生理活性などが明らかにされて利用されるに至っている。

葉と材に含まれる精油には類似のテルペン類が含まれているもののその成分組成は大きく異なり，一般に材油には揮発性テルペンの中でも比較的沸点の高いセスキテルペン含量が高く，葉油には揮発性の高いモノテルペン含量が高い。それゆえに香りの質や生理活性には大きな違いがあり，葉油の新たな生理活性の発掘が行われているのが現状である。林地残材としての葉の利用は，バイオマス資源の有効活用の点からも積極的に進められるべき課題である。

3.2 樹脂

テルペン類を多く含むものに天然樹脂がある。その例を表8に示す。天然樹脂はモノテルペンなどの揮発性のものを含むものもあるが，ジテルペンを主体とした分子量の大きい揮発性に乏しい成分で構成されている。精油が液体であるのに対して樹脂は固体，あるいは粘ちょう性に富ん

表8 テルペン類を含む主な天然樹脂

種類	起源	主な成分	主産地	主な用途
コパイババルサム	*Copaifera langsdorfti*	カリオフィレン，コパエン，コパイバ酸	南米，アフリカ	医薬，塗料
カナダバルサム	*Abies balsamea*	α-，β-ピネン，β-フェランドレン，酢酸ボルニル，樹脂酸	米国，カナダ	光学機械 医薬，塗料
生マツヤニ	マツ属樹種	α-，β-ピネン，樹脂酸	中国，米国，中南米	テレビン，サイズ剤
マニラコーパル	*Agathis alba*	アガチン酸	フィリピン，インドネシア	塗料，サイズ剤
カウリコーパル	*Agathis australis*	ダンマル酸，アガチン酸	ニュージーランド	塗料，装飾品
コンゴコーパル	*Copaifera demeusii*	α-，β-ピネン，リモネン，コンゴレン	コンゴ	塗料，サイズ剤
琥珀	*Pinus succinifera*	サクシノアビエノール，樹脂酸重合物	バルト海沿岸，岩手県	装飾品
ダンマル	*Dipterocarpaceae*	ダンマロリク酸，ジプテロカルポール	東南アジア	塗料
サンダラック	*Callitris quadrivalvis*	サンダラコピマル酸	アフリカ，オーストラリア	塗料
乳香	*Boswella*	セスキ-，トリーテルペン	アフリカ，アラビア	香料
没薬（ミルラ）	*Commiphora*	フラノセスキテルペン，トリテルペン，クマリノリグナン類	アフリカ，アラビア	香料

だ物質である。

　生マツヤニはマツの幹を切りつけて滲出する樹液を採取したもので，揮発性のテレビンと不揮発性のロジンから成っている。採取法には幹を切りつけて採取する前述のタッピング法によって採取するガムテレビン，ガムロジン，マツの切株の水蒸気蒸留，あるいは溶剤抽出によって採取するウッドテレビン，ウッドロジン，マツ材からパルプを製造する際に生成するトール油の精製で得られるサルフェートテレビン，トールロジンの3種類がある。

　テレビンは α-ピネンを主成分とするモノテルペン類であり，ロジンはアビエチン酸，ピマル酸，レボピマル酸などのジテルペンから成る樹脂酸である。テレビンはペイント用油剤，樹脂原料，合成香料原料などに用いられ，ロジンは紙用サイズ剤，合成ゴム製造用乳化剤，接着剤用粘着付与剤，印刷インク，塗料に用いられ，特殊なものとしてはバイオリンの弦，チュウインガム，ロジンバッグなどに用いられ，胃炎・胃潰瘍の治療薬も合成されている。

3.3　サポニン

　抽出成分のテルペンやフェノール類などには糖が結合したものが存在する。このような糖と結合した化合物は配糖体（グリコシド）と呼ばれる。テルペンの中では特にトリテルペンとの配糖体が多く，ステロイド配糖体とともに水溶液中で振ると石鹸様の泡を生じることからトリテルペンとステロイドの配糖体は石鹸（soap）に因んでサポニンと呼ばれる。サポニンの糖を除いた部分，すなわちトリテルペン，あるいはステロイドの部分はサポゲニン，またはアグリコンと呼ばれる。サポニンのアグリコンの1カ所に糖鎖を有するものをモノデスモシド，2個のものをビスモシドという。

　サポニンの特徴としてよく知られているのは，起泡性，溶血性（赤血球破壊作用），魚毒性であり，また，抗菌，消炎，解熱，鎮静，健胃など，多様な薬理作用を有しているのでサポニンを含む植物は古くから民間薬として利用されてきた。

　セリ科ミシマサイコの根に含まれるサイコサポニンには肝臓疾患，胃腸病，胃液分泌抑制などの作用があり，キキョウの根に含まれるサポニン，プラティコディンには鎮痛，鎮咳，解熱，抗潰瘍の作用があり，代表的な生薬であり鎮静，鎮咳，抗炎症などに用いられるマメ科植物の甘草の甘味のある根はトリテルペンのグリチルレチン酸をサポゲニンとした配糖体グリチルリチンを含んでいる。

　サポニンは親水性の糖鎖を分子の中に有するので界面活性にも優れている。南米に自生するバラ科のシャボンノキの樹皮にはキラヤサポニンが含まれており，原住民によって洗濯，洗髪に用いられ，欧米では歯磨きや飲料の発泡剤として用いられてきた。サポニンはシロアリに対して摂食阻害成分としてシロアリを餓死させ，殺蟻性のあることでも知られている。

4 テルペンの生合成

イソプレンを基本単位としたテルペン類の生合成には3分子のアセチルCoAを出発物質としてメバロン酸を経由するメバロン酸経路とメバロン酸が関与せずピルビン酸を出発物質とする非メバロン酸経路がある（図1）。いずれの経路でも炭素数5個のイソペンテニル二リン酸とそれが異性化したジメチルアリル二リン酸になり，その二つが縮合して炭素数10のゲラニル二リン酸が生成し，それをもとにモノテルペン類が生成する。この反応を繰り返し炭素数15個のファルネシル二リン酸，20個のゲラニルゲラニル二リン酸，25個のゲラニルファルネシル二リン酸が生合成され，それぞれからセスキテルペン，ジテルペン，セスタテルペンが生成する。トリテルペンはファルネシル二リン酸が2個縮合したものから生成する。

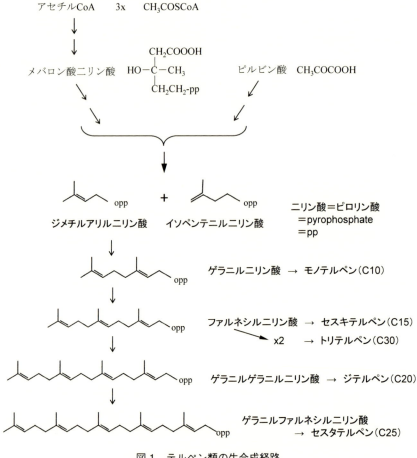

図1　テルペン類の生合成経路

5 特性

変化に富んだ多種多様な構造を有し，種類も多いテルペン類の特性は大変幅広く紙面にも限りがあるので一概には言い表せないが，ここではその特性の一つとしての生物活性について概説する。

5.1 抗菌作用

テルペンにはヒトの病気に関わるMRSAやクロコウジカビやアオカビなどの細菌やカビ類に対して抗菌性を示すものがあり，植物病原菌に対しても抗菌性を示すものがある。また，ヒノキチオールのように木材腐朽菌に対しても抵抗性を示すものがあり耐朽性の原因となっている。植物はこのような抗菌物質を蓄えて菌の侵入に備えているが，中には病原菌に侵入された後に急きょ抗菌性物質を作り菌に対抗するものもある。このような物質はファイトアレキシンと呼ばれるが，テルペン類ではジャガイモのリシチン，イネのモミラクトンAにその例を見ることができる。

5.2 抗害虫作用

シロアリに対する殺蟻成分としてはアオモリヒバのツヨプセン，ヒノキチオール，カヤのヌシフェラール，トレイオール，ヒノキ科サワラのカメシノン，熱帯の早生樹メラルーカのα-テルピネオールなどが知られている。ゴキブリ，蚊などの衛生害虫にも殺虫・忌避作用を有するテルペンがあり，スギ材に含まれるクリプトメリオール，セドロール，サワラ葉のピシフェリン酸は室内に生息し喘息・アトピーの原因となる室内塵ダニの繁殖を抑制する。

わが国で最も蓄積量が多く，用材として重要なスギを食害するスギカミキリに対してスギには，食害の少ない抵抗性品種と被害を受けやすい感受性品種が存在するが，抵抗性品種はスギカミキリに対して忌避作用のあるテルペンを多く含むこともわかっている[5]。

このようにテルペンには害虫に対して殺虫・忌避，あるいは摂食阻害するものがあり，また，逆に花の香りのように昆虫を誘引するものもあり，昆虫の行動をコントロールしているものがある。

5.3 アレロパシー

植物は自分の繁殖するテリトリーを確保するために他の植物の発芽・成長を阻害するような物質を放出し繁殖域を広げていく。このような作用をアレロパシーという。北米西部でのサルビア属灌木が牧草地に侵入していくサルビア現象はカンファー，1,8-シネオール，α-ピネン，ジペンテンなどの揮発性テルペンによるものである。ほかにもハッカからのメントール，熱帯の早生樹ユーカリが放出する1,8-シネオールがアレロパシーを起こすことが知られている。小笠原で繁茂するトウダイグサ科のアカギはトリテルペンのフリーデリンがその原因と考えられている。

5.4 薬理作用

古くから生薬，民間薬として用いられてきた植物にはテルペンがその薬効に関わっているものが少なくない。芳香性健胃の働きのあるサンショウにはシトロネラール，苦味健胃のニガキにはクワッシン，咳止めに効果があるホウノキ樹皮にはオイデスモールなどである。リモネンには胆石溶解作用，カンファーには局所刺激作用，1,8-シネオールには去痰作用，サントニンには駆虫作用がある。

5.5 その他の多様な働きをするテルペン

最近では木の香りの基となるテルペンに気分を鎮め，癒し効果があることが脳波，血圧，ストレスホルモンなどの生理的な測定により明らかにされている。逆に頭をすっきりさせる覚醒効果やパソコン等の作業の効率を向上させることも明らかにされている。

睡眠効率を上げること，体重増加を抑えメタボリックシンドロームを抑制することも明らかにされている。さらにスギ葉の精油にアトピーのかゆみを低減させる効果があることが皮膚科医によって多数の被験者で実証されている[6]。テルペンはヒトの健康維持に寄与し快適な環境づくりに役立っている。

多種多様な構造を持つテルペンゆえにその働きも多様である。

文　献

1) 安戸饒，木材学会誌，**35**，1067（1989）
2) 谷田貝光克，植物の香りと生物活性，フレグランスジャーナル社（2010）
3) 谷田貝光克，植物抽出成分の特性とその利用，八十一出版（2006）
4) 谷田貝光克，テルペノイド，日本木材学会研究分科会報告書，日本木材学会（1991）
5) M. Yatagai, H. Makihara and K. Oba, *J. Wood Sci.*, **48**, 51 (2002)
6) 高野茂信，関江里子，アロマリサーチ，**13**（2），160（2012）

第2章　テルペン類の抽出法

大平辰朗*

1　はじめに

　自然界に存在するテルペン類は炭素数C5からC8以上まで存在しており，物質の特徴としてはCとHのみで構成されている炭化水素類や官能基としてアルコール，エーテル，カルボン酸，チオアルコール等を有するものなどがあり，分子量が異なるものとしては高い揮発性を有しているヘミ（C5），モノ（C10），セスキ（C15）からジ（C20），セスタ（C25），トリ（C30），テトラ（C40）など幅広く存在している。そのためそれらの抽出法も同じではなく，物質の特性に応じて適切な方法を選択する必要がある。モノ〜ジテルペン類は，官能基の種類にもよるが，香りとして認識されるものが多い。そのため抽出法としては精油成分（Essential oil）（香り物質）の抽出法と共通する部分がある。精油成分は，香木などを除いて原料となる動植物体の鮮度が問題になるため，それらから効率的に抽出する技術が重要となる。そのため古来より様々な抽出技術が開発されている。一説によると今日最も多く用いられている蒸留技術については，紀元前の古代ギリシャの時代に検討されたとされている[1]。ここでは紙面の関係上，存在割合が多く，利用割合も多いモノ〜ジテルペン類より分子量の小さい成分についての最新の手法を主に紹介することとする。

2　一般的な抽出法[2,3]

　植物の各部位には様々な精油成分が存在する。それらの抽出法としては，目的とする精油成分の化学特性に合わせた方法が採用されている。抽出の原理で分類すれば，ギリシャの時代から用いられている蒸留法，有機溶媒を用いた有機溶剤抽出法，物理的に原料を圧搾して精油成分を絞り出す圧搾法に分類できる。現在行われている精油の抽出法を図1にまとめた。国際標準化機構（ISO）や香水などの盛んなフランスの規格協会（AFNOR）では精油成分の定義として新鮮な植物材料から物理的な方法で得られるものとされており，この定義に従うとすれば，水蒸気蒸留法や圧搾法は最適な方法であろう。以下に実用化されている方法を紹介する。

　＊　Tatsuro Ohira　森林総合研究所　森林資源化学研究領域　樹木抽出成分研究室　室長

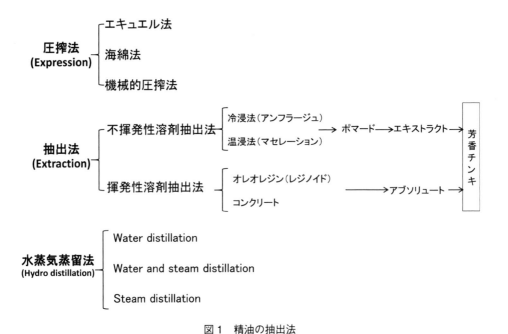

図1 精油の抽出法

2.1 圧搾法

圧搾法 (Expression) は主として柑橘類の果皮から精油を採取する方法として用いられている。果皮の表面周辺には精油を蓄積した細胞があり，これを圧搾して細胞を破壊し，精油を浸出させるものである。圧搾されて得られた液を静置すると上層に精油分，下層に果汁が分離してくる。得られた精油をコールドプレスオイル (cold-pressed oil) と呼ぶことがある。圧搾法にはエキュエル法，海綿法，機械的圧搾法がある。圧搾法はすべての原料には適さず，収率が低くなることや酸化や酵素による分解の可能性などの問題点がある。

2.2 有機溶剤抽出法

有機溶剤抽出法には，主として花の香りを抽出する方法として不揮発性溶剤抽出法（冷浸法（アンフラージュ），温浸法（マセレーション）とヘキサンなどの揮発性溶剤抽出法などがある。冷浸法は脂肪に花の香りを吸収させて香料を生産する方法であり，香料を吸収した脂肪をポマード (pomade) と呼ぶ。ポマードを直接用いることもできるが，アルコールにて精油成分を抽出して使用する方法が現在では一般的である。ここで抽出された液はエキストラクトなどと呼ばれている。温浸法は暖めた脂肪により花の香りを吸収させて香料を製造する方法である。精油成分を含む脂肪はポマードと呼び，ポマードから精油成分を得る方法としてアルコールにて抽出する工程は冷浸法と同じである。加温による抽出効率の向上が期待できるため，精油量の極端に少ない植物体に用いられることが多い。ヘキサンやエーテルのような揮発性溶剤による抽出法は，できるかぎり低温で各溶剤を用いて抽出し，得られた抽出液を低温下で濃縮するもので，ここで得

第2章　テルペン類の抽出法

られた濃縮物をコンクリート（flower concrete）と呼ぶ。さらにコンクリートをアルコールに溶解して不溶分を除去し，再度アルコールで回収したものをアブソリュート（absolute）と呼ぶ。果実，葉，枝葉，茎などの花以外の組織または樹脂やゴム樹脂などの花以外の組織から揮発性溶剤で抽出した抽出物はオレオレジンあるいはレジノイドと呼んでいる。一般に香粧品の調合香料として用いられるものをレジノイド，食品の調合香料として用いられるものをオレオレジンと呼び，区別している。また，精油成分をアルコールあるいはその他の溶剤で抽出した溶液や抽出濃縮物をアルコールで希釈したものを，芳香チンキ（aromatic tincture）と呼んでいる。

2.3 水蒸気蒸留法

コスト的な視点から現在でも最も多く用いられている抽出方法が水蒸気蒸留法である。水蒸気蒸留法は植物体などに水蒸気を吹き込むと，細胞や組織から分離した精油分と水分が得られる。精油分のほとんどの部分は，水に不溶である。互いに不溶な物質の混合物の蒸気圧はそれぞれの純物質の蒸気圧の和に等しいため，精油の蒸気圧と水の蒸気圧との和が，蒸留装置内の圧力に等しくなった時，精油分は水蒸気とともに沸騰して留出してくる。水蒸気蒸留法には操作法の違いにより三種類の方法がある。①Water distillation：原料を水中に浸し，直火のもと加熱する。原料が沸騰水中に浸漬しているので，水蒸気に直接ふれると固まりやすい素材に適している。②Water and steam distillation：原料を直接水とふれないように格子のようなもので分離し蒸留装置内で水を加熱し，その蒸気で蒸留を行う方法である。③Steam distillation（図2）：最も多く採用されている方法で，原料の入った蒸留装置内に水蒸気を吹き込む方法である。水蒸気蒸留法

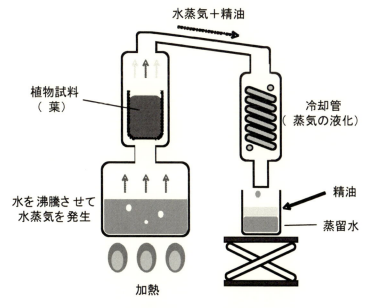

図2　水蒸気蒸留法（Steam distillation）

は圧搾法や溶剤抽出法に比べて装置の規模を大きくできるため，コストが安くでき，かつ比較的簡単に抽出できる。そのため世界各国で利用される率が最も高い。水蒸気蒸留法は原理が簡単で，装置が安価であるなどの利点があるが，温度による熱変性や水によるエステル類などの加水分解が生じたり，配糖体の加水分解によるアグリコンの生成やタンパク質の加水分解などにより物質が変化する可能性が指摘されている。

3 高効率的な最新の抽出法

3.1 超臨界流体

植物体などから有用成分を抽出する時に用いられる塩化メチレンなどの有機溶媒であるが，健康や環境への負荷の点で問題になる。そこで最近注目されている技術として，超臨界流体がある。一般に物質の臨界温度を超過した状態では気液間の相転移がないので，その密度を希薄な状態から液体に匹敵する密度まで連続的に変化させることが可能であり，特に臨界点近くでは，温度一定下で圧力のわずかな変化で密度が急激かつ大幅に変化する。すなわち，超臨界状態では，わずかな温度・圧力の変化でその流体の密度を流体に近い状態から，気体に近い状態まで連続的に変化させることができ，この特性が超臨界流体を溶媒として使用した時の最も重要な性質である。超臨界流体の物性の特徴をまとめてみると次のようになる。①臨界温度の低い超臨界流体を用いれば低温処理が可能であり，香り成分，生物活性物質など熱的な変質を受けやすい物質が自然に近い状態で取り出せる。②温度と圧力の変化により密度が制御できるため，密度が大きく影響する溶媒特性の微調整が可能であり，目的物質の選択的な抽出が可能になる。③低い粘性でかつ高い拡散性があるために，多孔質材料への浸透性に優れ，液体溶媒に比べ，早い抽出ができる。④臨界点近傍では熱伝導度が極大を示すため，高い熱移動速度が得られ，反応熱などの除去が効率的である。⑤誘電率やイオン積なども温度，圧力の操作により調整できるため，反応速度の制御やラジカル反応やイオン反応といった反応経路の制御が可能となる[4,5]。

表1に，超臨界流体抽出に比較的よく用いられる物質の臨界データと分子特性パラメータを示す[6]。一般的に超臨界流体抽出法には，二酸化炭素，エタン，エチレン，亜酸化窒素など臨界温度が室温近傍である物質が用いられるが[7]，特に二酸化炭素（臨界温度31.1℃，臨界圧力75.2 kgf/cm^2）を溶剤として用いた場合には，①無害，無味，無臭で製品への残留の恐れがないこと，②爆発の危険がないこと，③液体に近い密度を持ちながら，粘度は液体より気体に近く，拡散能力は液体の約100倍であるため物質移動が速やかで，抽出速度が速いこと，④圧力，温度の制御により高密度状態から低密度状態まで幅広い設定が可能であるため分画・分離などの選択性に優れていること，⑤臨界温度が室温に近いため低温での処理が可能で，かつ不活性ガスであるため熱変質や酸化などの変質が少ないこと，⑥容易に入手でき，安価であることなどの性質を持っているため，食品・医薬品・香料・化学工業などの分野で広く適用でき，医薬品，食品関係，香料など[8~14]の抽出に用いられている。

第2章 テルペン類の抽出法

表1 超臨界流体抽出に用いられる溶媒とその物性

物質	分子量	臨界温度 $T_c[℃]$	臨界圧力 $P_c[bar]$	密度 $\rho[kg/m^3]$	双極子モーメント $\mu[D]$
CH_4（メタン）	16.043	−82.7	46.0	162	0.0
C_2H_4（エチレン）	28.054	9.2	50.4	215	0.0
CO_2（二酸化炭素）	44.010	31.0	73.8	469	0.0
C_2H_6（エタン）	30.070	32.3	48.8	203	0.0
N_2O（亜酸化窒素）	44.013	36.5	72.4	452	0.2
C_3H_6（プロピレン）	42.081	91.8	46.0	234	0.4
$CHClF_2$（クロロジフルオロメタン）	86.469	96.2	49.7	522	1.4
C_3H_8（プロパン）	44.097	96.7	42.5	217	0.0
CCl_2F_2（フロン12）	120.914	111.9	41.4	558	0.5
NH_3（アンモニア）	17.031	132.4	113.5	235	1.5
CH_3OH（メタノール）	32.042	239.5	80.9	272	1.7
C_6H_6（ベンゼン）	78.114	289.1	48.9	302	0.0
C_7H_8（トルエン）	92.141	318.7	41.0	292	0.4
H_2O（水）	18.015	374.2	221.2	315	0.8

出典：文献[14] 長浜邦雄，鈴木功：食品への超臨界流体応用ハンドブック，サイエンスフォーラム，東京，17-32（2002）

3.2 超臨界流体による成分抽出機構

　有用成分あるいは不要物の抽出は，固体試料からのケースが多い。固体からの抽出は固体状の細胞質からの精油，脂質などの分離抽出過程であり，固体あるいは液体の溶質は細胞構造の中に吸着したり，あるいは遊離な状態で存在しており，その存在状態の違いにより抽出挙動が異なってくる。また，共存する目的物質以外のワックスや水などとの相互作用による抽出挙動への影響も考える必要がある。超臨界流体中での抽出は，①固体が超臨界流体を収着し，細胞構造が膨潤させ，脂肪間の物質移動抵抗が減少する，②目的物質が超臨界流体中に溶解する，③溶解する物質が固体の表面に移動する，④目的物質が固体の表面から超臨界流体全体に移動し，抽出が完了するといった過程を経て行われると言われている。しかしながら，植物体などの天然物の構成成分は多数の物質の混合物であり，種類に応じて含有物質の組成が異なるため，いろいろな抽出モデルが開発されている[15,16]。一般的に超臨界二酸化炭素に対する物質の溶解度と分子構造との関係については，後藤らの総説にまとめられている[17]。

　天然物中の目的物には高分子量の分子や極性の分子も多く，超臨界二酸化炭素への溶解度が低いものがある。そのため，溶質と超臨界二酸化炭素の分子間相互作用を増加させるため，エントレーナーを添加することもある。エントレーナーとは抽出補助剤のことであり，エタノールや水などの超臨界二酸化炭素よりも極性の高い溶媒が主として用いられることが多い。特に水は抽出対象となる植物体などにもその割合が多い。乾燥した植物体からの抽出に比べた時，適度な水分が存在すると細胞を膨潤させたりして，抽出速度が速くなる。例えば，コーヒー豆が乾燥した状態で超臨界二酸化炭素を用いてカフェインを抽出すると，カフェインよりも香り成分が先に抽出

される。しかしながら，水が共存すると香り成分は抽出されず，カフェインがまず抽出される[18]。

温度 40～50℃，圧力 10～20 MPa の超臨界二酸化炭素中では，テルペンおよび含酸素テルペンは完全に溶解する。これらの溶解度に関するデータは，超臨界二酸化炭素による抽出を実施する上で，極めて重要な情報となるため，多数の研究例がある[19]。また異なる植物に対する抽出例として針葉樹（スギ，ヒノキ，ヒバ）などの木材や樹皮，葉，種子などからテルペン類や関連化合物の抽出に関するもの[20～30]，精油の抽出挙動に関するもの[31]，精油の抽出モデルに関するものなどもある[32]。

3.3 有用成分の選択的な抽出・分離

含有成分の中には，微量ではあるが付加価値の高く利用価値が高いものもある。これらの有用成分を選択的に抽出・分離する方法について超臨界二酸化炭素の特性を活かした研究例がある。紙面の都合もあるので他の著書等[33]を参照されたい。

4 超音波やマイクロ波を利用した抽出技術

超音波やマイクロ波を利用した抽出技術も環境配慮型の技術として注目されている。

4.1 超音波抽出法（Ultrasound-assisted extraction, USE）[34]

超音波とは定常者が感じない音で周波数は 20 kHz 以上である。その特性を利用した身近なものとしては，魚群探知機などがあり，これらは超音波が発信され，物体に当たって戻ってくるまでの時間を測定することにより，距離や物体の存在，形状などを測定可能となっている。超音波のもう一つの特徴として，キャビテーションがある。液体中に存在する気体分子に超音波が当たると，交流による正・負の交互圧力がかかり，細かな気泡（キャビテーション気泡）の膨張と圧縮によって破裂が繰り返される。その結果，狭いすきまにある塵や付着物がきれいに取り除かれる。このような効果をキャビテーション効果という。一例としてメガネ洗浄機などがある。抽出との関係を見てみると発生する泡による抽出対象物への抽出溶媒の浸透性の向上，抽出対象物の表面にある抽出妨害物質の移動作用などが考えられ，従来の溶媒抽出法と比較して抽出時間の短縮，抽出温度を低減可能，溶媒消費量の軽減が達成できる。その結果，香り物質などのような熱に不安定な物質の抽出効率の向上や抽出に関わるエネルギーの低減が図れる[35]。これまでに環境汚染物質，精油成分[36～40]の抽出などが報告されている。沢村らは超音波と減圧式水蒸気蒸留を組み合わせた「超音波印加型減圧水蒸気蒸留法」を開発している[41]。本法にて柑橘類果皮から精油成分を抽出すると，従来法（水蒸気蒸留法）に比べて精油成分の収率が高く，また成分の中で特にリナロールなどのモノテルペンアルコールを多く含んだ成分が得られている[42]。

4.2 マイクロ波を利用した抽出
4.2.1 マイクロ波の特性
　マイクロ波は，太陽光線と同じく電磁波の一種である。電磁波の内，エネルギーの高いものからガンマ線，X線，紫外線，可視光，赤外線があり，これよりエネルギーが低い波長（1mm～1m程度）のものが一般的にマイクロ波と呼ばれている（図3）。マイクロ波は携帯電話等の通信技術，放送電波，レーダーなどの計測分野などの広範な分野において，欠かすことができないものである。これら以外に，加熱用のエネルギー源としても利用されている。マイクロ波加熱は他の加熱法とは異なり，物質の内部から加熱されるので，加熱効率が極めて良い。加熱のためのエネルギー源として身近なものとしては，電子レンジがある。電子レンジで使われているマイクロ波は通常，無線通信などで使っているマイクロ波と物理的には同じものであるが，電力が桁違いに大きい。マイクロ波とは，物質中の「電界」と「磁界」が非常に速く変化しながら伝播するエネルギーであり，発生源は高速で振動する電圧や電流である。電子レンジなどで食品加熱のためのエネルギー源として日常使われるマイクロ波の周波数は，通常2.45GHzである。これは1秒間に24億5,000万回の電圧・電流が振動することにより発生・伝播する電界と磁界と言い換えることができる。これはマイクロ波により，水などのような双極子モーメントの大きい極性基を有する分子，すなわち極性分子が配向分極などによる誘電損失が生じ，その結果発熱するためであり，1秒間に数十億回の振動といった高速のエネルギーがゆえに急速の加熱が可能となる。電子レンジで食品などが短時間で加熱できるのは極性分子である水を多く含んでいるためである[43]。他方，非極性分子であるヘキサンなどの場合は，マイクロ波は吸収されず，素通りするためエネルギーが吸収されない。したがって，温度の上昇は極めて小さい。このようなマイクロ波の利用上の利点は，迅速加熱，内部加熱，複雑な形状のものでも均一に加熱できること，容器などを透過して内部の直接選択加熱などが可能である点である。

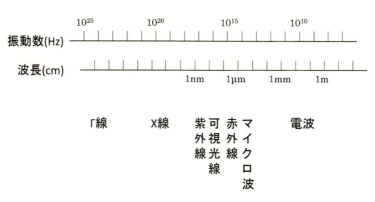

図3　電磁波とマイクロ波

4.2.2 マイクロ波を利用した抽出技術

マイクロ波を抽出技術に適用した最初の研究例は，K. Ganzler らの研究であり，土壌や植物種子，食物，飼料などから農薬，脂肪，有用成分などを抽出するためにマイクロ波を利用している[44]。各種成分の抽出法については，他の著書を参照されたい[45]。

マイクロ波を利用した精油成分の抽出技術としてはオレンジピール[46]，カルダモン種子[47]，ラベンダーの花部[48]，バジル，ガーデンミント，タイム葉[49]などに含まれる香り物質の効率的な抽出について検討された例がある。マイクロ波による効率的な抽出処理により，精油採取時間が大幅に短縮でき，エネルギーコストの点でも改善効果が大きいとされている[48]。大気圧下でのマイクロ波水蒸気蒸留では一般的な水蒸気蒸留法で得られる精油と同じ量を抽出するために要する時間が約 1/6 であり，抽出時間の短縮化が可能なことがわかる[46]。またマイクロ波水蒸気蒸留法は電力消費量が一般的な水蒸気蒸留法に比べて，約 1/18 程度であり，省エネルギー化が可能なことがわかる[46, 49]。

4.2.3 減圧式マイクロ波水蒸気蒸留法（Vaccume Microwave-assisted Steam Distillation, VMSD）

単なるマイクロ波を利用した抽出は，大気圧下であるため，含有成分の変質は避けられず，揮発性の高い物質の回収効率も低いものである。また大気圧下での抽出のため得られる成分組成は一般的な水蒸気蒸留法と同じで画一的である。実用的には水蒸気蒸留法で得られた成分中には利用する上で問題になる物質や逆に有用性の高い物質が混在して含まれる場合がある。そのため抽出された成分をさらに蒸留して目的物質を再分画する操作が別途必要となることもあり，その場合，結果的にはコスト高や成分の変質を招くおそれがある。そこでこれらの問題点を解消するために，減圧条件下にて熱源にマイクロ波を利用した新規な水蒸気蒸留法を開発した（図4）。その結果，一般的な水蒸気蒸留法に比べて精油採取効率が高いこと，精油含有成分を選択的に抽出することが可能であること，特に揮発性の高い物質を効率的に抽出することが可能であること，低含水率の採取残渣が得られることが判明しており，従来にないすばらしい特性が見いだされて

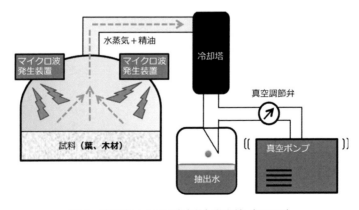

図4　減圧式マイクロ波水蒸気蒸留法（VMSD）

第 2 章　テルペン類の抽出法

表 2　VMSD 法と SD 法の特徴と比較

	水蒸気蒸留法(SD)	減圧マイクロ波 水蒸気蒸留法(VMSD)
抽出時間	長い ◎4～8時間	短い ◎0.4～2時間 省エネルギー
抽出物の組成	抽出選択性無 ◎大気圧、100℃　固定 加熱による変質大 別途蒸留等の分画必要	抽出選択性有 ◎圧力(-0.8～-0.2気圧)、温度(40-100℃)可変 低温抽出可能(変質小) 抽出と同時に分画可(目的物質の選択的抽出可)
抽出廃液	多い ◎植物体の水分+水蒸気 別途処理が必要	少ない ◎植物体中の水分のみ 環境配慮型 植物体の水分(天然物100%)
抽出残渣	高含水率（70%以上） 利用するには乾燥が必要	低含水率（30%以下） （抽出時間に依存） 直接利用可能

いる。従来法との特徴の比較を表2に示した。抽出例としてスギ，ヒノキ，トドマツなどの葉部に対する抽出が研究されている[50]。

　一例としてスギ葉から得られた香り成分の分析結果を図5,6に示した。SD法による香り物質の組成はモノテルペン類23%，セスキテルペン類50%，ジテルペン類27%であった。含有率の多い物質としてはkaur-16-ene，γ-sekinene，α-elemolなどであった。それに対してVMSD法で得られた香り物質の組成はα-pinene，sabinene，limoneneなどのモノテルペン類が多く，総計で94%を占めていた。さらにVMSD抽出残渣からSD法により得られた香り物質の組成は，モノテルペン類がほとんど検出されず，α-elemol，γ-eudesmol，γ-selineneなどのセスキテルペン類とkaur-16-eneなどのジテルペン類が全体の95%以上を占めていた。このことは本実験条件におけるVMSD法によりスギ葉香り物質中から揮発性の高いモノテルペン類が選択的に抽出されたことを意味しており，抽出工程において植物体から抽出と分画が同時に行われたと考えることができた。

4.2.4　精油成分のVMSD抽出時に得られる芳香蒸留水[50]

　VMSD法による精油成分抽出時には，嗜好性の高い芳香蒸留水が多量に得られる（精油の約25倍量）。組成はほとんどが水（有機物の割合：0.01-0.03%）であるが，微香を有しており，また最近の研究で抗ウイルス作用，抗菌性の強いものも見いだされており[51]，有望な消毒剤の素材である。一例としてスギの芳香蒸留水の分析結果を表3に示した。スギではterpinen-4-olが7割程度を占めており，他にγ-eudesmol，cis-3-hexen-1-ol，1-octen-3-olなどが検出された。水画分から検出された物質の多くは香り物質中からも検出されているが，香り物質中からは検出されていないcis-3-hexen-1-ol，1-octen-3-olなども存在していた。

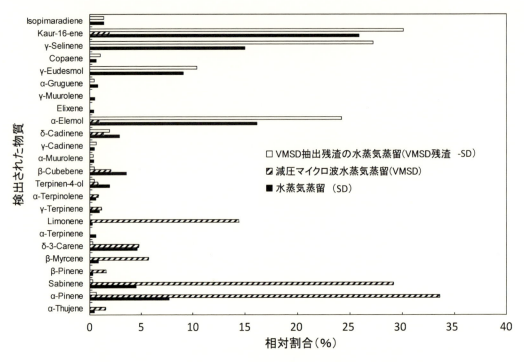

図5　VMSD法，SD法によりスギ葉より抽出した精油成分の組成の比較

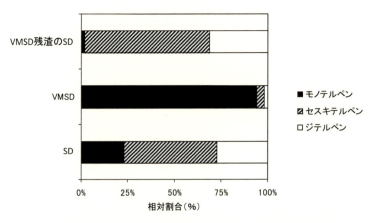

図6　VMSD法，SD法によりスギ葉より抽出した精油成分の組成の比較

第2章 テルペン類の抽出法

表3 スギ葉から VMSD 法により抽出された芳香蒸留水の組成

化合物	相対割合（％）
cis-3-Hexen-1-ol	4.2
1-Hexanol	1.4
1-Octen-3-ol	2.6
β-Linalool	2.0
Terpinen-4-ol	73.8
α-Terpineol	2.5
α-Elemol	1.8
γ-Selinene	2.2
γ-Eudesmol	9.4

文　　献

1) 奥田治，香りと文明，講談社サイエンティフィク，東京，212p.（1986）
2) 赤星亮一，香料の化学，大日本図書，東京，pp. 91-107（1983）
3) E. Guenther, The production of essential oils, in *The Essential oils*, E. Guenther edit, D. VAN NOSTRAND COMPONY, New York, pp. 87-226 (1948)
4) 斉藤正三郎，超臨界流体の化学と技術，三共ビジネス，仙，pp. 1-158（1996）
5) 猪股宏，斉藤正三郎，応用物理，**64**（8），813-816（1995）
6) 長浜邦雄，鈴木功，食品への超臨界流体応用ハンドブック，サイエンスフォーラム，東京，pp. 17-32（2002）
7) 新井邦夫，斉藤正三郎，油化学，**35**（4），267-272（1986）
8) 大平辰朗，木材工業，**52**（9），428-432（1997）
9) 斉藤正三郎，日本食品工業学会誌，**32**（7），74-80（1985）
10) 小林猛，油化学，**35**（4），16-21（1986）
11) 高橋和郎，食品工業，**26**（20），68-72（1983）
12) 奥村烝司，ケミカルエンジニアリング，**30**（7），36-42（1985）
13) 若林憲光，フードケミカル，**2**（5），57-65（1986）
14) 若林憲光，*New Food Industry*，**29**（10），17-22（1987）
15) 後藤元信，広瀬勉，ケミカルエンジニアリング，**43**（3），221-226（1998）
16) O. Hortacsu, O. Aeskinazi, and U. Akman, *Innovations in supercritical fluids Science and Technology*, K. W. Hutchenson and N. R. Foster, Editors, ACS symposium series 608, Washington, DC, pp. 364-378 (1995)
17) 後藤元信，*AROMA RESEARCH*，**8**（2），110-115（2007）
18) 新井康彦ら，化学と生物，**27**，pp. 176-182（1989）
19) E. Reverchon, *J. Supercritical Fluids*, **10**, 1-37 (1997)
20) E. Stahl, K. W. Quirin, D. Gerard, *Verdichtete Gase zur Extraction und Raffination.*, Springer, Berlin, 260p (1987)
21) Ph, Marteau, J. Obriot, R. Tufeu, *J. Supercrit. Fluids*, **8**（1），20-24（1995）

22) G. Di Giacomo *et al.*, *Fluid Phase Equilibria*, **52**, 405-411 (1989)
23) H. A. Matos, E. Gomes *et al.*, *Fluid Phase Equilib.*, **52**, 357-364 (1989)
24) E. Stahl, and D. Gerard, *Perfumer Flavorist*, **10**, 29-37 (1985)
25) M. Richter, and H. Sovova, *Fluid Phase Equilib.*, **85**, 285-300 (1993)
26) R. Tufeu, P. Subra, and C. Plateaux, *J. Chem. Thermodynam.*, **25**, 1219-1228 (1993)
27) M. Maier, and K. Stephan, *Chem. Ing. Technol.*, **56**, 222-223 (1984)
28) N. Aghel *et al.*, *Talanta*, **62**, 407-411 (2004)
29) F. Terauchi *et al.*, *Mokuzai Gakkaishi*, **39** (12), 1421-1430 (1993)
30) 寺内文雄他，木材学会誌，**39** (12), 1431-1438 (1993)
31) M. Akgun, N. A. Akgun, and S. Dincer, *J. Supercrit. Fluids*, **15**, 117-125 (1999)
32) J. -N. Jaubert, M. M. Goncalves, and D. Barth, *Ind. Eng. Chem. Res.*, **39**, 4991-5002 (2000)
33) 大平辰朗，超臨界流体技術の開発と応用（佐古猛監修），シーエムシー出版，東京，pp. 156-166 (2008)
34) S. de Konig, H. -G. Janssen and U. A. Th. Brinkman, *Chromatographia, Supplement*, **69**, S33-S75 (2009)
35) マグローヒル科学技術用語大辞典編集委員会，マグローヒル科学技術用語大辞典，pp. 887-888，日刊工業新聞社，東京 (1979)
36) DR. Banjoo and PK, Nelson, *J. Chromatogr. A*, **1066**, 9-18 (2005)
37) C. Goncalves and MF Alpendurata, *Talanta*, **65**, 1179-1189 (2005)
38) J. Wu, L. Lin and F-tim Chau, *Ultrason. Sonochem.*, **8**, 347-352 (2001)
39) Sh. Rouhani *et al.*, *Prog. Color Colorants Coat.*, **2**, 103-113 (2009)
40) E. Alissandrakis *et al.*, *Food Chem.*, **82** (4), 575-582 (2003)
41) 沢村正義，精油抽出法，特許第3842794 (2005)
42) 沢村正義，柏木丈拡，田邊憲一，においかおり環境学会誌，**43** (2), 102-111 (2012)
43) 八杉龍一他，生物学辞典第四版，p.1362，岩波書店，東京 (2002)
44) K. Ganzler, A. Salgo, and K. Valko, *J. Chromatogr. A*, **371**, 299-306 (1986)
45) F. Chemat, M. Abert-Vian, and X. Ferbandez, Microwave assisted extraction for bioactive compounds, F. Chemat and G. Cravotto editors, Springer, New York, pp. 53-68 (2013)
46) M. A. Ferhat *et al.*, *J. Chromatogr. A.*, **1112** (1-2), 121-126 (2006)
47) M. E. Lucchesi *et al.*, *J. Food Eng.*, **79** (3), 1079-1086 (2007)
48) F. Chemat *et al.*, *Anal. Chim. Acta*, **555** (1), 157-160 (2006)
49) M. E. Lucchesi, F. Chemat and J. Smadja, *J. Chromatogr. A*, **1043** (2), 323-327 (2004)
50) 大平辰朗，松井直之，金子俊彦，田中雄一，*AROMA RESEARCH*, **11** (2), 148-155 (2010)
51) 大平辰朗ほか，第61回日本木材学会大会研究発表要旨集，M19-P-AM31 (2011)

第3章　テルペン類の分析法

大平辰朗*

1　はじめに

　自然界に存在するテルペン類は抽出法の章（本書，基礎編第2章）でも説明したが，炭素数C5からC8以上まで存在しており，物質の特徴としてはCとHのみで構成されている炭化水素類や官能基としてアルコール，エーテル，カルボン酸，チオアルコール等を有するもの等があり，分子量が異なるものとしては高い揮発性を有しているヘミ（C5），モノ（C10），セスキ（C15）から低い揮発性を有しているジ（C20），セスタ（C25），トリ（C30），テトラ（C40）等幅広く存在している。そのためそれらの分析法も同じではなく，物質の特性に応じて適切な方法を選択する必要がある。本稿では紙面の都合上，利用割合の多い揮発性の高いテルペン類（ヘミ～ジテルペン類）に対する分析法を中心に概説する。

2　分析法

2.1　分析の前処理

　分析機器に供するためには機器が対応可能な状態になるようにテルペン類をいろいろな状態の試料から取り出す「前処理」が必要である。テルペン類は，自然界の様々な素材に含まれているため，最適な分析を行う為には前処理の方法も用いる試料の状態に適した方法を選択する必要がある。

　一般的な前処理の方法としては，抽出法，吸着法，解離性に基づく分離法，分子の大きさに基づく分離法，蒸留法，昇華法，凍結法，搾汁法，ヘッドスペース法等がある[1,2]。抽出法には固体抽出，分別沈殿（再結晶，分別結晶，光学分割等），液相間の分配を利用する方法（溶媒抽出（ソックスレー抽出法），酸性・中性・塩基性・両性物質の溶媒による分画，向流分配法等），液相と気相間の分配を利用する方法（ガスクロマトグラフィー）等がある。吸着法では物質の吸脱着能の違いを利用した分離法（吸着クロマトグラフィー，薄層クロマトグラフィー等）があり，解離性に基づく分離法にはイオン交換，イオン交換透析，電気泳動等がある。分子の大きさに基づいた分離法には透析法，限外濾過法，ゲル濾過法，超遠心法等が，蒸留法には分別蒸留法には単蒸留法，減圧蒸留法，ミクロ蒸留法等がある。その他分子蒸留法（流下薄膜式分子蒸留法等），水蒸気蒸留法，連続液／液蒸留法，凍結真空蒸留法，昇華法（常圧，減圧）等がある。これらの

＊　Tatsuro Ohira　森林総合研究所　森林資源化学研究領域　樹木抽出成分研究室　室長

内，テルペン類が多く含まれる香気成分の分析手法として多用されているヘッドスペース法について詳細を以下に記す。

2.1.1 ヘッドスペース法[3]

　ヘッドスペース法は，試料に含まれている揮発性物質を他の不揮発性物質と分離させて分析する手法であり，揮発性に富んでおり，かつ利用割合の多いテルペン類にとっては重要な方法である。その手順は①気化，②捕集，③脱着，④導入の順である。

① 　気化法：固体等に含まれる香り物質を他の不揮発性物質から分離するために気中に蒸散させる技術である。ヘッドスペースの名前の由来は，試料を加熱することにより香りを気化させて容器の上部空間（ヘッドスペース）に貯める方法からきている。大きく分けて3種類の方法（スタティック（静的）法（static headspace, SHS），ダイナミック（動的）法（dynamic headspace, DHS），パージアンドトラップ法（purge and trap, P&T, DHS の変法）がある（図1）。

② 　捕集法：空気中の希薄な香り物質を捕集し，機器の検出濃度まで濃縮する技術で，吸着法，冷却法，溶媒法等がある。

③ 　脱着法：捕集した香り物質を脱着させ，分析機器等へ導入するための技術で，溶媒による脱着法，加熱脱着法等がある。

④ 　導入法：脱着させた香り物質を分析機器に導入する技術で，オンライン式とオフライン式がある。

　技術的な進歩により，捕集した香り成分を一端脱着し，系内で再捕集し，再度急速加熱し，分析機器に導入する装置（加熱脱着濃縮装置, Thermal Desorption, TD）も開発されている。以上は，分析機器に適合するように，分析対象物質を試料から取り出す方法についてであるが，煩

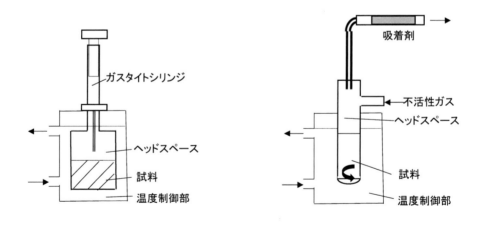

図1　ヘッドスペース法の概念図

第3章 テルペン類の分析法

雑な作業が必要なことや分析感度の向上を目的として，簡便ツールが多種類開発されている．代表的なものとしては，固相マイクロ抽出（Solid Phase Microextraction（SPME））[4,5]，スターバー抽出（Stir Bar Sorptive Extraction（SBSE））[6,7]，モノリス固相抽出（Monolithic Material Sorptive Extraction（MMSE））[8,9]等がある．またそれぞれに適合した分析機器も合わせて開発されてきており，分析精度，再現性等は格段に向上している．

2.2 分析機器

テルペン類を分析可能な状態になるようにいろいろな試料から取り出した後，分析を行うが，用いる分析機器類にも種類が多くあり，実用上，分析対象との適合性が問題になる．

揮発性の高いテルペン類の分析法としては，主としてガスクロマトグラフを用いることが多い．以下にその概要を紹介する．

2.2.1 ガスクロマトグラフ（GC）法[10]

ガスクロマトグラフの原理の概略は以下の通りである．混合物質が気化して分析カラム内の固定相を通過すると，個々の物質ごとに物理化学的な相互作用により移動速度が異なるために分離される．分離した成分は，検出器で検知され，記録計上でシグナルとして検出できる．試料を注入した時をスタートとして，ピークが現れるまでの時間を保持時間とし，保持時間をもって定性し，ピークの面積をもって定量分析を行う．検出器としては，分析対象となる物質の化学的特性が異なるために，それらに応じて適切な検出器が開発されている．一般的な検出器の種類を表1に示した．分離用のカラムには充填カラムとキャピラリーカラムに大別される．充填カラムは，別名パックドカラムとも呼び，固定相を含浸，塗布した担体または吸着剤をガラスやステンレスの管に充填したものである．キャピラリーカラムは，中空細管の内面に固定相または吸着剤を塗布あるいは化学結合したものである．サンプル負荷量が大きく異なる．微量で高分離能が得られる点でテルペン類にはキャピラリーカラムが用いられることが多い．キャピラリーカラムの種類には，WCOT（Wall Coated Open Tubular）タイプ（液相を管内に塗布または化学結合したもの），SCOT（Support Coated Open Tubular）タイプ（担体に液相を含浸させ，内壁に固定したもの），PLOT（Porus Layer Open Tubular）タイプ（ポーラスポリマーやアルミナ，モレキュラーシーブ等を固定）の3種類に大きく分類されているが，近年用いられることが多いものはWCOTタイプである．カラムの種類は固定相の極性により低極性，中極性，高極性の3種に大別されるが，それぞれの極性の中でも細分化されている．また，同じ固定相でもカラムの長さ，内径等も異なるものを選ぶことができる．カラムの性能を示す指標として理論段数があり，カラムの選択の参考になる．理論段数が大きいほど性能のよいカラムといえる．理論段数（N）は図2のように定義されている．分析対象物に最適なカラムを選択することは分析を効率的に行う上で重要であるため，過去の研究例等を参照の上，適切なカラムを選ぶことが必要である．テルペン類のような香気成分の主体を構成する物質の場合，立体構造が重要になる場合があり，そのための技術として光学異性体専用のキラルカラムと呼ばれる特殊なカラムが開発されている[11,12]．

表1 GCの一般的な検出器

種類	熱伝導度検出器	水素炎イオン化検出器	電子捕獲検出器	炎光光度検出器	熱イオン化検出器
略称	TCD	FID	ECD	FPD	FTD
英名	Thermal Conductivity Detector	Flame Ionization Detector	Electron Capture Detector	Flame Photometric Detector	Flame Thermionic Detector
内容	キャリヤーガスと試料成分との熱伝導度の差を利用し，ホイーストンブリッジを組んだフィラメントに流れる電流の変化を測定する。	水素炎中で有機化合物の炭素がイオン化することを利用して高感度の分析が可能となる。	放射線または放電によりキャリヤーガスをイオン化させ，この時に生成する電子と新電子性物質との親和性を利用する。	還元性水素炎中で分子内硫黄やリンが炎光することを利用する。	加熱されたアルカリ炎の雰囲気中でのリンや窒素のイオン化を利用する。
適する試料	試料成分の変質が生じにくいので，GCの排気口で物質のにおいを嗅いで物質の成分の嗅覚情報を得るニオイ嗅ぎGCを同時に行うことができる。	高感度検出が可能。香料業界では最も多く用いられている。	有機ハロゲン化合物等が選択的に高感度で検出可能。	含リン，含窒素化合物の選択的検出が可能。	含リン，含窒素化合物の選択的抽出が可能。

$$N=16(t_R/W)^2,\ N=5.54(t_R/W_{1/2})^2$$

N:理論段数、t_R:保持時間、t_0:ホールドアップタイム、t_R':空間補正保持時間、W:ピーク幅、$W_{1/2}$:半値幅、h:ピーク高さ、$h_{1/2}$:ピーク高さの1/2

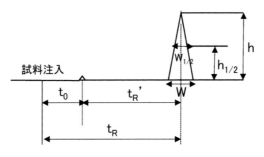

図2 GCカラムの理論段数

2.2.2 Fast GC[13]

一般的なガスクロマトグラフィーは長さ30 m, 内径0.25 mmのキャピラリーカラムが用いられることが多いが, 通常数十分, 複雑なサンプル分析には1時間もしくはそれ以上の長い分析時間を要している。試料の処理能力の向上は研究の加速, コスト削減, 収益増加等のメリットがあり, 最近では機器類や分析カラムの性能が向上しており, 急速昇温かつ高い分離能が可能になっており, 分析時間が従来法に比べて大幅に短くなる「Fast GC」の開発が進んでいる。Fast GCは, 内径0.1 mmまたは0.18 mmで長さが20 m以下の短いキャピラリーカラム, 高拡散性と最適な線速度をもつ水素ガスをキャリヤーガスを用い, さらには急速なオーブン昇温が可能な装置から構成されている。テルペン類の分析においても活用されており, 従来のキャピラリーカラムを使用した時に比べて14倍分析時間が早くなったという報告もある[14]。カラム内径が0.05 mm以下のカラムを使用するとさらに高速分析（従来法に比べて33倍分析時間が早い）が可能であり, ウルトラFast GCとも呼ばれている[15,16]。

2.2.3 多次元ガスクロマトグラフィー（MDGC）

分析対象が微量化しまた複雑になる中で, 結合的な手法（hyphenated methods）の必要性が強調されるようになった。テルペン類が多く含まれる香気成分の様な複雑な系の複合物の分析ではいかに精度よく分離するかが重要となっており, そのため2台のGCを連結したり, 異なるカラムを連結したりする技術開発が盛んになっている。また各種の検出器との組み合わせも行われており, これらを多次元ガスクロマトグラフィー（multideimentional gas chromatography, MDGC）と呼んでいる[17~19]。MDGCの概念図を図3に示した。試料は通常, GCの第1カラムに注入され, 1段目の分離が行われ, 分離成分の一部もしくは複数の部分が直接, あるいは中間で吸着や冷却トラップされた後, 第2カラムに導入されて2段目の分離が行われる。中間での吸着や冷却トラップの機能等について機器メーカー独自の工夫が施されている。MDGC技術は近年急速に進歩しており, これまで未知であった物質の存在や新規物質の発見, 精度の高い分析結果が一度の操作で容易にできるようになっている[20]。

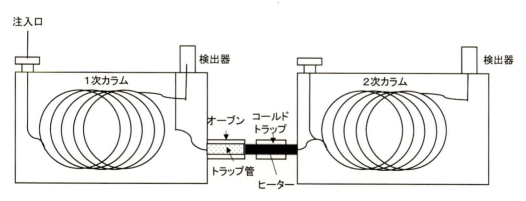

図3　多次元ガスクロマトグラフィーの概念図

2.2.4 質量分析 (MS)

自然界に存在するテルペン類は類似した構造を有するものが多い。そのため，前述したような高性能な分離手段が重要となるが，それらに応じた検出器も重要である。2.2.1項でも触れたが，目的に応じて多種類の検出器が開発されている。ここでは最も重要となる質量分析計（Mass Spectrometry（MS））について紹介する。GC カラムで分離された物質は気体状態であり，その状態で MS のイオン源に導入される。その後，高真空中で比較的低いエネルギーの電子の衝撃を受け，陽イオンフラグメントとなる。この陽イオンフラグメントに分離させて検出したスペクトルを質量スペクトルと呼んでいる。質量分析が対象とする試料の性質と測定目的が極めて多様であることから，特殊な研究用まで含めるとイオン化法の種類は数十種類にも及んでおり，その適切な選択には悩むところである。イオン化法を"気化"と"イオン化反応"に分類することで理解が容易になる。今日用いられているイオン化法としては電子衝撃法（EI 法），化学イオン化法（CI 法），エレクトロスプレーイオン化（ESI 法），高速電子衝撃法（FAB 法），大気圧化学イオン化法（APCI 法），マトリックスレーザー脱着イオン化法（MALDI 法）等がある[21]。

次に MS の分離システムとしては，非トラップ型（四重極型（quadrupol）MS と磁場型（magnetic sector）MS，飛行時間型（TOF）MS），トラップ型（四重極イオントラップ型 MS，フーリエ変換型 MS），タンデム型（高エネルギーコリジョン，低エネルギーコリジョン）がある。以下に代表的な MS システムを概説する。

(1) 四重極型 MS (QMS)

4 本のポール状の電極があり，対角線上の 2 本のポールには同一の電圧を，他の 2 本には極性の異なる同一電圧をかける。この極性を高速に切り替えると，ポール内を通過するイオンは，ポールにかけた電圧に比例して質量ごとに分離される。小型で操作が容易であるが，質量数の測定は整数マス測定となる。

(2) 磁場型 MS

磁場内のイオンは，磁場により異なるイオン軌道を描くので質量数による分離が可能である。磁場のほかに電場を設けた 2 重収束型 MS が一般的にであり，ミリマス測定が可能である[22]。

ピークの M/Z（M＝分子量，Z＝電子の電荷数）によって定性分析，ピーク高さによって定量分析を行っている。

(3) 飛行時間型 MS (TOFMS)

GC/MS は，定量性と分離能に優れた装置として普及しているが，香気成分のような類似体が多く，複雑な組成の試料の分析においては，網羅性の点で限界がある。四重極型 MS を基本とする装置が多い為，スキャン速度に制約があるためである。このような技術的な限界を克服するために開発されたのが飛行時間型分析装置（Time-of-Flight mass spectrometry, TOFMS）である[23]。本装置の特徴はマススペクトルの取得が極めて高速で（毎秒 500 スペクトル）できることである。この特性は一般的な GC のピーク幅（1～2 秒）に十分なデータポイントを与え，重複したピークのわずかな保持時間の違いを識別することに大きな効果を及ぼす。さらに 2 次元ガス

第 3 章　テルペン類の分析法

クロマトグラフとの組み合わせによる方法（GC×GC-TOFMS）[24]も開発されており，この場合に得られる非常にシャープなピーク幅（0.1 秒）に対しても十分なデータポイント数（20 ポイント以上）を与えることが TOFMS では可能となる。テルペン類も多く含まれる植物等の香気成分は類似物質が多く，構成が複雑である。そのため一斉分析（網羅的）が通常の GC-MS では困難であり，ターゲットを決めた分析に限定される。香気成分の機能性に関する研究が進展する中，その活性に関わる物質に関する情報も並行して行うためにもノンターゲットな網羅的な分析はこれからの分析技術上，ますます重要となる。

(4) その他の最新の MS イオン化法

① DART 法

一般的に MS システムにおいて，イオン化を施すには試料を高温／高電位，紫外線照射，レーザ照射，または高速のガス流に曝さなければならない。したがって，操作上の安全のために大気圧イオン源は完全に密封する必要があった。密封することにより，試料を真空中に導入するわけであるが，その条件には制限がある。気体等の試料は GC 等の導入システムを通じて真空中に導入する必要があり，また固体試料は直接導入する必要があり，さらに試料導入部は試料の導入量によっては真空不良や試料汚染の懸念がある。このようなことから最近リアルタイム直接分析（Direct Analysis in Real Time：DART）と呼ばれる試料（気体，液体，固体）を大気圧下で直接導入し，分析可能な技法が開発されている[25]。イオン化は長く留まっている電子励起状態の原子または振動励起状態の分子が，試料及び大気ガスと相互作用する。したがって，高電圧，レーザビーム，放射線，プラズマ等には直接曝されない。そのためソフトなイオン化に対応している。詳しくは総説等[25]を参照されたい。DART と高分解能飛行時間型質量分析とを連結することで，広範囲で多彩な物質の，迅速な定性・定量分析が可能になる。

② PTR-MS 法

植物等から放散するテルペン類は一般的に低濃度であるため，吸着剤やキャニスターを用いた採取，濃縮後の熱脱着あるいは溶媒抽出等の前処理操作と GC/MS 等を用いた長時間の分析手法が必要となる。また，高濃度で存在する物質を除き，濃縮のためには大量の試料を必要としており，数十分から数時間の平均濃度でしか平均化できず，環境中のリアルタイムの変動には不向きであった。これらの問題点を解消するために 1990 年代後半に陽子移動反応質量分析法（Proton Transfer Reaction Mass Spectrometry, PTRMS）が開発され[26]，リアルタイムでの分析が可能となった。測定はプラズマ放電中に H_2O 蒸気を通して H_3O^+ イオンをつくり，これを試料気体と反応させることで，気体中の勇気炭素 R が RH+ として陽イオン化される原理を利用しており，プロトン親和力が H_3O^+ イオンより高い物質に対して陽子移動反応が起きるため，PTR-MS はメタン等の低級アルカンを除いた多種の物質に対応しており，測定下限が数十 ppt であり，最小測定間隔が 0.1 秒である。測定例としては，呼気中のイソプレンの測定による血中コレステロール量の推定[27]や受動喫煙量評価の試み[28]があり，医療分野での応用例も多い。テルペン類は大気中で極めて高い反応活性をもつため，化学反応種として重要な VOC（揮発性有機化合物）とみな

されている[29]。これらのテルペン類の放散総量のリアルタイムでのすばやい応答性による測定において威力を発揮している[30]。ただし，本法はガスクロマトグラフのように混合物を物質毎に分離する機能はないため，化学的な特性が類似している物質は同じ物質として総量値での測定となる。

(5) GC による定性分析・定量分析

テルペン類を含む精油成分は，通常数十種類の物質の混合物である。そのため定性分析を行うためには，GC による分離と MS 等による同定が不可欠である。MS の場合，テルペン類を含めて膨大な数の化学物質に関する質量分析ライブラリー（NIST，Wiley 等）が開発されており，それらの活用により，成分同定が容易にできる工夫がされている。テルペン類の場合，R. P. Adams による 600 種を超えるテルペン類の MS データ集が書籍等として刊行されており，成分同定に役立っている[31]。この他，Kovats らによって提案された保持指標（Kovats Index，KI）を用いた同定も行われている[32]。この手法は 1 連の同族体化合物の GC 保持値の対数と炭素数との間にあるよい直線関係に着目したもので，最も極性の低い同族体である n-アルカンを標準試料として用いた場合の相対保持値として次のように定義されたものである。

$$KI(x) = 100 P_z + 100[(\log RT(x) - \log RT(P_z))/(\log RT(P_{z+1}) - \log RT(P_z))]$$
$$RT(P_z) \leq RT(x) \leq RT(P_{z+1}), \quad P4 \cdots P34 （n-アルカン類）$$

$RT(P_z)$，$RT(x)$，$RT(P_{z+1})$ はある分離カラムを用いて一定条件で測定された溶質 x，炭素数 P_z，P_z+1 の n-アルカンの保持時間で通常 $RT(P_z) \leq RT(x) \leq RT(P_{z+1})$ となるように n-アルカンは選定して測定する。また Van den Dool と Krant らは，KI の改良版である AI (arithmetic index)[33] を提唱している。前記の Adams のデータベースでは KI と AI の両方の指標が示されており，参考になる。最近では保持指標と MS データの両方を用いて成分同定を行う例が増えており，それらに対応するため機器メーカーでは n-アルカンの測定情報と MS データを統合して解析するシステムも開発されており，成分同定の正確さを向上させている。

2.2.5 高速液体クロマトグラフ法 (HPLC)[34]

揮発性の高いテルペン類（ヘミ～ジテルペン類）は，ガスクロマトグラフを分析手法で用いることが多い。揮発性の低い（ジ～テトラテルペン類）では揮発性を容易にする誘導体化が行われることもある。また熱に対して不安定な化合物ではそのままの状態では分析ができないこともあり，誘導体化を用いることがある[35, 36]。

誘導体化には様々な利点があるが，複雑な混合物の場合，全ての物質に対応できないこともあり，別の分析法が必要になる。特に揮発性の低い物質の場合，液体に溶出させて測定する手法（液体クロマトグラフィー）が採用される。

固定相及び移動相と呼ばれる相接する 2 つの相が形成する平衡の場合において，混合物中の成分をその両相との相互作用（吸着，分配，疎水性相互作用，イオン交換，浸透・排除，分子サイズ等）の差によって分離定量する方法をクロマトグラフィーと呼ぶ。固定相と移動相にはそれぞ

第 3 章　テルペン類の分析法

れ気体，液体，及び固体の 3 つの状態がある。この内，移動相に気体を用いるものを前述のガスクロマトグラフィー，移動相が液体の場合，液体クロマトグラフィーと呼んでいる。複雑な成分の場合，単なる液体クロマトグラフィーでは分離が不十分であること，分離に長時間を要することなどの問題点もある。そこで移動相を高圧で送液し，分離時間を短縮した方法が開発されており，高速液体クロマトグラフィー（High Performance Liquid Chromatography, HPLC）と呼んでいる。分析対象となるテルペン類（特に揮発性の低いジ～テトラテルペン類）は微量であることが多く，それらに対応するために HPLC の性能向上が図られている。HPLC は試料導入部，高圧送液ポンプ，分離カラム，検出器等から構成されており，各部位に関する技術的な向上には著しい進歩がある。この内，分離カラムの最新の情報を入手するには，機器メーカーの最新のカタログを参照することが早いだろう。GC の項でも触れたが光学異性体の分析用カラムも開発されている[37]。検出器としては，示差液体屈折率（RI）検出器，紫外可視線吸収（UV/VIS）検出器，プレカラム誘導体化ミクロ熱（MT）検出器，炎イオン化（FID）検出器，化学反応型検出器，質量分析装置等がある。分析対象物質の種類に応じてカラムの種類，溶離液，検出器の種類等の構成が変わってくる。誘導体化については GC の項でも概説したが，HPLC 分析用に多種類の手法が開発されている[38,39]。

(1)　液体クロマトグラフ-質量分析（LC-MS）

　液体クロマトグラフィーの検出器の一部として，近年急速に進歩しているものとして質量分析法がある。LC-MS は，GC-MS のようにカラムと質量分析装置が直結しておらず，HPLC と MS の間にインターフェイスがある。一般的なインターフェイスは，LC の溶離液を噴霧して大気圧下でイオンを生成（大気圧イオン化（API））させ，イオンと溶媒蒸気を分離して MS に導入する方法である。API 法にはイオンの生成の仕方によって大気圧化学イオン化（APCI）法，エレクトロスプレーイオン化（ESI）法に分類されている。この他難揮発性物質に最適な高速原子衝撃法（FAB 法）等も用いられることがある。

　FABMS 法は誘導体化せずに，直接極微量で分子イオン種等を容易に観測し，分子量を確定できる点で画期的な手法であるが，一部の化合物を除いて，その化学構造情報を含んだフラグメントイオンをほとんど与えないため，構造解析に必要な情報に乏しい。そこでタンデム型質量分析法（MS/MS 法）等が開発され，化学構造解析における情報を飛躍的に増加できるようになっている[22]。

2.2.6　超臨界流体クロマトグラフィー（SFC）[40]

　移動相として超臨界流体を用いるクロマトグラフィー（Supercritical Fluid Chromatography, SFC）は，GC や HPLC では分析に適さない物質でも対応可能である等の利点があり，近年注目されている技術である。揮発性の異なる多種多様なテルペン類を含む混合物には，適した手法の一つである。GC（特にキャピラリー GC）は，比類ない分離能力をもっているが，有機化合物の揮発性や熱安定性の程度によって使用が制限される。一方，揮発性の低い物質は HPLC で分析できるが，移動相中での溶質の拡散速度が遅いため，効率のよい分離を行うには長い分析時間と

表2 クロマトグラフィーの比較

	密度 (g/mL)	粘度 (poise)	拡散係数 (cm^2/s)
気体	~0.001	0.5～3.5 (×10^{-4})	0.01～1.0
超臨界流体	0.2～0.9	0.2～1.0 (×10^{-4})	3.3～0.1 (×10^{-4})
液体	0.8～1.0	0.3～2.4 (×10^{-4})	0.5～2.0 (×10^{-4})

口径の非常に小さいカラムが必要となる。SFC に適した移動相としては，二酸化炭素，一酸化二窒素，アンモニア等がある。臨界温度と臨界圧力以外に，クロマトグラフィー的に重要な物性は，密度，粘度，溶質の拡散係数である。臨界点以上では物質は液体に近い密度と溶媒和能力をもっているが，その粘度は気体に近く，拡散係数は気体と液体の中間である（表2）。分子間相互作用が十分に強い状態では，超臨界流体は様々な溶質，例えば高分子量，低揮発性化合物でも溶解することができる。この場合，超臨界流体の密度，溶質の溶解度とクロマトグラフィーにおける保持は，圧力制御により容易に変更可能である。超臨界流体の他の重要な物性は，粘度と溶質と拡散係数である。粘度が低いということは，ある流速のもとでのカラムの圧力低下が小さいことを意味している。気体と超臨界流体の粘度はほぼ同じであるが，液体の粘度は約100倍大きいので HPLC における圧力降下は SFC と GC の場合よりも 10 から 100 倍大きくなる。GC と比べて SFC のカラム温度は低く設定可能であるため，高分子量で熱的に不安定な化合物の分離に有利であり，通常 GC には適さない物質においても高分離を可能にしている。また HPLC と比べて SFC の利点は，単位時間当たりの分離能が高いことである。GC 及び HPLC 用の検出器やカラムが利用できる。GC 用のキャピラリーカラムを使用して GC に匹敵する分離効率が得られる点も SFC の利点である。キャピラリーカラムを利用した場合，検出器に GC 用の質量分析装置の適用も可能である。超臨界流体として CO_2 を用いることが多いが，その場合分取 SFC として分画手段としても威力を発揮できる。詳しくは総説等を参照されたい[40,41]。

2.2.7 その他の分析法

分離したテルペン類の化学構造の解析には，核磁気共鳴法（NMR）[42,43]，紫外・可視分光法（UV/VIS）[44]，赤外分光法（IR）[44]，立体化学的な情報が得られる円二色性スペクトル（CD）[45]等を用いている。これらは吸収分光法（スペクトロメトリー）を原理としており，それぞれの手法により特異的に得られる化学的情報があり，質量分析（MS）の測定情報等も総合して化学構造を解析する。この内，立体構造も含めて化学構造に関する詳細な情報が得られる NMR の技術的進歩は著しく，優れたデータ集も数多く出版されている[46,47]。

第3章 テルペン類の分析法

文　献

1) 大岳望ほか，物質の単離と精製，東京大学出版会（東京），274pp，(1976)
2) 川崎通昭ほか，におい物質の特性と分析・評価，フレグランスジャーナル社（東京），122-206 (2003)
3) 川崎通昭，堀内哲嗣郎，嗅覚とにおい物質，臭気対策研究部会，p.109-122 (2001)
4) J. Pawliszyn, SOLID PHASE MICROEXTRACTION, Wiley-VCN, Tronro, 247pp (1997)
5) S. Merkle et al., *Chromatography*, **2**, 293-381 (2015)
6) E. Baltussen, et al., *J. Microcolum Sep.*, **11** (10), 737-747 (1999)
7) C. Bicchi et al., *J. Agric. Food Chem.*, **50**, 449-459 (2002)
8) Hye-J. Jang et al., *Bull. Korean Chem. Soc.*, **32** (12), 4275-4280 (2011)
9) A. Namera and T. Saito, *Trends in Analytical Chemistry*, **45**, 182-196 (2013)
10) 日本化学会編，新実験化学講座　分析化学（II），丸善出版（東京），59-86 (1977)
11) 大井尚文ほか，分析化学，**28**, 482-484 (1979)
12) 松下亨ほか，分析化学，**56** (12), 1089-1095 (2007)
13) C. A. Cramers, et al., *J. Chromatography. A.*, **856**, 315-329 (1999)
14) L. Mondello, et al., *J. Chromatogr. Sci.*, **42**, 410-416 (2004)
15) L. Mondello, et al., *J. Sep. Sci.*, **27**, 699702 (2004)
16) P. Korytar, et al., *Trends Anal. Chem.*, **21**, 558-572 (2002)
17) 小村啓，ぶんせき，**7**, 568-574 (1997)
18) K. A. Krock, et al., *Ana. Chem.*, **66** (4), 425-430 (1994)
19) R. Shellie and P. Marriott, *Flavour Fragr. J.*, **18**, 179-191 (2003)
20) T. Cserhati, Chromatography of Aroma compounds and fragrances, Springer-Verlag (Berlin), 389pp (2010)
21) 高山光男，ぶんせき，**1**, 2-7 (2009)
22) 原田健一，岡尚男，LC/MSの実際，講談社サイエンティフィク（東京），281pp (1996)
23) M. Guihaus, *J. Mass Spectrom.*, **30**, 1519-1532 (1995)
24) J. Dallüge et al., *J. Sep. Sci.*, **25**, 201-214 (2002)
25) R. B. Cody et al., *Anal. Chem.*, **77**, 2297-2302 (2005)
26) 谷晃，大気環境学会誌，**38** (4), A35-A46 (2003)
27) T. Karl et al., *J. Appl. Physiol.*, **91**, 762-770 (2001)
28) P. Prazeller et al., *Int. J. Mass Spectrum.*, **178**, L1-L4 (1998)
29) F. Fehsenfeld et al., *Global Biochemical Cycles*, **6**, 389-430 (1992)
30) A. Tani et al., *Int. J. Mass Spectrum.*, **223-224**, 561-578 (2003)
31) R. P. Adams, Identification of essential oil components by gas chromatography / mass spectrometry, 4th edition, Allured (Illinois), 804pp (2007)
32) E. Kovats, The retention index system in Advances in Chromatography, Vol.1 (J. C. Giddings and R. A. Keller (eds), Marcel Dekker, Onc (New York), 229-247 (1965)
33) Van den Dool, H and P. Dec Kranz, *J. Chromatography*, **11**, 463-471 (1963)
34) 日本化学会編，新実験化学講座　分析化学（II），丸善出版（東京），86-112 (1977)

35) K. Blau, *et al.*, 分離分析のための誘導体化ハンドブック, 丸善出版, 374pp (1996)
36) 池川信夫, 最新ガスクロマトグラフィー (IV), 廣川書店, 251pp (1981)
37) 小林由幸ほか, 分析化学, **61** (2), 109-114 (2012)
38) K. Blau and J. Halket, Handbook of derivatives for chromatography, WILEY (Chchester), 369pp (1995)
39) 波多野博行, 花井俊彦, 実験高速液体クロマトグラフィー, 化学同人 (東京), 338pp (1988)
40) R. M. Smith (牧野圭祐監訳), 超臨界流体クロマトグラフィー, 基礎と応用, 廣川書店 (東京), 221pp (2001)
41) M. Saito *et al.*, Fractionation by packed-column SFE and SFC, VCE (New York), 276pp (1994)
42) 齋藤肇ほか, NMR分光学, 東京化学同人 (東京), 282pp (2008)
43) W. Kemp (山崎昶訳), やさしい最新のNMR入門, 培風館 (東京), 297pp (1988)
44) R. M. Silverstein *et al.*, (荒木誠ほか訳), 有機化合物のスペクトルによる同定法 (第7版), 東京化学同人 (東京), 500pp (2006)
45) 原田宣之, 中西香爾, 円二色性スペクトル, 東京化学同人 (東京), 271pp (1982)
46) 浅川義範, 通元夫, 天然有機化合物の400MHzNMRスペクトル集, 廣川書店 (東京), 303pp (1993)
47) 楠見武徳, 大谷郁子, 構造式に書いたNMRケミカルシフト集, 講談社サイエンティフィク (東京), 175pp (1993)

第 4 章　テルペン類の重合反応

上垣外正己[*1]，佐藤浩太郎[*2]

1　はじめに

　テルペン類は，前章までに述べられているように，イソプレン（C_5H_8）を基本単位として構成される一連の炭化水素化合物群であり，イソプレンの数すなわち炭素数に応じて，さらにモノテルペン（C_{10}），セスキテルペン（C_{15}），ジテルペン（C_{20}）などに分類される[1~3]。さらに，イソプレン単位が多数つながり主にシス-1,4-ポリイソプレン骨格から成る天然ゴムは，ポリテルペンに分類される。これら一連の化合物は，植物などの生体内でイソペンテニル二リン酸が原料となり，各種酵素の働きによって結合し生合成されている。このためその構造は，イソプレン単位がさまざまなつながり方で共有結合により連結されたものであり，分子内に1つあるいはそれ以上の二重結合を有しているものが多い。また緻密な生合成反応にも起因し，人工では合成しにくい複雑な分子骨格や光学活性を有しているものも多く存在する。このような化学構造を活かし，例えば，二重結合の反応性や特有な分子骨格を利用することで，さまざまな有用化学品や製品へと誘導することが可能である。

　テルペン類では，ポリテルペンである天然ゴムを除けば，炭素数10のモノテルペンが最も豊富で，種々の植物油に多量に含まれる。モノテルペンは，イソプレン単位が2個であるにもかかわらず多様な分子骨格のものが存在するため，利用の観点からも興味深い化合物群である。さらに豊富なモノテルペンの中でも，ピネンやリモネンはマツなどの針葉樹やレモンなどの柑橘類の皮に多く存在し，松精油（テレビン油）や柑橘油（オレンジ油）の主成分であり，世界的に多量に産出され，工業的にも香料や医薬品の原料，溶剤，洗浄剤としても広く用いられている。

　一方，近年，地球温暖化や石油資源の枯渇などの観点から，植物などから得られる再生可能資源を有効に利用した循環型社会の構築が重要となってきている。石油化学産業とともに急速に発展してきた合成高分子においても，学術面のみならず産業面からも，従来の石油由来原料ではなく，植物由来の再生可能資源を原料としたバイオベースポリマーやバイオプラスチックの研究開発が盛んに行われるようになってきた[4~13]。現在，産業利用されているバイオベースポリマーの多くは，糖類の発酵などによって得られる化合物を原料としたポリ乳酸に代表されるポリエステルや，種子油から得られる脂肪酸を原料としたポリアミドなどの重縮合系のポリマーであるが，最近ではビニル系のポリマーとして，発酵によって得られるバイオエタノールをエチレンへと誘

[*1]　Masami Kamigaito　名古屋大学　大学院工学研究科　化学・生物工学専攻　教授
[*2]　Kotaro Satoh　名古屋大学　大学院工学研究科　化学・生物工学専攻　准教授

導し重合して得られるポリエチレンも市場に出回るようになってきた。

しかし，テルペン類を原料としたポリマー開発は，広い意味でのテルペンとしての天然ゴムと，粘接着剤やポリマー改質剤などに用いられるテルペン樹脂を除けば，産業面ではほとんど行われておらず，それ自身が構造材料として単体で使われるようなポリマーも市場にはほとんど見当たらない。これは，二重結合を有するテルペン類を重合性のビニル化合物として見立てた場合，その多くは二重結合まわりのかさ高さなどに起因して重合反応性が低く，有効に高分子量ポリマーへと変換することが難しいことなどに起因すると考えられる。しかし近年，学術面においては，重合反応や重合触媒の発展に伴い，テルペン化合物のラジカル，アニオン，カチオン，配位重合系の開発，テルペン由来ポリマーの構造や物性解析，新たなポリマー材料としての応用展開が活発化してきており，テルペン類は再生可能資源に基づくポリマー原料として注目を集めている。

本章では，二重結合を有するテルペン類に関して，これらを直接あるいは化学変換を経た後に間接的にビニル重合することにより得られる，テルペン由来のビニルポリマー開発に関する最近の研究例を中心に紹介する[14～16]。なおここでは，それ自身がポリマーである天然ゴムなどのポリテルペンは扱わない。これまでに，図1に示したさまざまな構造を有するテルペン化合物の重合反応が報告されており，特にその構造に適した重合系を開発することで，特有な構造を活かしたテルペン由来のバイオベースポリマー設計に関する研究に焦点を絞って，化合物ごとに紹介をする。

2　β-ピネン

β-ピネンは，その異性体のα-ピネンとならびテレビン油の主成分であり，4員環と6員環が縮環し，さらに環外二重結合を有するキラル化合物である[1,3]。β-ピネンは，比較的反応性の高い環外二重結合へのカチオン付加と，それに続くβ開裂に伴う歪みの大きい4員環の開環により安定な三級炭素カチオンを生じるため，1930年代からそのカチオン重合が種々のハロゲン化金属をルイス酸触媒として用いることで検討されてきた。しかし多くの場合，炭素カチオンに隣接する2つのメチル基からのβ-プロトン脱離による，カチオン重合特有の連鎖移動反応が頻繁に併発するため，分子量が数千程度の低分子量ポリマーしか得られなかった。

筆者らは，$EtAlCl_2$のような塩化アルミニウム系ルイス酸を，カチオン源となる塩化アルキルと組み合わせ，塩化メチレンとヘキサンの混合溶媒中，低温（−78～−15℃）で用いることにより，重量平均分子量が10万以上の高分子量体を得ることに成功した（図2）[17～19]。得られたポリβ-ピネンは，高分子量化により比較的高いガラス転移温度（T_g～90℃）を示し，さらにポリマー主鎖中に存在する二重結合を水素添加し，脂環式骨格のシクロオレフィンポリマー構造とすることで，T_gは130℃まで上昇する。このように得られた水添ポリβ-ピネンは，高T_gに加え，高い耐熱性（T_{d5}～450℃，T_{d5}：5％重量減少温度），低い吸湿性（＜0.01％），高透明性（92％），高屈折率（1.51），低複屈折性，高強度，低比重（0.93）など，耐熱性透明プラスチックとして非

第4章 テルペン類の重合反応

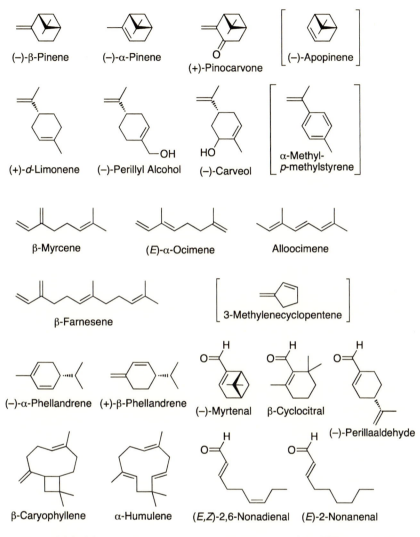

図1 重合報告例のあるテルペン，テルペノイド類，およびその誘導ビニル化合物

常に優れた性質を示す．従来の石油由来原料シクロオレフィンポリマーより優れた性質もあり，テルペン由来の特有な構造を活かした高性能あるいは高機能なポリマーの開発が可能なことを示している．また，ハロゲン化アルキルと金属ルイス酸を組み合わせたカチオン重合系は，リビング重合の特徴も示し，石油由来のスチレン誘導体などとのブロックポリマーの合成も可能である[20,21]．

ラジカル重合に関しては，β-ピネンは非共役オレフィンであるため単独重合性は示さないが，アクリル酸エステルや無水マレイン酸，マレイミドなどの電子吸引性を有する共役ビニルモノマーとのラジカル共重合は可能である．特に，最近では，リビングラジカル重合の一つである，

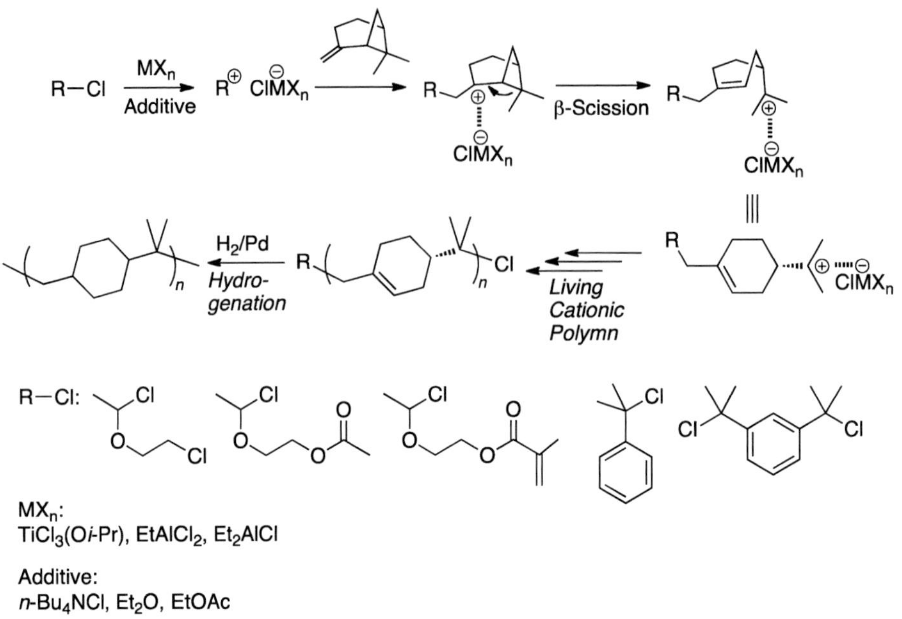

図2 β-ピネンのリビングカチオン重合による高分子量体と水添体の合成

硫黄化合物を用いた可逆的付加開裂型連鎖移動（RAFT）重合により，分子量が制御されたさまざまな共重合体が合成されている[22〜26]。

3 α-ピネン

α-ピネンは，テレビン油などにβ-ピネンより多く含まれる最も豊富なテルペンである[1,3]。β-ピネンと同様に4員環と6員環が縮環した構造を持つが，二重結合が6員環の内部に存在する3置換オレフィンであるため，その重合反応性は非常に低く，いかなる重合系を用いても高分子量化することは困難である。古くからカチオン重合や配位重合が検討されているが，分子量1,000程度のオリゴマーしか得られていない。

一方，α-ピネンは，光増感剤と酸素の存在下で可視光照射することで一重項酸素により酸化され，ほぼ定量的にピノカルボンに変換されることが知られている（図3）[27]。ピノカルボンは天然にも存在するテルペノイド類であるがそれほど豊富ではない。その構造は，β-ピネンと同様に4員環と6員環が縮環した構造に環外二重結合を有しており，高い重合反応性が期待されるとともに，その二重結合がカルボニル基と共役したビニルケトン構造であるため，ラジカル単独重合性が期待される。筆者らはこれに着目し，豊富なα-ピネンから可視光照射下でピノカルボンへと定量的に変換し，そのラジカル重合を検討したところ，バルクおよびさまざまな溶媒中で分子量1万以上のポリマーが得られることを見出した[28]。特に，ヘキサフルオロイソプロパノー

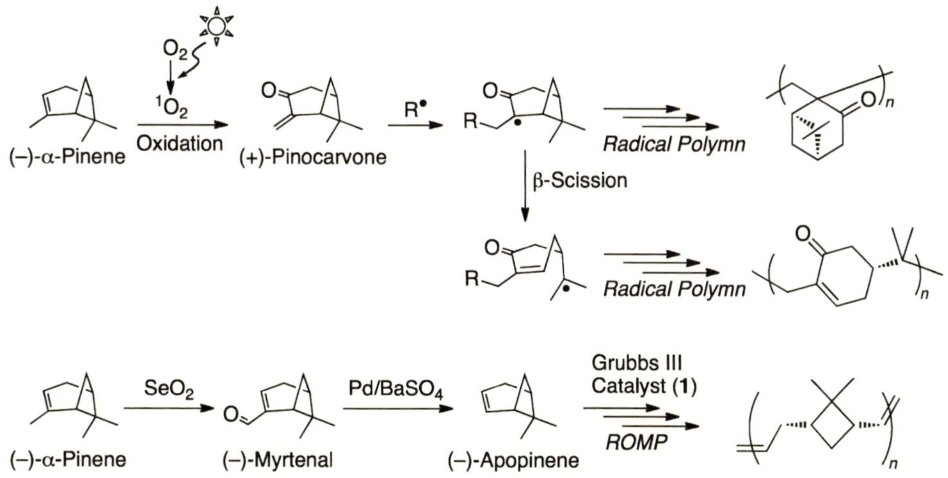

第4章　テルペン類の重合反応

図3　α-ピネンから誘導されるピノカルボンのラジカル重合とアポピネンの開環メタセシス重合

ルのようなフルオロアルコールを溶媒として用いると，重量平均分子量が10万以上の高分子量体が得られるとともに，ラジカル的なβ開裂を伴う4員環の開環によるラジカル開環重合が選択的に進行し，主鎖に6員環骨格を有するポリケトンが生成する。ポリマーのT_gは開環率とともに上昇し160℃以上に達する。さらにRAFT重合を用いることで，T_gの低いポリアクリル酸エステルとのブロック共重合体の合成も可能であり，熱可塑性エラストマーとしての展開も期待できる。

α-ピネンの6環内の3置換オレフィンはメタセシス反応に対しても不活性であるが，アリル酸化，脱カルボニル化により二置換オレフィンであるアポピネンへと変換すると，ルテニウムGrubbs触媒による開環メタセシス重合（ROMP）が可能となり，分子量1万以上で4員環を主鎖骨格に有するポリマーが得られることが報告されている[29]。

4　リモネン

リモネンは，レモンやオレンジなどの柑橘類の皮に多く含まれ，工業的にも広く利用されているオレンジ油の主成分である[1,3,30]。その構造には，6員環内部に存在する3置換の環内二重結合と，6員環とメチル基を置換基とする2置換の環外二重結合が存在するが，いずれも立体障害の大きい非共役な二重結合のため，いかなる重合系においても単独重合性はほぼない。1950年代からフリーデルクラフツ触媒やチーグラー触媒によるカチオン重合や配位重合が検討されているが，分子量数百程度のオリゴマーが得られるのみである。

一方，他の非共役オレフィンと同様にリモネンは，アクリル系モノマーとのラジカル共重合は可能であるが，共重合性は低く，通常の条件下では共重合体中へのリモネンの導入率は非常に低

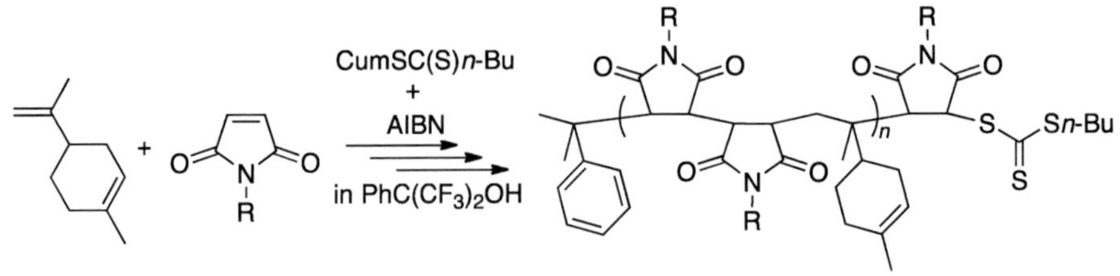

図4 リモネンとマレイミド誘導体のABB配列制御ラジカルRAFT重合

い。筆者らは，フルオロアルコールを溶媒とすると，マレイミド誘導体とのラジカル共重合性が向上し，しかもリモネン（A）とマレイミド誘導体（B）がABBの繰り返しで規則正しく共重合し，合成高分子では非常に稀な三連子でモノマー配列が制御されたポリマーが得られることを見出した（図4）[26,31,32]。生成ポリマーは，リモネンとマレイミド骨格に起因して比較的高い T_g（220～250℃）を有し，また光学活性を示す。さらにRAFT重合を用いることで，開始末端から停止末端までのモノマー配列と分子量が制御された精密な共重合体の合成も可能である。このような特殊な重合反応性やポリマーの性質は，天然由来の特有な化学構造に由来するものである。

配位共重合に関しては，1,1-二置換オレフィンとエチレンの配位重合において高い共重合性を示すチタン触媒によって，リモネンとエチレンの共重合が検討され，4モル％程度のリモネンがポリエチレンに導入可能なことが報告されている[33]。また，ノルボルネンや1,5-シクロヘキサジエンのROMPにリモネンを添加すると連鎖移動剤として働き，これらのポリマー末端にリモネン単位が導入可能なことも報告されている[34]。

5 ミルセン，α-オシメン，アロオシメン

非環状モノテルペンで，3つの二重結合を有する一連の化合物として，二重結合の位置が異なる異性体のミルセン，α-オシメン，アロオシメンが，さまざまな植物油中に含まれている[1,3,35]。これらの化合物は抽出により単離することができるが，現在，市販されているミルセンの多くは，β-ピネンの熱分解により得られている。またオシメンは，α-ピネンの熱分解によって得られるが，高温ではアロオシメンに異性化することが知られている。

特に，ミルセンはイソプレンと同様な末端共役二重結合を有しており，高い重合反応性を示すため，1940年代からラジカル重合が検討され，その後，アニオン重合，カチオン重合，配位重合も含めたさまざまな重合反応が研究されるとともに，生成ポリマーのミクロ構造や性質なども詳細に解析されている（図5）。ラジカル重合においては，条件にも依存するが，1,4-結合が多く含まれるポリマーが得られ，T_g は他の非環状共役ジエン系ポリマーと同様に低く，−70～−50℃程度である。

ミルセンのリビングアニオン重合は，特許などにおいて古くから報告されており，イソプレン

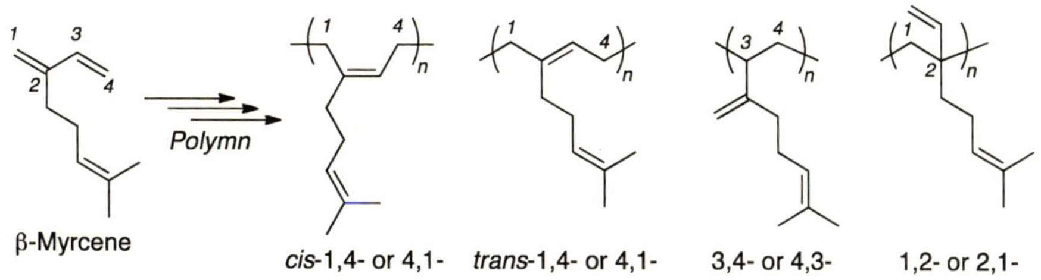

第4章 テルペン類の重合反応

図5 ミルセンの重合により得られるポリマーの構造

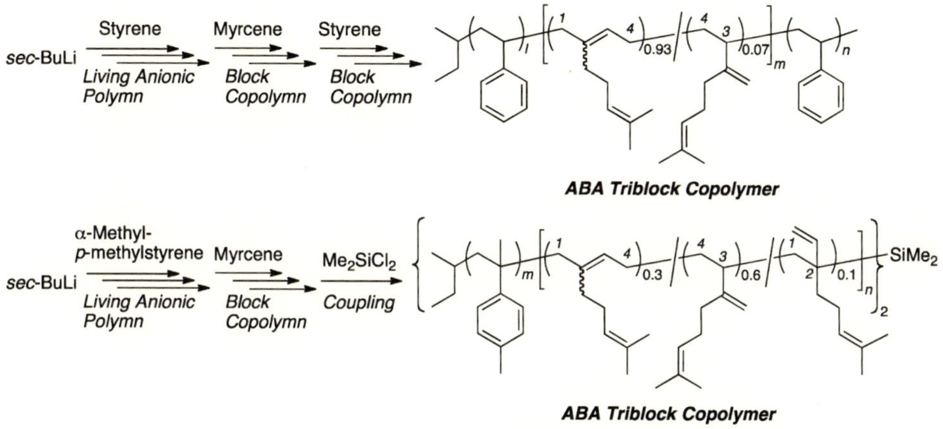

図6 ミルセンのリビングアニオン重合で合成によるABAトリブロックポリマー

と同様に生成ポリマーのミクロ構造は溶媒や温度などに依存する。リビング重合を利用して，ミルセン（B）とスチレン（A）から成るABA型のトリブロックポリマーが合成され，ミクロ相分離構造の解析とともに，エラストマーとしての粘弾性や力学特性も調べられている（図6）[36]。最近では，スチレンの代わりに，リモネンの脱水素芳香族化により誘導されるα-メチル-p-メチルスチレンを用いたトリブロックポリマーが合成され，構造や物性も含めた詳細な解析が行われている[37]。

また，近年，イソプレンなどの共役ジエンの配位重合における希土類および遷移金属触媒の発展に伴い，ミルセンの配位重合もさまざまな金属触媒を用いて検討されている。例えば，ネオジミウム触媒によりシス-1,4-選択重合[38]，ランタン触媒によりトランス-1,4-選択重合[38]，さらに，ルテチウム触媒によりイソタクチックな3,4-選択重合が達成されている[39]。また，鉄触媒を用いることでも，配位子を変えることで，シス-1,4-およびトランス-1,4-選択重合が報告されている[40]。

ミルセンから誘導されるモノマーとして，閉環メタセシス反応によって合成される3-メチレンシクロプロパンの重合が検討され，特にリビングカチオン重合により分子量が制御され，位置

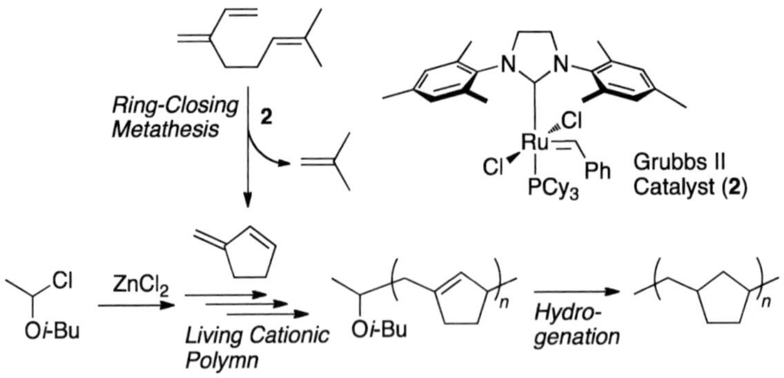

図7 ミルセンから閉環メタセシス反応により誘導される3-メチレンシクロプロパンとリビングカチオン重合とその水添体の合成

選択的な1,4-重合が進行することが報告されている（図7）[41]。生成ポリマーを水素添加することで得られるシクロオレフィンポリマーは，融点（T_m）を106℃に持つ結晶性ポリマーとなる。

アロオシメンは，二重結合がすべて内部オレフィンである共役トリエン化合物であるが，近年，リビングカチオン重合系によるイソブテンとの共重合が検討されている[42]。アロオシメンの反応性がイソブテンに比べかなり高いことで，ブロック的な共重合体が得られ，そのミクロ相分離構造やエラストマー的な性質が解析されている。

6 その他のテルペンおよびテルペノイド類

6.1 α-およびβ-フェランドレン

α-およびβ-フェランドレンは，ユーカリ類，ウイキョウ，トドマツなどに含まれ[3,43]，それほど豊富ではないが，化学構造上は，いずれも共役ジエン骨格を有する環状化合物であるため，その重合反応性と生成ポリマーの物性に興味が持たれる。筆者らは，α-フェランドレンのカチオン重合をさまざまな金属ルイス酸触媒を用いて検討し，分子量は数千程度であるが，T_gが130℃程度のポリマーが得られることを報告している（図8）[17]。一方，反応性の高い環外共役二重結合を有するβ-フェランドレンは，ヘキサン中，0℃の温和な条件下でも，カチオン重合により数平均分子量が10万以上のポリマーを容易に与える[44]。さらに水素添加によって水添ポリβ-ピネンと類似した骨格のシクロオレフィンポリマーへと変換され，同様に高いT_g（130℃）を持つポリマーとなる。

6.2 β-ファルネセン

β-ファルネセンは，非環状のセスキテルペンであり，ホップやカモミール，柑橘類などの植物油に含まれる[3]。4つの二重結合を有するが，そのうち2つは，イソプレンやミルセンと同様

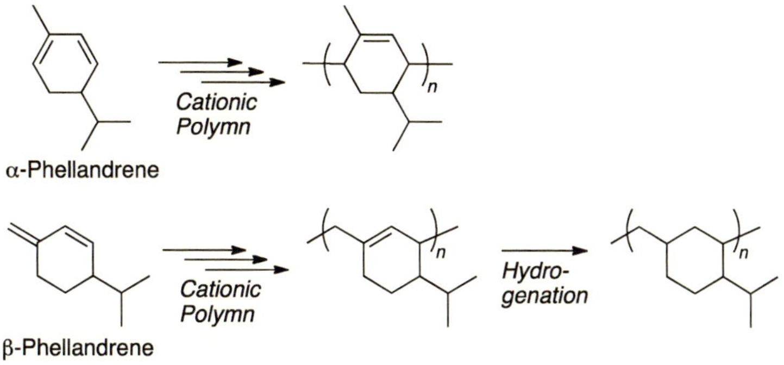

第4章 テルペン類の重合反応

図8 α-およびβ-フェランドレンのカチオン重合とその水添体の合成

の末端共役二重結合であり，高い重合反応性を示す。特許などにおいて，ラジカル重合やアニオン重合が検討され，その性質が調べられ，ゴム，エラストマー，接着剤としての用途が検討されている。上述の鉄触媒による配位重合も行われており，ミルセンと同様な位置選択性を示すことが報告されている[40]。

6.3 β-カリオフィレンおよびα-フムレン

β-カリオフィレンおよびα-フムレンは，いずれも11員環を主骨格とする中環状セスキテルペンであり，チョウジ，シナモン，ホップなどの植物油に含まれる[3,45]。最近，ルテニウムGrubbs 触媒による ROMP が検討され，環内二重結合の開環により，分子量1万以上のポリマーが生成することが報告されている（図9）。ポリマーの T_g はそれぞれ，$-32℃$，$-48℃$であり，水添により$-16℃$，$-44℃$となる[46]。

6.4 モノテルペンアルデヒド

テルペンに酸素などのヘテロ原子が結合した化合物はテルペノイド類に分類され，天然には，環状や非環状のさまざまなモノテルペンアルデヒドが存在する[3]。これらのアルデヒドの単独重合は難しいが，ビニルエーテルとのカチオン共重合が検討されている（図10）[47,48]。イソブチルビニルエーテルとほぼ交互のカチオン共重合が進行し，非環状や環状骨格に依存し，T_g が$-52℃$から$56℃$のポリマーが得られている。交互共重合体は，主鎖の繰り返し単位中にアセタール構造を有するため，酸を加えると主鎖が加水分解を受け，低分子化合物の共役アルデヒドとイソブタノールに完全に変換される。

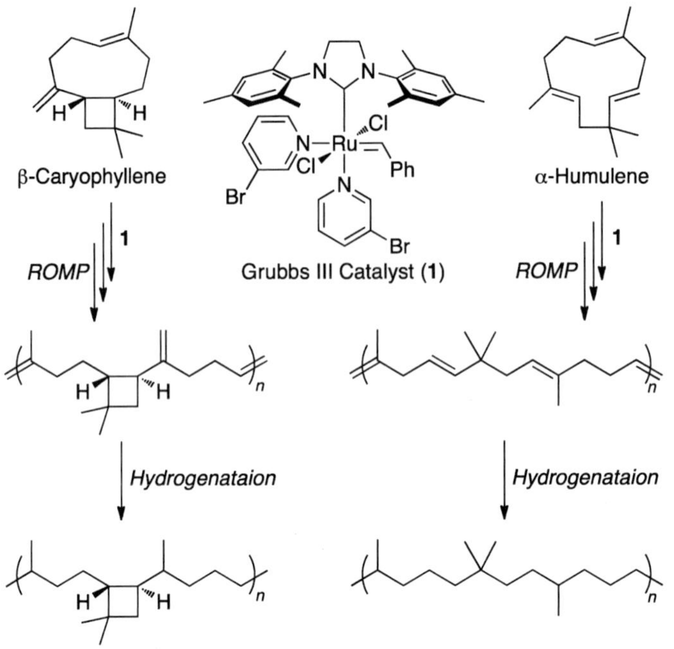

図9 β-カリオフィレンおよびα-フムレンの開環メタセシス重合とその水添体の合成

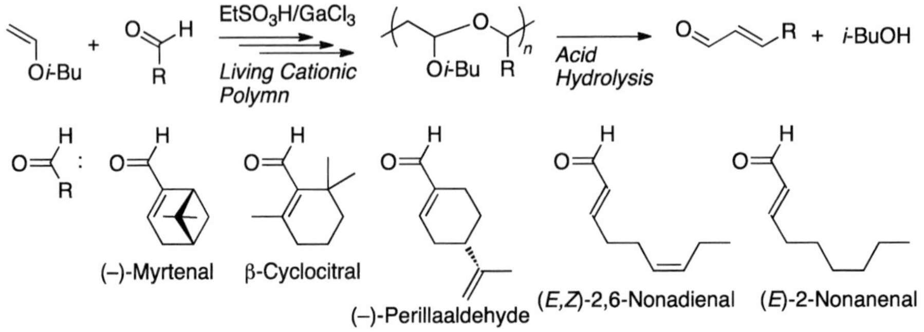

図10 種々のテルペンアルデヒドとイソブチルビニルエーテルの交互カチオン共重合と酸によるポリマーの加水分解

7 おわりに

　以上のように，豊富なピネンやリモネンに始まり，二重結合を有するさまざまなテルペン類の重合が，その化学構造に適した重合系を設計することで可能となり，テルペン類に特有な骨格が組み込まれた新たなビニルポリマーが得られるようになってきた。このようなビニルポリマーは，従来の石油由来原料から得られるポリマーと構造が異なるため，その構造を活かすことで新たな性能や機能を有するポリマー材料設計へと展開可能である。産業利用の観点からは，テルペ

第 4 章　テルペン類の重合反応

ン化合物の量や，抽出・精製に関するコストなどに関して克服すべきさまざまな課題が存在するが，テルペンに特有な構造を活かして，少量でも優れた機能を有する高性能および高機能高分子材料からその産業利用を検討することで，今後，テルペン由来のバイオベースポリマー開発の道が開けてくると期待している。

文　献

1) Breitmaier, E., "Terpenes: Flavors, Fragrances, Pharmaca, Pheromones", Wiley-VCH, Weinheim (2006)
2) Erman W. F., "Chemistry of the Monoterpenes: An Encyclopedia Handbook", Marcel Dekker, Inc., New York (1985)
3) Connolly, J. D., Hill, R. A., "Dictionary of Terpenoids", Chapman & Hall, London (1991)
4) 植物由来プラスチックの高機能化とリサイクル技術，サイエンス＆テクノロジー (2007)
5) バイオプラスチックの材料のすべて，日本バイオプラスチック協会編，日刊工業新聞社 (2008)
6) バイオマスプラスチックの高機能化・再資源技術，エヌ・ティー・エス (2008)
7) バイオマスプラスチックの素材・技術最前線，望月政嗣，大島一史 監修，シーエムシー出版 (2009)
8) 植物由来ポリマー・複合材料の開発，サイエンス＆テクノロジー (2011)
9) "Bio-Based Polymers", Kimura, S., ed, CMC, Tokyo (2013)
10) 進化する医療用バイオベースマテリアル，大矢裕一，相羽誠一 監修，シーエムシー出版 (2015)
11) バイオマスプラスチックの開発と市場，シーエムシー出版 (2016)
12) "Monomers, Polymers and Composites from Renewable Resources", Belgacem, M. N., Gandini, A., eds, Elsevier, Oxford (2008)
13) Fink, J. K., *The Chemistry of Bio-based Polymers*, Wiley, Hoboken (2014)
14) 上垣外正己，佐藤浩太郎，現代化学，**532**, 24-29 (2015)
15) 佐藤浩太郎，上垣外正己，高分子論文集，**72**, 421-432 (2015)
16) Satoh, K., *Polym. J.*, **47**, 527-536 (2015)
17) Satoh, K., Sugiyama, H., Kamigaito, M., *Green Chem.*, **8**, 878-882 (2006)
18) Kamigaito, K., Satoh, K., Sugiyama, H., WO2008 044640 A1 (2008)
19) Satoh, K., Nakahara, A., Mukunoki, K., Sugiyama, H., Saito, H., Kamigaito, M., *Polym. Chem.*, **5**, 3222-3230 (2014)
20) Lu, J., Kamigaito, M., Sawamoto, M., Higashimura, T., Deng, Y.-X., *Macromolecules*, **30**, 22-26 (1997)
21) Lu, J., Kamigaito, M., Sawamoto, M., Higashimura, T., Deng, Y.-X., *Macromolecules*, **30**, 27-31 (1997)

22) Wang, Y., Li, A.-L., Liang, H., Lu, J., *Eur. Polym. J.*, **42**, 2695-2702 (2006)
23) Wang, Y., Chen, Q., Liang, H., Lu, J., *Polym. Int.*, **56**, 1514-1520 (2007)
24) Wang, Y., Ai, Q., Lu, J., *J. Polym. Sci., Part A: Polym. Chem.*, **53**, 1422-1429 (2015)
25) Matsuda, M., Satoh, K., Kamigaito, M., *KGK Kaut. Gummi Kunstst.*, **66** (5), 51-56 (2013)
26) Matsuda, M., Satoh, K., Kamigaito, M., *J. Polym. Sci., Part A: Polym. Chem.*, **51**, 1774-1785 (2013)
27) Mihelich, E. D., Eickhoff, D. J., *J. Org. Chem.*, **48**, 4135-4137 (1983)
28) Miyaji, H., Satoh, K., Kamigaito, M., *Angew. Chem. Int. Ed.*, **55**, 1372-1376 (2016)
29) Fomine, S., Tlenkopatchev, M. A., *J. Organometal. Chem.*, **701**, 68-74 (2012)
30) Cirriminna, R., Lomeli-Rodriguez, M., Carà, P. D., Lopez-Sanchez, J. A., Pagliaro, M., *Chem. Commun.*, **50**, 15288-15296 (2014)
31) Satoh, K., Matsuda, M., Nagai, K., Kamigaito, M., *J. Am. Chem. Soc.*, **132**, 10003-10005 (2010)
32) Matsuda, M., Satoh, K., Kamigaito, M., *Macromolecules*, **46**, 5473-5482 (2013)
33) Nakayama, Y., Sogo, Y., Cai, Z., Shiono, T., *J. Polym. Sci., Part A: Polym. Chem.*, **51**, 1223-1229 (2013)
34) Mathers, R. T., McMahon, K. C., Damodaran, K., Retarides, C. J., Kelley, D. J., *Macromolecules*, **39**, 8982-8986 (2006)
35) Behr, A., Johnen, L., *ChemSusChem*, **2**, 1072-1095 (2009)
36) Quirk, R. P., Huang, T.-L., "Alkyllithium-Initiated Polymerization of Myrcene. New Block Copolymers of Styrene and Myrcene", in "New Monomers and Polymers", Culbertson, B. M., Pittman Jr., C. U., eds, Plenum Press, New York, pp. 329-355 (1984)
37) Bolton, J. M., Hillmyer, M. A., Hoye, T. R., *ACS Macro Lett.*, **3**, 717-720 (2014)
38) Geroges, S., Bria, M., Zinck, P., Visseaux, M., *Polymer*, **55**, 3869-3878 (2014)
39) Liu, B., Li, L., Sun, G., Liu, D., Li, S., Cui, D., *Chem. Commun.*, **51**, 1039-1041 (2015)
40) Raynaud, J., Wu, J. Y., Ritter, T., *Angew. Chem. Int. Ed.*, **51**, 11805-11808 (2012)
41) Kobayashi, S, Lu, C., Hoye, T. R., Hillmyer, M. A., *J. Am. Chem. Soc.*, **131**, 7960-7961 (2009)
42) Gergely, A. L., Puskas, J. E., *J. Polym. Sci., Part A: Polym. Chem.*, **53**, 1567-1574 (2015)
43) 谷田貝光克, におい・かおり環境学会誌, **38**, 428-434 (2007)
44) Kamigaito, M., Satoh, K., Suzuki, S., Kori, Y., Eguchi, Y., Iwasa, K., Shiroto, H., WO 2015 060310 A1 (2015)
45) Collado, I. G., Hanson, J. R., Macías-Sánchez, J., *Nat. Prod. Rep.*, **15**, 187-204 (1998)
46) Grau, E., Mecking, S., *Green Chem.*, **15**, 1112-1115 (2013)
47) Ishido, Y., Kanazawa, A., Kanaoka, S., Aoshima, S., *Macromolecules*, **45**, 4060-4068 (2012)
48) Ishido, Y., Kanazawa, A., Kanaoka, S., Aoshima, S., *J. Polym. Sci., Part A: Polym. Chem.*, **51**, 4684-4693 (2013)

第5章 テルペン類の合成について

山下光明[*1]　北山　隆[*2]

1　はじめに

　高度な官能基化と複雑な縮環などの特徴的構造と興味深い生物活性を示すテルペン類は，古くから合成化学者の興味と想像力を掻き立てる対象となってきた。生合成の成すテルペン類の効率的合成はいまだ追いつけない遠い存在ではあるが，有機合成化学者はそれらをヒントに，時にはそれらとはまったく別の合成ルートを可能とする反応開発を行うことで複雑なテルペン類の全合成を達成してきた。20世紀に合成ターゲットとなった主な化合物と全合成を達成したグループを以下に示した（図1）。

　複雑な炭素骨格と多様な官能基を持つ高次構造分子の多段階合成を行うには，合成戦略の立案が成功へのカギとなるのは自明であろう。その方法論として逆合成解析の理論を生み出した米国のE.J.Coreyは1990年にノーベル化学賞を受賞している。逆合成解析は官能基変換や目的物の

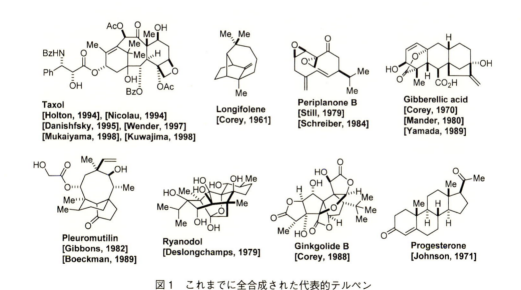

図1　これまでに全合成された代表的テルペン

[*1]　Mitsuaki Yamashita　近畿大学　農学部　応用生命化学科　生物環境学研究室　講師
[*2]　Takashi Kitayama　近畿大学　農学部　バイオサイエンス学科　天然物有機化学研究室　教授

持つ結合の潜在極性を見極めて論理的かつ合理的に切断し，より単純で容易に入手可能な分子に切り分けることにより合成経路を立案する手法である。しかしデータベースには極めて多くの合成反応が存在するため，その反応をいかに組み合わせるかという点は逆合成解析を行う人のセンスに依存する面が大きく，合成ルートには立案者の知識や発想力が如実に表れる。全合成研究が時として芸術的と評される所以であろう。

本章では，2013年以降の革新的方法論を用いた全合成例に的を絞っていくつかを紹介したい。テルペン合成の総説論文[1]や書籍[2]が多数報告されており，歴史的な流れや詳細はそちらを参照していただくこととする。

2 最近の代表的テルペン合成

2.1 Taxadienone（Baran, 2013）[3]

イチイ科植物などから得られるタキサンテルペノイド類は350種類以上もの類縁体が報告されており，卵巣がんや乳がん治療薬に使われるタキソール（Taxol）は代表的化合物である。タキソールの商業的価値と非常に複雑な構造も相まってこれまで多くの合成研究が展開されてきたが，実用的な合成法の開発には至らず，かつては植物由来の合成前駆体バッカチンIII（Baccatin III）からの半合成[4]，現在は植物細胞培養による供給が主になされている[5]。2009年に米国スクリプス研究所のP. Baranらのグループが逆合成解析に"two-phase approach"[6]という独自のコンセプトを取り入れたタキサン類の短工程合成に挑んでいる。彼らは，生物がテルペン合成を2段階に分けて行っている点に注目した。すなわち，「環化段階（cyclase phase）」と「酸化段階（oxidase phase）」である。酸素官能基の導入を最小限にとどめ，基本骨格の構築を先行した後に，酸化度を上げていくという生合成に似た戦略をとることで，基本骨格を共有する類縁体の合成が容易になり，また酸素官能基の導入が後半となるため，多くの保護・脱保護工程が不要となり，工程数を大幅に削減できると期待したのである（図2）。

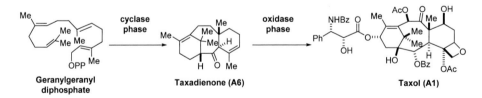

図2　タキソールの生合成

まず彼らはタキソール（酸化度レベル11）を含むタキサン類の合成を志向して酸化度の分類を行った。次に，「酸化段階」での酸素官能基導入のしやすさなどを考慮することで，C-2が酸化されたタキサジエノンA6（酸化度レベル4）を重要中間体として設定することにした（図3）。

市販の化合物から誘導可能なジエンA9から調製した有機銅試薬とエノンA8との1,6-付加反

第5章 テルペン類の合成について

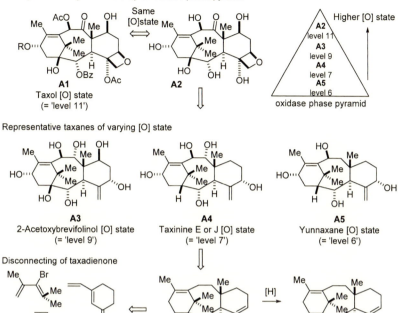

図3 タキサン類の逆合成解析

応によって化合物 A10 としたのちに,キラルリガンド A12 を用いたエナンチオ選択的メチル化,シリルエノールエーテル化,向山アルドール反応,Jones 酸化を行うことでケトエノン化合物 A13 へと誘導している.次に Diels-Alder 反応を用いて 6-8-6 三環性骨格を構築し,エノールトリフレート形成後,ジメチル亜鉛で根岸カップリング反応を行うことで,タキサジエノン A6 を市販の化合物からわずか 7 工程,総収率 18-20％で合成することに成功した(図4)。向山アルドール反応での立体選択性の問題はあるが,一人の化学者がわずか 7 日間でグラムスケールのタキサジエノン合成を達成できる点は驚異的である.また植物体からはごくわずかしか得られてこない(*T. brevifolia* 750 kg の樹皮から 1 mg 以下),タキサジエン A7(酸化度レベル2)をタキサジエノンから 3 工程で合成可能であることも明らかにしている.タキソールの短工程合成も近い将来報告されるであろうか.楽しみである.

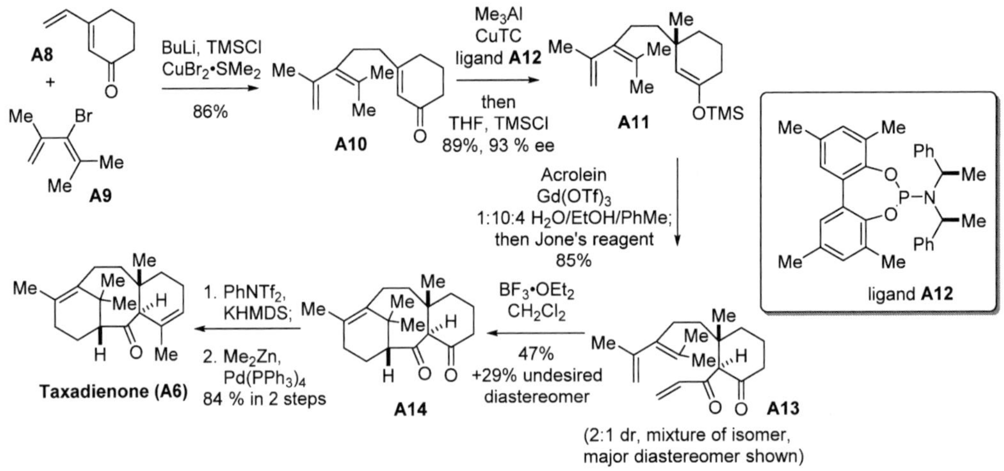

図4 タキサジエノン A6 の合成

2.2 Ingenol（Baran, 2013）[7]

インゲノール（Ingenol）は1968年にHeckerらによってトウダイグサ属チュウテンカク *Euphorbia ingens* から単離された抗ガン活性を有するジテルペンである[8]。そのアンゲリカ酸とのエステル誘導体であるインゲノールメブテート（Ingenol mebutate（**B7**），商品名Picato, LEO Pharma）は，2012年に米国FDAによって日光角化症の治療薬として承認されている。インゲノールは"in-out構造"と呼ばれる大きく歪んだ特徴的構造をとっているためその化学合成は非常に困難とされてきた。いくつかのグループによって全合成が達成されているものの[9]，実用的な合成法とは言い難く，供給は *E. peplus* からの単離（1 kgあたり1.1 mg）に頼っていた。さらにその生合成ルートはカスベン **B4**（Casbene）までしか明らかになっておらず，工学的手法による供給も難しい現状であった。ところが，2013年にP. Baranらのグループが先述の生合成を模倣した"two-phase approach"を用いてこの複雑な化合物をわずか14工程で合成できることを報告した。「環化段階」によってティグリアン（Tigliane）型骨格を構築，転位を経てインゲナン（Ingenane）型骨格へと変換後，「酸化段階」で酸素官能基導入を行うことでインゲノール合成を行う戦略を立てた（図5）。

「環化経路」では，安価な（+）-カレン（Carene）から5工程を経てallenic Pauson-Khand反応を用いてティグリアン型骨格の5-7-6三環性システムを一挙に構築している。次に，「酸化経路」では vinylogous pinacol 転位反応により in-out 構造を立体制御したインゲナン骨格へと変換後，酸化，官能基変換，脱保護を経てインゲノールの全合成を（+）-カレンからわずか14工程1.2％収率で達成した（図6）。従来の合成法を20工程以上も短縮し，彼らの"two-phase approach"を用いた化学合成が複雑な構造を有するテルペン類の実用的供給法になりうることを実証している。

第5章　テルペン類の合成について

Ingenol (Baran, 2013)[7]

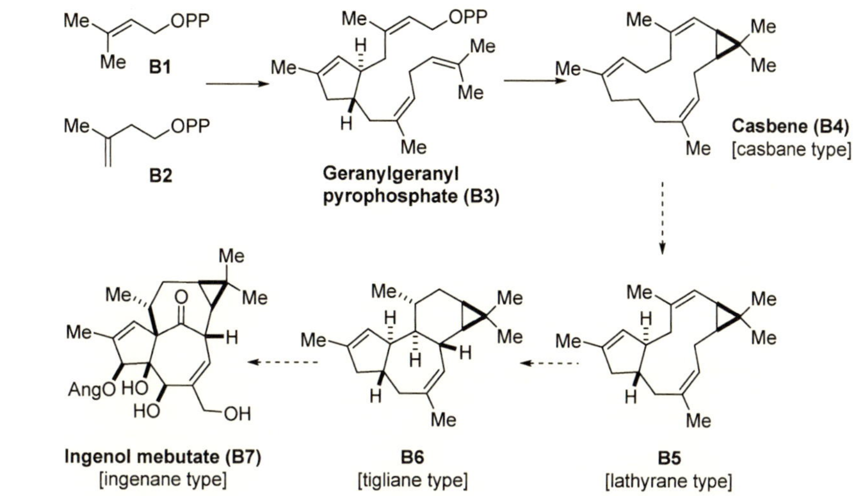

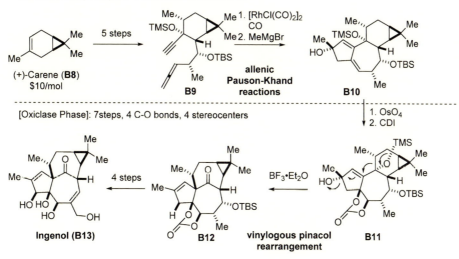

図5　インゲノールメブテートの合成戦略

図6　インゲノールの合成

2.3 Pallambin（Carreira, 2015）[10]

パランビン（Pallambin）A とパランビン B は 2012 年に中国の Lou らのグループによってコケ類 *Pallavicinia ambigua* から単離されたジテルペンである。複雑に縮環したテトラシクロデカン骨格を有しており，早くから合成化学者の好奇心を惹きつけた。2015 年に，ETH Zürich の

Carreira らのグループはベンゼンの異性体であるフルベン C3 という非常に反応性の高い化学種に注目し，難易度の高いテトラシクロデカン骨格構築の足掛かりとすることで，パランビン A とパランビン B の全合成を達成している（図 7）。

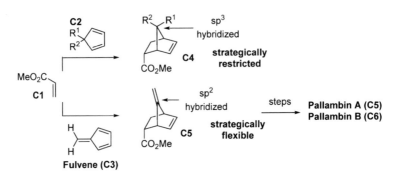

図 7　パランビン類の合成戦略

彼らはフルベンをジエンとして捉え，Diels-Alder 反応によってノルボルネン骨格を構築することのメリットを次の 3 点のように考えた。すなわち，①ジエン C2 のように sp^3 炭素上の置換基の 1,5-シフトの心配がない，② sp^2 炭素にしておけば後の官能基変換が容易である，③フルベンを複雑な天然物合成に用いた例がなく学術的価値が高いこと，である。彼らはフルベンをジメチルアミノフルベン（C7）の LAH 還元とホフマン脱離を経由することで系中にフルベンを発生させた後に，アクリル酸メチルとの Diels-Alder 反応を行うことで，大スケール合成が可能なノルボルネン骨格構築法の開発に成功した。その後，位置選択的かつ立体選択的シクロプロパン環構築，Wilkinson 触媒を用いた立体選択的水素化反応を含む数工程を経てジアゾ化合物 C10 へと誘導した後，ロジウム触媒による C-H 挿入反応によって鍵中間体であるテトラシクロデカン骨格の構築に成功した。その後立体選択的メチル化を含む数工程を経て化合物 C12 を得た後に，アルコキシカルボニル化反応によってテトラヒドロフラン環と γ-ラクトン環の一挙構築を行った。最後に 2 工程でのアルドール縮合反応を経てパランビン A およびパランビン B の全合成を達成している（図 8）。

2. 4　Ouabagenin (Inoue, 2015)[11]

ウアバイン（Ouabagain）はキョウチクトウ科植物の種子などに含まれるステロイド配糖体であり，強力な心収縮力増強作用によってうっ血性心不全の治療などに用いられている。この心収縮力増強作用は Na^+/K^+-ATP アーゼの抑制作用によるものとされている。ウアバインのアグリコンはウアバゲニン（Ouabagenin）と呼ばれており，高度な酸素官能基化，ブテノライドの配置，そして一般的なステロイドと違い AB 環と CD 環が各々シス配置で縮環している点が特徴的である（図 9）。

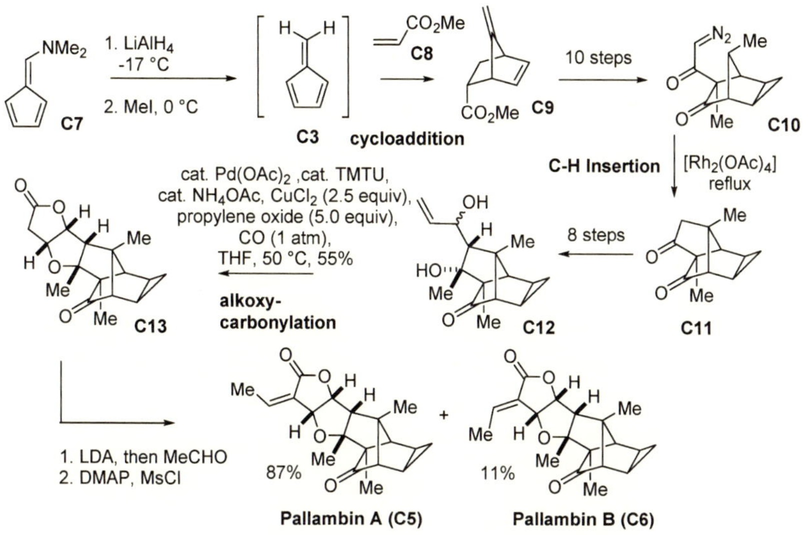

第5章 テルペン類の合成について

図8 パランビン類の合成

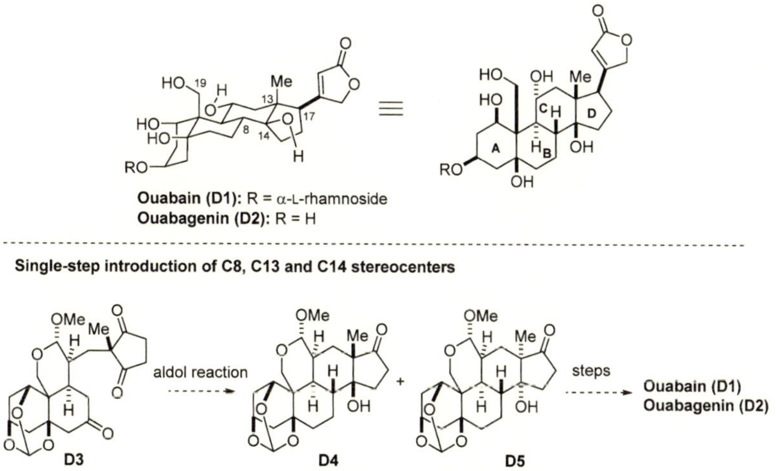

図9 ウアバゲニン合成の鍵反応

　東京大学の井上らのグループは，2013年にカルデノライドの一つである 19-hydroxysarmentogenin を[12]，そして2015年にはウアバゲニンの全合成を達成している。

　彼らは AB 環を構成するシスデカリンフラグメント，D 環を構成するメソ体フラグメント，ブテノライドフラグメントの3つのパーツへとウアバゲニンを分割し，C 環上の5つと D 環上の1つの立体中心を合成途中で組み込むという収束型合成戦略をとった。本反応の鍵となるのは，D3 の分子内アルドール反応により8位，13位および14位の3つの立体中心を一度に制御する反応であろう（図9）。彼らは，半経験的分子軌道法である PM6 法を用いた量子化学計算を用い

て化合物 D4 および D5 が他の 6 つの異性体よりも熱力学的に安定であることを確認し，さらに簡略化構造を用いたモデル実験により望みの立体を有する D4 が選択的に生成するであろうとの確証を得た後に実際の合成に取りかかっている．

キラルなアルデヒド D7 とジエン D6 による Diels-Alder 反応により AB 環を構成するシスデカリン骨格を構築後，数工程を経て化合物 D9 へと誘導した．C-19 位のヒドロキシ基をメソフラグメント D10 でアルキル化した後に，6-エキソラジカル環化反応によりアセタールテザー部分を構築し，さらに 2 工程を経て化合物 D3 を得た．次に鍵反応である分子内アルドール反応を行うと筆者らの期待通りに望みの立体配置を有する化合物 D4 が主生成物として得られた．そして Stille カップリング反応を用いた 17 位炭素へのブテノライド部分の導入と還元，脱保護反応を経てウアバゲニン（D2）の全合成を達成している（図 10）．

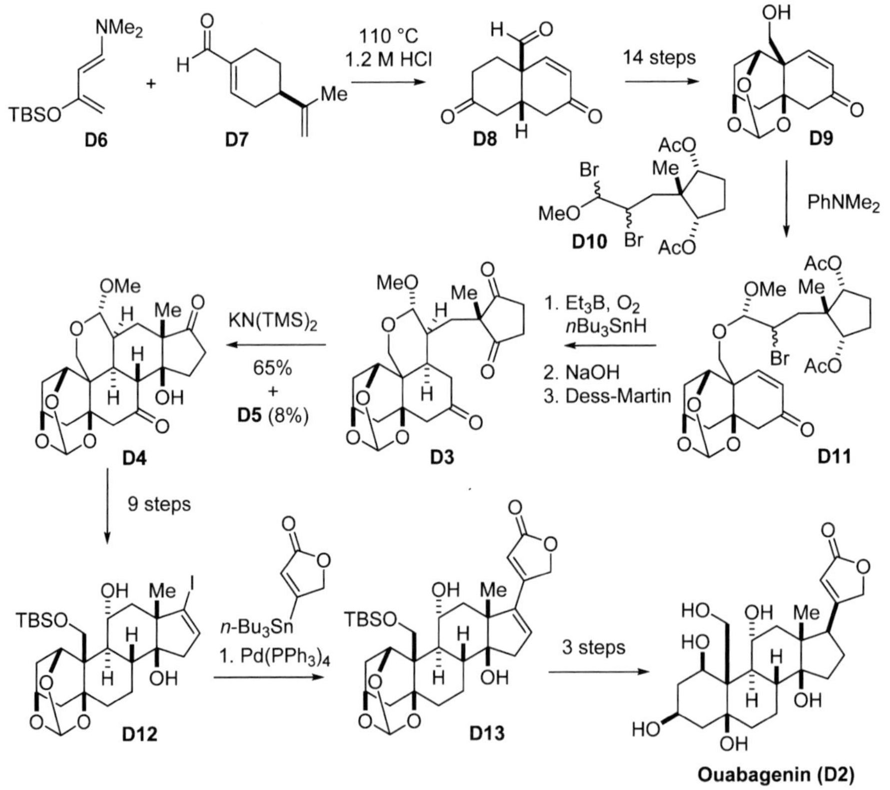

図 10　ウアバゲニンの合成

第 5 章　テルペン類の合成について

2.5　Weisaconitine D (Marth, 2015)[13]

　2015 年に米国の Marth らは，社会学や組織論などで広く使われるネットワーク分析（network analysis）を用いた合成戦略について報告している。1974 年に Corey らは架橋された環の構築は結合形成や立体化学の制御の面から合成法を複雑化させる要因となるため，その環を構成する結合を切断することで分子の複雑さを最小化させる逆合成解析法を報告している[14]。そこで Marth らは，分子を点（原子）と線（結合）のネットワークであると解釈し，複雑な環状分子構造のうち最も架橋された環を導き出せるグラフ化プログラムを開発し逆合成解析を行った（図11）。まずは，ワイサコニチン D（Weisaconitine D）の最も架橋された環（太線）を切断して導いた化合物 E2 の電子環状反応を用いて構築できると考えた。次に化合物 E2 の最も架橋された環（太線）を切断して導いた構造の単純化を行うことで 2 環性化合物 E3 を導いた。化合物 E3 は化合物 E4 と E5 との Diels-Alder 反応により構築可能であると期待した。これらの逆合成解析を基にジテルペンアルカロイドであるワイサコニチン D の合成を，共通中間体 E9 から 18 工程を経てリルジェストランジニン（Liljestrandinine）の合成を達成している（図12）。彼らの逆合成戦略は，汎用的な合成中間体の特定を行い，目的の天然物のみならず共通構造を有するジテルペノイドアルカロイド類（アコニチンに代表される構造様式で 700 種類以上）の合理的，効率的合成を行う上での有効な手法となり得るであろう。

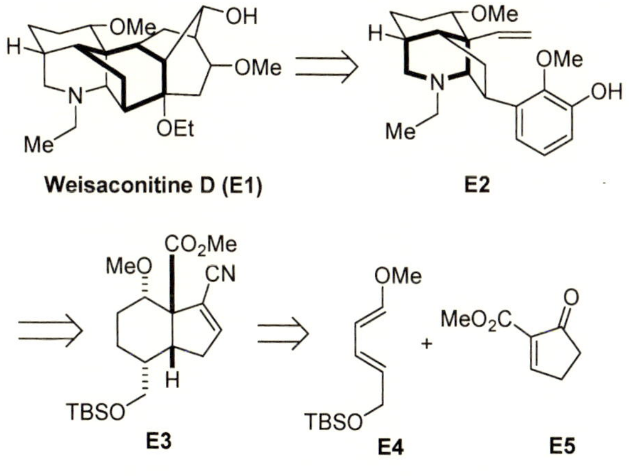

図 11　ワイサコニチン D の逆合成解析

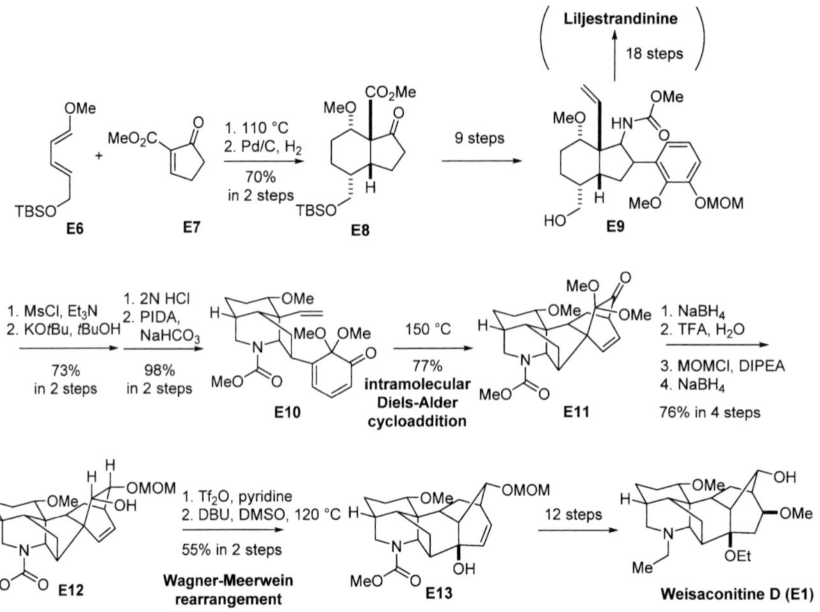

図12 ワイサコニチンDの合成

2.6 (−)-Jiadifenolide (Shenvi, 2015)[15]

(−)-ジアジフェノライド（Jiadifenolide）は中国産シキミ *Illicium jiadifengpi* から2009年に福山らによって単離・構造決定されたセコプレジザン型セスキテルペンである[16]。神経栄養因子様活性を有し，アルツハイマー病などの神経変性疾患の予防および治療薬として期待されている。高度な官能基化構造，5つの縮環構造，7連続不斉点を有するなど合成化学者の興味を掻き立てる構造を有していたため活発に全合成研究が行われ，単離からわずか数年の間にいくつかのグループから全合成が報告されている[17]。その中でも，2015年にShenviらは2つのブテノライドの連続的マイケル付加反応を鍵工程とした，わずか8工程でグラムスケールでのジアジフェノライドの全合成に成功している。(+)-シトロネラールから3工程で誘導したキラルなブテノライド F1 を LDA で処理した後にブテノライド F2 を加えたところ，期待に反して分子内オキシマイケル反応成績体である環状エノールエーテル F3 が得られた。反応系中ではエノラート F3 が安定に存在し，酸処理と昇温によってオキシマイケル体が生成していることが明らかとなったため，著者らは種々のルイス酸添加の検討を行った結果，F3 を形成後 $Ti(OiPr)_4$ と過剰の LDA を追加することで2段階目の分子内マイケル付加反応が進行し化合物 F5 が立体選択的に得られることを見いだし，目的化合物の主要骨格をたった1工程で構築することに成功した。その後4工程を経て (−)-ジアジフェノライドの全合成を達成している（図13）。

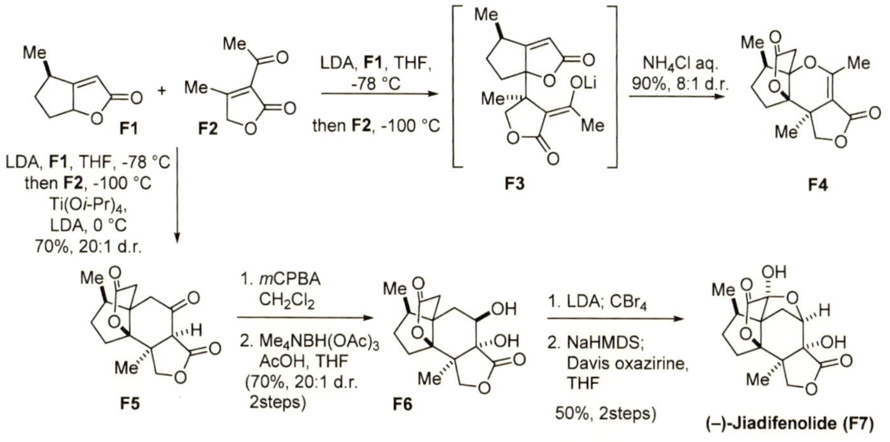

第 5 章　テルペン類の合成について

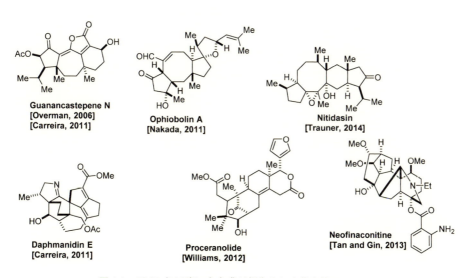

図13　ジアジフェノライドの合成

2.7　その他のテルペン類

2006 年以降に全合成が報告されている代表的テルペン類を示す（図14）。

図14　2006 年以降に全合成が報告された代表的テルペン

3　結語

　紙面の都合上，最新のテルペン合成のコンセプトや鍵反応のみの紹介に留めた。特異な化学種に注目した骨格構築，華麗な立体中心の構築，計算科学や情報科学を活用した逆合成解析，生合成を模倣した"two-phase approach"などいずれの報告も個性的で想像力豊かなものばかりで

テルペン利用の新展開

ある。テルペンに限ったことではないが，全合成研究が微量成分の活性評価や構造決定，新規反応の開発とその有用性の証明などを通して有機合成化学や創薬化学分野に多大なる貢献をした点は疑いの余地はなく，今後もその重要性は変わらないものと思われる。さらに相対的に注目度の低かった「実用的」「大量供給」という要素がここに加わりつつあるのが昨今の潮流であろう。植物体からの抽出や細胞培養法を化学合成が圧倒する時代をも予感させる。今後は，供給法の問題点から医薬品・農薬などの候補から外れてしまった複雑な構造を有するテルペン類の中から臨床試験へとリバイバルすることも現実味を帯びてくる。その鍵は合成化学のさらなる発展が握っている。今後ともこの分野から目が離せない。

文　　　献

1) (a) K. C. Nicolaou et al., *Angew. Chem., Int. Ed.*, **39**, 44 (2000). (b) T. J. Maimone and P. S. Baran, *Nat. Chem. Biol.*, **3**, 396 (2007). (c) E. C. Cherney and P. S. Baran, *Isr. J. Chem.*, **51**, 391 (2011). (d) D. Urabe et al., *Chem. Rev.*, **115**, 9207 (2015)
2) (a) K. C. Nicolaou and E. J. Sorensen "Classics in Total Synthesis", VCH: New York (1996). (b) K. C. Nicolaou and S. A. Snyder "Classics in Total Synthesis II", Wiley-VCH: New York, (2003). (c) K. C. Nicolaou and J. S. Chen "Classics in Total Synthesis III", Wiley-VCH: New York (2011)
3) A. Mendoza et al., *Nature Chemistry*, **4**, 21 (2012)
4) R. A. Holton, Method for preparation of taxol. European patent EP0400971 (A2) (1990)
5) Phyton Biotech, http://www.phytonbiotech.com/
6) K. Chen and P. S. Baran, *Nature*, **459**, 824 (2009)
7) L. Jørgensen et al., *Science*, **341**, 878 (2013)
8) E. Hecker, *Cancer Res.*, **28**, 2338 (1968)
9) (a) J. D. Winkler et al., *J. Am. Chem. Soc.*, **124**, 9726 (2002). (b) K. Tanino et al., *J. Am. Chem. Soc.*, **125**, 1498 (2003). (c) A. Nickel et al., *J. Am. Chem. Soc.*, **126**, 16300 (2004)
10) C. Ebner and E. M. Carreira, *Angew. Chem. Int. Ed.*, **54**, 11227 (2015)
11) K. Mukai et al., *Chem. Sci.*, **6**, 3383 (2015)
12) K. Mukai et al., *Angew. Chem., Int. Ed.*, **52**, 5300 (2013)
13) C. J. Marth et al., *Nature*, **528**, 493 (2015)
14) E. J. Corey et al., *J. Am. Chem. Soc.*, **97**, 6116 (1975)
15) H.-H. Lu et al., *Nature Chemistry*, **7**, 604 (2015)
16) M. Kubo et al., *Org. Lett.*, **11**, 5190 (2009)
17) (a) J. Xu et al., *Angew. Chem. Int. Ed.*, **50**, 3672 (2011). (b) L. Trzoss et al., *Chem. Eur. J.*, **19**, 6398 (2013). (c) I. Paterson et al., *Angew. Chem. Int. Ed.*, **53**, 7286 (2014). (d) D. A. Siler et al., *Angew. Chem. Int. Ed.*, **53**, 5332 (2014)

第6章　テルペン類の安全性

堀内哲嗣郎*

1　はじめに

　芳香を有する精油や天然樹脂を研究する過程で，イソプレン（C_5H_8）を1単位とした$(C_5H_8)_n$の分子式を持つ一連の化合物が発見された。芳香化合物の生合成のしくみが解明されたとしてセンセーショナルに取り上げられた。当初は，精油に含まれるn=2の炭化水素化合物をテルペンと称していたが，当該物質のみならず不飽和度を異にする化合物や含酸素化合物もテルペンと総称するようになった。当初の研究の動機や経緯から，テルペンは芳香物質を代表する物質であるとの概念が誕生した。

　イソプレン単位の数によってモノテルペン（n=2），セスキテルペン（n=3），ジテルペン（n=4），トリテルペン（n=5）などと称している。それらを総称してテルペン類（テルペノイド）やカロチノイドと称している。これらの化合物は，テルペンという概念が存在する以前から，精油として生活に有効活用されていた。現在ではモノテルペンとセスキテルペンは，芳香を有する物質（香料）として用いられたり，揮発性油としての化学的性質が溶剤や洗浄剤などの用途に用いられたりしている。それ以上の高分子テルペノイドであるビタミンAやカロチノイド，スクワランなどは，薬理作用を持つ物質として用いられている。香料業界では，テルペンという表現は，特殊な場合を除いては使われなくなり，現在では香料という用語に包含されている。

　化学物質の安全性は，厳密に言うと化合物ごとに異なる。しかし，類似の構造式や類似の化学特性，類似の使用用途など類似性によって区分することにより，安全性が担保しやすくなる。ここでは，テルペンとセスキテルペンを中心とする"香料についての安全性"について焦点を絞って述べる。それでも，安全性という課題は多岐にわたり，内容が漠然としているので，現在どのような安全性対策が講じられているかを，規制を中心に概観して，安全性の明確化を試みた。

　香料は，使用用途により香粧品用香料（フレグランス）と食品用香料（フレーバー）に大別され，それぞれの用途ごとに安全性対策が講じられている。はじめにフレグランスに関係する安全性を述べ，のちにフレーバーについて触れる。

---

*　Tetsushiro Horiuchi　におい 香り研究家

2 香粧品用香料の安全性

　香料は，比較的安全性の高い物質と考えられていて，世界各国とも香料に対する直接的な法規制は行われていない。それに代わるものとして香料業界では，業界内で自主規制を実施している。ただし，香料は化学物質なので，化学物質としての安全性に関する規制が施行されている。また，人間が日常的に皮膚に塗擦や散布，その他これらに類似する方法で使用する化粧品に用いる場合は，化粧品原料の一種として薬事法の規制を受けている。

2.1 安全性に係わる特性
　比較的安全性が高いと考えられている，その根拠となる理由を以下に述べる。
①豊富で長い使用実績
　人類は，有史以前から芳香を生活に有効利用していた。その後，精油が抽出され，さらに合成香料が開発された。合成香料も天然精油に存在する化合物がほとんどである。このように，長い使用経験から危険性の高い香料の使用を避け，淘汰してきたという経緯がある。
②においは外界情報伝達物質
　においは，五感の一つである嗅覚を刺激して，貴重な外界情報を伝達してくれる，人間にとって光や音と同様に必須のものである。そのため，必然的ににおいに対して順応性を備えている。
③使用量は微量
　製品に用いる調合香料は，香料化合物の配合品である。使用される香料化合物は，多いものでも調合香料中に数10％である。また，製品に対する調合香料の使用料は，一部の製品を除けばほとんどが数％以下なので，換算すると特定の化学物質の製品中の含有量は微々たるものとなる。また，強すぎる香りは，不快感や嫌悪感を与えるので添加量は自然に抑制されている。そのことを考えると，人体に重篤な悪影響を及ぼすとは考えにくい。
④安全性に関する関心が強い
　化粧品などによる皮膚トラブルは，目に見える疾病で異常の発見が容易である。健康で美しくありたいと願う女性にとって最大の関心事でもあるので，消費者から常に厳しく監視されている。化粧品の原料である香料も当然，化粧品の安全性を確保するために厳しくチェックが行われている。
⑤香料は精密化学
　香料分野は，精密化学の領域に位置づけられ，化学技術は卓越したものがある。天然香料でさえも皮膚トラブルを起こす原因物質が解明されて，原因物質を除く技術などが確立している。

第6章　テルペン類の安全性

2.2　安全性に関わる組織と活動

香料素材は，香り特性のある化学物質の総称として用いられている。その数は，約6,000品あって，それぞれに様々な化学的特性を有している。さらに，安全性確認のための試験項目も多岐にわたり，各試験にかかる費用も高額なために，企業単位では対応しきれない。そのため，国際的組織を結成して事に当たっている。以下に代表的な組織を紹介する。

2.2.1　IFRA：International Fragrance Association（国際フレグランス協会）

この組織は，世界約14カ国からその国を代表する香料工業会などの団体が加盟し，香粧品香料産業の健全な運営と発展を目的とする民間組織として1973年に設立された。

主たる活動は，
・香粧品香料の生理活性に関する科学的データの研究調査
・関連法律・規制の収集
・これらの情報を会員や関係機関に周知・普及

などを行っている。

これらを踏まえて，業界の自主規制規約である「コード オブ プラクティス」を発行し，会員に安全性確保を勧告している。科学的データの研究調査については，RIFM（後述）と強い協力関係を持つとともに，その他の研究機関のデータも活用して，「香粧品香料素材の使用に関するガイドライン」をまとめている。

内容は，ネガティブリスト的色彩を持つもので，使用禁止品目，使用制限品目（量的規制），規格品目（純度や製法による品質規格と，クエンチング効果のある他の香料との併用などを定めている）を品目リストにまとめている。

規制品目ごとに規制理由を明示しているので，香料素材に求められる安全性を考える上で参考になるので下記に示す。

・急性経口毒性，皮膚に感作性，皮膚に光毒性，皮膚に光感作性，神経毒性，脱色素作用，好ましくない生理的影響

2.2.2　RIFM：Research Institute for Fragrance Materials（フレグランス物質のための研究機関）

1966年にアメリカで設立され，世界各国の香料会社や化粧品会社など民間の約68社が参加している非営利の国際学術機構である。入・退会があるので加盟団体数は随時変動する。

主な業務は，
・香料素材の安全性などに関する科学的データの収集と分析
・標準試験法，評価法に関する情報の配布
・試験法などでの政府機関との連携，標準試験方法の採用の奨励

香料の安全性を評価するために，急性経口毒性や急性経皮毒性，皮膚一次刺激性，眼粘膜刺激性，アレルギー性，光毒性，光アレルギー性，催奇形性，発癌性，神経毒性，その他人体に対して好ましくない影響を及ぼす作用など広範囲な項目を試験して検討を加えている。専門評価パネ

ルには，中立の立場にある世界的に権威のある皮膚学者や毒物学者が参加して安全性データの判定の公正を期している。RIFM でのテスト結果は，研究機関紙「food and chemical toxicology」に公表している。現在までに約 1,300 種の香料素材を試験して，その内約 850 種を公表している。また，IFRA に研究結果を報告し，その内容が IFRA のガイドラインに盛り込まれている。

2.2.3 IFRA 執行委員会（IEC：IFRA Executive Committee）

2005 年に，香料のさらなる安全性の確保と行政当局を含めた関連団体とのコミュニケーションを強化する目的で，IFRA と RIFM が共同体制を組み，IEC が発足した。RIFM は香料の科学分野から安全性確保を担当し，IFRA は他とのコミュニケーションを図るための教育宣伝分野を担当することになっている。

2.2.4 日本香料工業会（JFFMA：Japan Flavor and Fragrance Manufacturers Association）

日本国内で業を営む 200 社以上の香料関係会社が組織する民間団体である。IFRA の「コード オブ プラクティス」に準拠して，日本独自の「香粧品香料の製造および取扱いに関する実施要綱」を作成した。医薬品の製造と品質の規則である GMP の香料製品版と位置付けられる内容が盛り込まれている。その中には，香料の安全性を確保するために，安全性基準を以下のように設けている。

〈使用経験からの安全性基準〉

歴史的に使用経験の豊富な香料素材については，安全性を疑う情報がない限り安全と見なす。ただし，使用経験の乏しい香料素材については，安全性を確認の上で使用すること，という基準が設けられている。その確認は，以下の方法で行うとしている。

＊文献とデータベースに基づく評価
＊化学品の法規制や健康・安全性に関する法規制の遵守
＊構造活性相関の検討
＊上記情報源から安全性を担保するデータが得られないときは，以下の評価プログラムを行う。
・急性毒性試験
・皮膚刺激性試験
・皮膚接触感作性試験
・光毒性と光感作性試験（紫外線吸収がある物質）

〈皮膚接触の可能性による安全性基準〉

通常の使用方法ででは，皮膚に触れない最終製品（例：芳香剤類，殺虫剤，線香など）に用いる香料素材の量規制は，皮膚に触れる最終製品（例：化粧品類，洗剤類など）より規制は緩やかになっている。

〈皮膚接触時間による安全性基準〉

洗い流す最終製品（例：石鹸，シャンプー，リンスなど）に用いる香料素材の量規制は，長時間接触している最終製品（例：クリーム，化粧水など）より規制は緩やかである。

第6章 テルペン類の安全性

2.3 安全性確保のためのガイドライン

上述した安全性基準に沿う形で，品目ごとのネガティブリストを作成してガイドラインとしている。ここでは，要点のみを紹介するに留める。

リストは，必要に応じて適宜改定されている。平成15年11月時点での内訳は，禁止品目62品目，数量制限品目49品目，規格品目（その他条件付）14品目で総数125品目となっている。その後，規制が強化されて，規制品目数が増加するとともに規制内容も年々変わっている。最新情報は，日本香料工業会に問い合わせをする必要がある。

量的な規制は，最終製品中と調合香料中の最大許容濃度で示されている。調合香料中の最大許容濃度とは，最終製品に調合香料を20％使用したと仮定して算出した目安（仮称20％ルール）で，最終製品中の数値を5倍した値である。光毒性を理由に数量規制している化合物は，浴用製品など洗い落とす製品に用いる場合には規制が概ねなくなる。光毒性を有する香料素材を組み合わせて使用する場合は，総量としての数量制限がある。各香料素材の規制限度率をそれぞれ次式で算出して，それぞれの香料素材の規制限度率の総和が100を超えてはならないと定めている。

規制限度率＝｛実際の使用濃度(％)／最大許容濃度(％)｝×100

その他，カーボネート類の組み合わせ使用についても，別に定める規制がある。

天然香料（精油など）でも，成分として規制化合物を含むものがあった場合，例えば，メチルオイゲノールは，ピメンタベリー オイルとリーフ オイルに15％，バジル オイル6％，ベイ オイル4％，ローズ オイル3.5％などに一般に含まれている。メチルオイゲノール0.0004％と数量規制されている製品に用いる調合香料は，上記の精油を用いる場合，規制値を合格しているか否かを，計算により確認する必要がある。ただし，安全性を別に確認している天然香料は，成分として規制化合物を含んでいても，規制対象外として取り扱うことが可能である。

ガイドラインには，香料素材ごとに規制理由や取り扱い方法などが記載されている。どのような規制理由があるのかを紹介する。

① 使用してはいけない香料素材（禁止品目）の危険性の理由：感作性，光感作性，毒性，神経毒，有害な生理作用，難分解性，蓄積性，脱色素作用である。

② 使用数量が制限されている香料素材（数量制限品目）の危険性の理由：最終製品中での最大許容量が％で示されている。感作性，光感作性，毒性，神経毒，生物学的作用，発癌性，その他（EEC指令）である。

③ 使用に当たって条件がついている香料素材（規格品目）の危険性の理由：条件としては，純度，香料原料の起源，製法，クエンチング効果のある香料と併用などである。危険性の理由は，感作性，毒性，刺激性，生物学的作用である。

2.4 最新の規制動向

近年，ヨーロッパで環境保全や健康への配慮から，香料の安全性についての新たな規制を設けることになった。IFRAは，この規制に対応すべくいち早く行動を起こして，IFRAのガイドラ

インに取り入れる方向で検討を開始した。この規制の目的は，皮膚感作に敏感な人が製品を選択できるようにするためのものである。ヨーロッパでの規制の方法は，まず，アレルゲンとなることが多い香料物質をリスト化した。リストに記載されている香料が，最終製品に決められた量以上含まれる場合には，製品ラベル上にその香料名を表示することを義務づけるものである。リスト化された香料物質が製品に含まれる原因が，天然精油由来であっても，香料の不純物であっても，製造工程中の副生成物であっても，香料として最終製品に添加されたときの総量と製品の使用方法で規制するやり方である。規制量は2段階になっていて，基礎化粧品のように長時間皮膚に残留する製品中には10 ppm，シャンプーや石鹸のように洗い流す製品中に100 ppmを超える量が含まれる場合に表示が必要となる。今後，成分表示が強化されるに従い，リストに記載される物質が増えていくことが予想される。

　2005年には，皮膚感作性の香粧品香料素材に定量的リスク評価システム（皮膚感作定量的リスク評価，QRA：dermal sensitization quantitative risk assessment）の導入が検討された。このシステムは，従来の濃度のみの評価でなく単位面積当たりの量を取り入れ，暴露データを基に規制値を算出する方法である。この評価システムが導入されると，今までの皮膚に触れる製品［無影響濃度（NOEL）に10倍の安全性係数を掛けた値］と皮膚に触れない製品（NOEL値）という2種類の製品カテゴリーから，10前後の異なるカテゴリーに変更されることとなる。

　新しい規制の動向としては，ポリサイクリックムスクが自然環境の中で生分解が悪いという理由で規制が見直されている。ブルガリアンローズオイルから発見されたダマセノンやダマスコンも感作性が見つかり規制された。ハロゲンを含む香料素材として唯一残っていたローズクリスタルは，本格的な安全性試験を行うことになった。

2.5　日本の法規制の現状

　安全性を取り締まる目的の法規制は，純粋に安全性という観点から施行されているとは限らない。化学物質の世界において，安全性に関して絶対という言葉は存在しない。まして法律の世界は，社会情勢や，国民感情，国民性などにより，時として安全性を度外視して大きく揺れ動く。そのため，外国の法律では安全として取り扱われているものでも，日本では危険として取り締まられていることが往々にしてある。例えば，輸入した調合香料に，このようなケースが発生すると，悲劇的なことが発生する。一般には，調合香料の処方は秘密なので内容がわからない。さらに，香料ベースを含め，たくさんの調合香料が輸入されているので，そのすべてを分析することは不可能に近い。このような八方塞の中でも法律は存在し，法に照らして裁かれてしまう。ところで，違法な製品を使って本当に危険かというと，必ずしもそうとは言い切れない。この逆に，日本が輸出国になった場合にも，類似のケースが発生する。どの場合においても，消費国の法規が適応されるので，安全性とは無関係に法令遵守（コンプライアンス）が最優先される。

　香粧品香料の安全性に関係する日本の法律は，薬事法をはじめ，化審法，労働安全衛生法，毒物及び劇物取締法，覚醒剤取締法，消防法，PL法などがある。

第6章 テルペン類の安全性

2.5.1 薬事法

薬事法に関係するのは，医薬品，医薬部外品，化粧品に用いる香粧品香料だが，ここでは化粧品の安全性と香料の関係に焦点を当てて説明する。

1987年に厚生省が，「新規原料を配合した化粧品の製造，または輸入申請に添付すべき安全性資料の範囲について」の中で，新規原料の安全性確保のための試験項目（ガイドライン）を示した。当然化粧品原料である香料もこれらの試験項目を解決しなければならない。

以下に列記する。
- 急性毒性：LD_{50}値が2 g/kg以下の場合に検討
- 皮膚一次刺激性：皮膚炎（かぶれ）
- 連続皮膚刺激性：化粧品の使用実態に即した項目
- 感作性：接触アレルギー性で免疫機構に基づく反応
- 光毒性：光の介在で初めて皮膚刺激性反応を起こすもの
- 光感作性：光の介在で生ずるアレルギー反応
- 眼刺激性：目に対する安全性
- 変異原性：細胞に影響を及ぼし変異を起こさせるもので発癌性を予測
- ヒトパッチ：皮膚炎，紅斑，浮腫，腫脹，丘疹，掻痒，ほてり

〈ヒトパッチテスト〉

香粧品香料は，香料工業会の定める「香粧品香料の製造および取扱いに関する実施要綱」のガイドラインに従い調香をすれば，通常安全性に問題はないと考えられる。しかし，現実には安全性の程度を再確認する必要がある場合や，極度に安全性にこだわる場合は，ヒトパッチテストを実施している。このテストは，ヒト皮膚に対する被験物質の一時刺激性，場合によっては感作性により生じる皮膚反応の程度を確認する方法である。

試験方法の概要を紹介する。
- 被験者：成人40名以上
- 投与経路：経皮
- 投与方法：正中線部を除く上背部，または上腕あるいは前腕に24時間閉塞貼付
- 投与用量：適切に評価し得る面積，および容量
- 投与濃度：想定される使用濃度以上，必要に応じて数段階濃度
- 投与回数：1回
- 観察：パッチ絆を貼付除去後，除去時に生じる一過性の紅斑の消退を待って観察
- 判定・評価：皮膚科専門医の指導のもとに紅斑，浮腫の程度を判定・評価

2.5.2 化学物質の審査及び製造等の規制に関する法律（化審法）

化学物質の安全性を確保するために，多くの法律が日本には存在する。時代とともに安全性の概念が変化する中で，新しい視点で包括的に化学物質の安全性を確保する必要性から本法が制定された。

この法律の主目的は，近年関心が高まっている環境汚染防止と汚染から人体の安全性を確保することにある。新規の安全性に関する追加規制なので，既存の使用用途ごとの化学物質についての詳細な規制と重複しないように配慮されている。

下記に該当する物質は，従来の各法律を優先し化審法の規定は適用されないとしている。
　①食品・食品添加物：食品衛生法
　②農薬：農薬取締法
　③肥料・肥料添加物：肥料取締法
　④飼料・飼料添加物：飼料の安全性の確保及び品質の改善に関する法律
　⑤医薬品・医薬部外品・化粧品・医療用具：薬事法

香料は，本来不安定な化学物質なので，化審法の対象となるような性質を備えていない。しかし，安定な香料が嘱望され，研究開発されて化審法に該当する物質が誕生した。例えば，ムスク様香気を有するニトロムスクや多環状化合物である。化学的に安定であることは難分解性を意味し，大量消費によりさらに蓄積性が増して環境に与える負荷が大きくなり，長期毒性を起こす可能性が生じた。

2.5.3　労働安全衛生法

働く職場の安全を確保し，労働者の安全を守ることを目的とした法律である。

危険有害性を有する化学物質について，化学特性から下記の10種類に分類して規制している。

・爆発性，高圧ガス，引火性，可燃性，自然発火性，禁水性，酸化性，急性毒性，腐食刺激性，特定有害性

香料物質の多くは，引火性を有するので，化学物質の有害性第3種の引火性化学物質に該当する。また，第8種の急性毒性を有するものもある。

＊製品安全性データシート（MSDS＝material safety data sheet）

1990年に国際労働機構（ILO＝international labor organization）で「職場での化学物質の使用における安全に関する勧告書」が採択され，MSDS制度が発足した。MSDSは，化学物質の生産者が出荷段階で，輸送業者と使用者に発行する当該化学物質の説明書であり，すべての化学物質に添付することを義務づけている。MSDSの発行は，香料の輸送・運搬に当たる運転手にも，製造業者などからの発行が義務づけられている。輸送時の事故発生で誤った処理による香料の二次災害を防止するためのものである。

物性の異なる多くの化学物質が存在するので，取り扱う化学物質の特性が明記できるように，業界ごとに書式を統一することになった。日本香料工業会においても，委員会を設置して書式が作成されている。

2.5.4　有機溶剤中毒予防規則

労働安全衛生法を補足する内容のもので，揮発性有機溶剤などによる中毒を予防するための規則である。労働安全衛生法で商品譲渡側に該当商品への表示，例えばMSDSなどへの記入を義務づけている。

第6章　テルペン類の安全性

規制対象有機溶剤は，下記のように区分されている。
①第一種有機溶剤など：クロロホルムなど7種
②第二種有機溶剤など：酢酸エステル類を含む含酸素有機溶剤など40種
③第三種有機溶剤など：石油系，テレピン油など7種

揮発性の高い酢酸エステル類などの香料物質が，第二種有機溶剤に該当する。

2.5.5　毒物及び劇物取締法

化学物質の毒性に着目して保健衛生上の見地から取り締まることを目的とする法律である。

下記のように区分され，毒物・劇物ともネガティブリストになっていて，該当する化学物質が本法の別表に明示されている。

①特定毒物
（別表第三）10種，毒物のうち毒性が極めて強く危害発生の恐れが著しいもの
②毒物
（別表第一）28種
③劇物
（別表第二）94種

毒物と劇物の原則的な判定基準（動物における知見）を，参考までに紹介する。

・急性毒性：経口　毒物；LD_{50} 30 mg/kg 以下
　　　　　　　　　劇物；LD_{50} 30 mg/kg を超え～LD_{50} 300 mg/kg 以下
　　　　　：経皮　毒物；LD_{50} 100 mg/kg 以下
　　　　　　　　　劇物；LD_{50} 100 mg/kg を超え～LD_{50} 1,000 mg/kg 以下
　　　　　：吸入　毒物；LD_{50} 200 ppm/hr 以下
　　　　　　　　　劇物；LD_{50} 200 ppm/hr を超え～LD_{50} 2,000 ppm/hr 以下

該当する香料物質は少ないが，例えば，フルーティ香の香料素材として多用する酢酸エチルは，興奮，幻覚又は麻酔の作用を有する物として劇物に指定されている。

2.5.6　消防法

発火，燃焼，爆発などの消防上問題のある危険物を取り締まる法律である。危険物を特性別に細かに分類し，それぞれの貯蔵数量が指定されている。指定数量以上貯蔵するには，貯蔵所として所轄の消防署の許認可が必要となる。

①第一類
　酸化性固体
②第二類
　可燃性固体
③第三類
　自然発火性物質及び禁水性物質
④第四類

引火性液体：特殊引火物，第一石油類，アルコール類，第二石油類，第三石油類，第四石油類，動植物油類

⑤第五類

自己反応性物質

⑥第六類

酸化性液体

合成香料に関係の深い危険物第四類石油類は，さらに引火点で4分類され，該当する香料の貯蔵量を，以下のように規制している。

・第一石油類：引火点；21℃未満

　　　　　　貯蔵量；200 L 以下（非水溶性）400 L 以下（水溶性）

・第二石油類：引火点；21℃以上～70℃未満

　　　　　　貯蔵量；1,000 L 以下（非水溶性）2,000 L 以下（水溶性）

・第三石油類：引火点；70℃以上～200℃未満

　　　　　　貯蔵量；2,000 L 以下（非水溶性）4,000 L 以下（水溶性）

・第四石油類：引火点；200℃以上

　　　　　　貯蔵量；6,000 L 以下

大部分の香料は第二か第三石油類に該当する。香料の貯蔵総量が数 kL 以上ある場合には，念のため消防署に相談したほうが無難である。

2.5.7　麻薬及び向精神薬取締法

この法律に抵触する行為を行う場合は，種々の許認可が必要となる。また，譲渡・受領に係わる手続きや保管記録・保管方法など厳格に履行することが求められている。

この法律の適用を受ける香料には，以下のものがある。

①麻薬向精神薬原料：アントラニル酸及びその塩類

②特定麻薬向精神薬原料：イソサフロール，サフロール，ピペロナール（ヘリオトロピン）

2.5.8　覚せい剤取締法

麻薬及び向精神薬取締法に類似する法律である。

この法律の適用を受ける香料には以下のものがある。

①覚せい剤原料：フェニル酢酸，その塩類

2.5.9　製造物責任法（PL：products liability 法）

製造物の欠陥により人の生命，身体または財産に係る被害が生じた場合における被害者の保護を図ることを目的とする法律である。製品に欠陥があり，対人・対物に被害が生じた時には，無過失責任が問われる。製造物責任は，時代の変化に伴い消費者の安全性が製品の製造業者に依存する度合いが高まったという背景の下，製品関連事故についての損害賠償責任原則を「過失」から「欠陥」に転換したものである。法律条文はきわめて簡素で，ほとんどが裁判所の判断に委ねられている。

第6章　テルペン類の安全性

例えば，化粧品を使用して顔に異常を生じた時，製造業者の過失の有無に関係なく，責任原因としての欠陥が明らかになると，その責任が問われる。その場合，化粧品製造業者と原料製造業者に連帯責任が発生し，応分の賠償責任を負うことになる。もし，香料会社にその責任がない場合は，自分で立証しなければならないので，製品の安全性に係わる資料やデータを完備し保管する必要がある。

2.5.10　悪臭防止法

大気における安全性上の規制には，大気汚染防止法がある。においは，大気を構成する要素の一つであるが，悪臭でも人体に対して重篤な健康被害を及ぼすことがないので，この法律での取り締まりの対象にならない。しかし，不快感や嫌悪感という感覚的な被害を与え，その程度も悪臭公害を発生させるまでに至り，昭和47年に生活環境を保全する目的で悪臭防止法が施行された。

この法律は，二つの規制方法を採用している。一つは，悪臭の原因となる特定悪臭物質の排出濃度を機器分析で測定する規制方法である。いま一つは，この手法による規制では充分な規制効果が発揮できない複合臭に対する規制で，人間の嗅覚を用いて官能評価をし，その結果から臭気指数を算出する嗅覚測定法で測定する規制方法である。

香料は，においのうち芳香領域に係わるもので，悪臭領域とは無縁のように思えるが，香料を大量に取り扱う工場から出るにおいは，悪臭という感覚を地域住民に覚えさせるおそれがある。においを生業とする香料会社は，におい対策には特に注意を払う義務を担う。

2.5.11　その他（揮発性有機化合物の規制動向）

近年"シックハウス症候群"と呼ばれる症状が問題視されている。その原因は，揮発性有機化合物（VOC：volatile organic compounds）とされ，健康被害を起こすおそれがあるので，規制の方向で法整備が進められている。VOC個々の化合物で安全性を確保するには数が多く，また個々の物質の濃度が低くても総量が発症の原因となることも考えられ，総揮発性有機化合物（TVOC：total volatile organic compounds）での規制の導入が検討されている。欧州委員会や日本の厚生労働省が検討しているTVOCは，必ずしも毒性学的知見に基づくものではないところがある。TVOCを構成する化合物のうち必須のものを必須VOCリストにまとめているが，その中には，ピネン類やリモネンなどの炭化水素類，酢酸エステル類などのエステル類，ベンズアルデヒドやヘキサナールなどのアルデヒド類，その他香料として使用している多くの化合物が含まれている。規制の内容如何では，香料産業に大きな影響を及ぼしかねないので，今後の動向が注目されている。

3　食品用香料の安全性

食品香料は，香粧品香料の所（上記）で述べた香料全般に係わる安全性以外に以下のような取り組みがなされている。食品香料は，その特性から安全性が高いと考えられているが，人間が

日々摂取する食品の中に用いるので，世界各国とも食品添加物としての規制が行われている。

3.1 食品香料の安全性に係わる特性

食品用香料は，香粧品香料の特性で述べたもの以外に，以下のような理由から基本的に安全性が高いと考えられている。

①香料の食経験は豊富で長い歴史がある。

人類は，生誕と同時に食物の一部として天然の香料化合物を摂取してきた。その後，合成の食品用香料が新たに加わったが，人間の食品に対する嗜好性が保守的であるため，ほとんどが天然に存在する香料化合物か，もしくは類似の化合物である。

②食品に添加するフレーバーの使用量は少ない。

ほとんどの添加フレーバーは，100 ppm 以下で使用する。強すぎるフレーバーは，嗜好面で嫌われるので摂取量は自然に抑制される。また，香り立ちは，天然食品中に存在するフレーバーより添加フレーバーを用いた食品のほうが強くなる。そのため，食品に含有されるフレーバー量は，添加フレーバーのほうが少ない。

3.2 食品香料の規制方式

以下のような手法で規制が行われている。

3.2.1 食品香料の規制上の分類

この分類は，IOFI（後述）の提案により国連の食品規格委員会で採用され，国際食品規格集に記述がある。

①ナチュナルフレーバー（natural flavor）

天然香料，単離香料の混合物。

②ナチュラルフレーバリング物質（natural flavoring substances）

単離香料＝天然原料から物理的手段などを用いて得られるフレーバー物質。

③ネイチャーアイデンティカルフレーバリング物質（Nature identical flavoring substances）

合成のフレーバー物質であるが人間が安全に摂取している食品中に存在するものと化学的に同一のもの。一般にイニシャルを用いて NI 品と呼称する。

④アーティフィシャルフレーバリング物質（artificial flavoring substances）

合成のフレーバー物質で人間が安全に摂取している食品中に発見されていないもの。

上述の①は，食品と同等に扱われ，日本には使用原料リスト（天然基原物質）がある。リストに収載されているフレーバーを構成する成分の禁止や制限をすることがあるが，厳しい規制はない。

②③④については，多くの国が法律で規制していて，下記の規制方式がある。

〈規制方式〉

①ポジティブリスト方式

第6章 テルペン類の安全性

使用を認めた物質を収載。それ以外は使用禁止。
②ネガティブリスト方式
　使用禁止物質を収載。それ以外は使用可能。
③ミックスシステム方式：
　上記両方式の組み合わせ。
　ポジティブリストには主に上記④の物質，ネガティブリストには主に上記②と③の物質を収載して，制限や禁止の対象としている。
　各国の規制の実態を見ると，日本と米国はポジティブリスト方式であり，ヨーロッパはミックスシステム方式が採用され，世界的は2極化の傾向が見られる。

3.3　日本の規制状況
　食品添加物は，食品の嗜好性を高めたり，食品の保存性を高めたり，食生活の内容を豊かにするのに欠かせない。食品衛生法では，食品添加物を用途により16に分類している。
・保存料，酸化防止剤，乳化剤，安定剤，酸味剤，甘味剤，殺菌剤，着色料，発色剤，漂白剤，調味料，着香料，膨張剤，強化剤，結着剤，その他。
　フレーバーは，着香料に該当し，「着香の目的以外に使用してはならない」と使用基準を規定している。さらに着香料は，合成香料と天然香料に分類されている。

3.3.1　合成香料
　食品衛生法施行規則第3条の規定により食品添加物公定書別表第2に収載されている着香料は，ポジティブリスト方式により使用を認めた物質として78物質および使用基準を定めた官能基グループ18類が記載されている。
　類については，該当する化合物の解釈が曖昧で問題が発生したため，厚生労働省は，2003年に「それぞれの類に該当する香料化合物の類別リスト」を作成した。その総数は，約2,900品目にのぼる。

3.3.2　天然香料
　天然香料および一般飲食物添加物は，食品衛生法の適用除外となっている。ただし天然香料の物質名の表示に関しては，生活衛生局長通知「別添2天然香料基原物質リスト」に612品目を収載している。このリストは，表示のためにまとめたもので，これに限定するものでなく，適時，追加の届出が可能である。

3.4　米国での規制状況
　食品香料は，食品医薬品化粧品法（food, drug and cosmetic act）に基づいて食品添加物規則（food additive regulation）を設けて着香料に指定している。本法で使用が認められている食品香料は，食品医薬品局（FDA：food and drug administration）の許可物質およびFEMA（flavoring and extract manufacturer's association＝民間団体）GRAS（generally recognized as

safe）物質である。

3.4.1 FDA 許可物質（CFR 収載）

FDA で許可された食品香料は，以下のような方法で CFR に収載されている。

①直接添加物の一部

　安全性試験の提出が義務。天然香料 130 品目および合成香料 717 品目。

② GRAS 物質の一部

　認定された GRAS 物質。天然香料 253 品目および合成香料 21 品目。

③再確認 GRAS 物質の一部

　GRAS と再確認された物質。天然香料 8 品目および合成香料 5 品目。

④禁止物質

　4 品目。カラムスとその誘導体，シンナミルアンスラニレート，クマリン，サフロール。

3.4.2 FEMA GRAS 物質

CFR 規定によると，民間協会でも GRAS 認定のための安全性確認は実施可能で，安全と確認されたフレーバー物質は，食品への使用が可能となる。FEMA は，GRAS 物質を認定し"Food Technology（雑誌）"に公表している。内訳は，天然香料 366 品目および合成香料 1,380 品目である。CFR 収載物質の多くは FEMA GRAS 物質である。結果として，米国で使用できる香料物質は，天然香料約 400 品目および合成香料 1,421 品目である。

3.5　国際的規制状況

3.5.1　国連

　国連の食糧農業機関（FAO）と世界保健機構（WHO）は，合同食品規格委員会（CAC）を設立し，国際食品規格集（CA＝Codex Alimentations）の策定を含む食品規格計画を推進している。
　JECFA（FAO/WHO 合同食品添加物専門委員会）では，食品添加物の安全性評価の原則を定め，それに照らしてフレーバー物質の安全性評価に関する方法を定めた。

〈食品添加物の安全性評価の原則〉
・暴露量の推定，天然由来の摂取量との比較。
・構造と活性（毒性）相関の活用。
・代謝と動態試験による代謝産物の種類と性質の検討。

〈フレーバー物質の安全性評価に関する方法〉
・構造，代謝および毒性データに基づき，現在の使用条件の下で安全性の懸念がないと予想する物質。
・十分な安全性評価を行うために追加データの提出の必要な物質。

を検討して，安全性を明らかにすることが可能であるとした。
　JECFA の作成する規格は，食品添加物汚染物質部会（CCFAC）が審議し CAC で採択する。今後，国際的規範としての安全性評価と規格を次々と作成するであろう。

3.5.2　IOFI（international organization of the flavor industry）

　世界中の各国を代表する食品香料の団体（21カ国）が会員となっている非営利の国際組織で，食品香料の安全性と法規に関わる活動を行っている。

　日本香料工業会は，組織の一員として委員を送り込み，世界の食品香料の安全性を確保すべく，日本と世界の懸け橋となって大いに活躍している。

4　おわりに

　人間は，豊かで快適な社会生活を営むために科学技術を進歩させ，経済性や利便性を追及してきた。その結果行き過ぎてしまった部分があり，安全性に多くの疑問が投げかけられた。そして，自然回帰や天然崇拝などの逆進性の作用が働き，人工的な化学物質を極端に忌み嫌う風潮が現れた。しかし，自然は人間にとって脅威であり，安全性を脅かすものでもある。人間は太古より自然と対峙して葛藤を続けてきた。自然や天然が人間にとって優しく安全なものであるという幻想は避けるべきである。天然物質であれ人工物質であれすべて物質は化学物質であり，その由来で安全性を差別すべきでない。

　本章では，香料の安全性とは何かを明らかにするために，最低限の規範である法律や規則を紐解くことにより，香料に関係する安全性上の問題点と，香料の安全性確保のための方策の現状をまとめた。ここに紹介する規制等の情報は，約10数年前にまとめたものを参照しているので，朝令暮改のごとく変遷に違が無いものだけに陳腐になってしまったことは否めない。必要に応じて最新の情報を入手されることをお勧めする。

文　　献

1) 堀内哲嗣郎，香り創りをデザインする，pp. 144-159, フレグランスジャーナル社（2010）

第7章　テルペンの抗菌性，防虫性

芦谷竜矢*

1　はじめに

　テルペノイドの抗菌活性は古くから知られており，精油成分と言われる揮発性テルペノイドはフィトンチッドと呼ばれ，森林内の空気浄化作用を有すると一般に解されているようである。精油成分は水蒸気蒸留などで得られる植物成分であり，モノテルペン，セスキテルペン類を中心としている。これら揮発性のモノテルペン，セスキテルペン類は独特な香気を有することから，生理活性を有する機能性香料原料として重要な位置を占めると考えられる。同様に強力な抗菌作用を有する揮発性成分であるフェノール類（クレゾール類など）が一般に刺激性の強い臭いを有し，時として低濃度でも人体に悪影響をおよぼすので，テルペノイドの比較的刺激の少ない匂いは重要性を高める性質でもあると考えられる。さらに，ほとんどのテルペンの活性は一部を除き，刺激の強い低分子フェノール類などと比較して強いものは少ない。従って，高度に菌に汚染された場所や重篤な疾患の動植物に対する緊急性の高い現場に用いる抗菌剤や緊急性を要する殺虫剤として使用するのではなく，予防的あるいは香りなどを楽しみながら普段使いのできる抗菌剤または抗害虫剤または害虫の忌避剤として使用されているといえよう。ヒノキチオールやグアイアズレンなどの比較的強い抗菌活性テルペノイドは単体でも利用され，商業化もされており，テルペンを主体とした精油成分が蚊やアブなどの人体害虫やゾウムシなどの穀類害虫の忌避剤として利用されている。また，揮発性の低いジテルペン類は，それ自身に抗菌・抗害虫活性を有する成分もあるが，樹脂酸などは滲出後硬化する性質を持つものもある。これは物理的に対象物の表面を覆い菌や害虫の侵入を防ぐなどの役割もあり，これらの性質も生化学的な反応と異なる印象ともいえるが，広い意味での抗菌・抗害虫活性といえるのではないだろうか。

　これまでに多くの成書や総説[1〜3]などでテルペノイドの活性についてはまとめられている。著者らは木質資源利用を目的として，主に国内に植林されている樹木中に含まれる抽出成分の研究について，生理活性を示すテルペノイドの探索を行っている。対象となる菌は木材腐朽菌を中心とした糸状菌類が中心であり，害虫についても木材害虫のシロアリを中心にその活性を探索している。これらについては既報[4]にもまとめているので参照願いたい。本稿では，既報と重複するものもあるが，著者らが行ってきた樹木に含まれるモノテルペンからジテルペン類の抗菌，抗害虫活性について最近の研究例を中心に紹介する。

＊　Tatsuya Ashitani　山形大学　農学部　教授

第7章　テルペンの抗菌性，防虫性

2　試験法

2.1　抗菌試験

　テルペノイドを含む樹木抽出物の抗菌試験法については，様々な方法で行われている。木材防腐や食品などの防腐など対象物がはっきりとしている場合は，実際の試験体（木材，食品など）を用いて試験される。広くその成分の特性を検討するため，実験室で行われる試験方法としては固体培地上あるいは液体培地中での菌の増殖抑制効果を検討する方法がとられる。このとき実験者を悩ますのは，成分の水への溶解性であろう。一般に精油成分や樹脂成分であるテルペノイドは，脂溶性で水に溶解しがたいため，水溶液や寒天ゲルである培地中に溶解しづらい。そのため一般の培地で抗菌試験を行う際の活性評価について留意する必要がある。

　様々な試験法がありそれぞれ一長一短があると思われる。よく行われている試験方法は，ろ紙に成分を含浸させ，そのろ紙を菌体培養する培地上に置床させ，阻止円の大きさを計測して評価する方法がある[5]。この場合，水溶性が高く培地上に拡散する成分であれば問題がないが，難水溶性の場合は活性評価しづらい。著者らの研究室では，アセトンなどの両親媒性の溶媒で調製した溶液を培地表面に塗布し，溶媒を揮発させたのち，触菌して生育面積をコントロールと比較して評価する方法を用いている。この場合，高濃度のサンプル溶液を用いるとサンプルの偏析などが起こるため，低濃度で均一に塗布できるか目視で確認を行う必要がある。

2.2　抗虫活性

　シロアリなどに対する活性試験については既報[4]を参照いただきたい。昆虫などの節足動物に対する活性評価には大きく分類して，

・致死活性
・忌避活性
・摂食阻害活性（保護対象を食害するもの）

がある。これらを評価する場合，別々に試験を行わなくとも，一つの試験系で対応できる場合もある。例えばシロアリの致死活性と摂食阻害活性を評価する場合，死虫数の計測と，サンプルを含浸させた木材またはろ紙の重量減少量を計測すれば致死活性と摂食阻害活性を同時に測定することができる。

　節足動物の試験において，成分を動物が感知しているかどうかは重要な指標である。行動を観察して推測する方法がよく取られるが，触角電位検出器（EAD）付きGCを用いた方法でフェロモンなどの検出が行われている[6]。

3 テルペンの活性

3.1 モノテルペンの活性

　モノテルペンの抗菌活性については，ユーカリ油やクロモジ精油などに含まれる 1,8-cineol の抗菌活性はよく知られており，その有用性から安価なテルペンから合成が試みられている。国産の樹木成分の中で最も広く抗菌活性が認識されているものは hinokitiol（β-thujaplicin）であろう。古くからヒノキチオールの抗菌活性については多くの研究や成書[7,8]があり，単体のみでも商業ベースで抗菌剤として利用されている成分である。Hinokitiol はネズコ属の樹木や，ヒバ，タイワンヒノキなどの材に含まれる成分である。Hinokitiol の有用性はその広い抗菌スペクトルにあるとされており，その構造はトロポロン構造で特異的であるが，キラル炭素はなく，合成品も市販されている。フェノール性モノテルペン類の thymol，carvacrol などは，古くから知られた抗菌活性テルペンであるが，メンタン型モノテルペンの p-cymene，menthone などから合成されている[9]。Hinokitiol などのトロポロン類や carvacrol などのフェノール類を除き，ほとんどのモノテルペンは分子内にキラル炭素を有し光学活性である。よく知られたことであるが，光学異性体間には生理活性の相違がある。通常，樹木抽出物に含有されるテルペノイドは光学異性体の双方を含んでいるため，分画物の活性評価を行う上ではこの点に留意する必要がある。一例として，Kusumotoら[10]は白色腐朽菌のマツノネグチタケに対するモノテルペンの光学異性体ごとの活性の違いについて検討している。モノテルペンについては光学異性体分離が可能な GC カラムでの分析が容易にできるため，今後の研究では光学異性体比を付した抽出物の分析データやエナンチオ分離された標品での活性データを示した研究が主流となると予想される。

　防虫活性について，モノテルペンは揮発性が強く人間にとって心地よい清涼感を感じる成分であることから香料として重要な原料であるが，人間以外の他の生物にとって快／不快を与えるか否かで誘引／忌避（場合によっては致死）の活性が発現すると考えられる。これらは多くの揮発性テルペンを昆虫などがフェロモン，カイロモンなどとして太古から利用してきたからに他ならない[11]。この性質を利用してユーカリ油などから抽出された精油成分が蚊やアブなどの忌避剤として商業利用されている。また，園芸や林業などでは，時として大量被害をもたらす害虫に対し，カイロモンを利用した捕殺を行っている例がある。斎藤ら[11]はナラ枯を引き起こす原因昆虫であるカシノナガキクイムシに対し，モノテルペンを主体とした誘引剤処理丸太を用いた試験を行い，効果を報告している。大量に殺虫剤を使用して害虫をコントロールすることは食や環境の安全性が叫ばれる今日ではますます忌避されるであろうことから，精油成分のように比較的安全な誘引／忌避剤を用いたペストコントロールは大いに奨励されるようになると思われる。しかしながら比較的安全とされながらも大量使用の程度によってはフェロモンとして利用している生物の大幅な撹乱を引き起こすことは容易に予想されうるため，注意が必要であることに変わりない。

第7章　テルペンの抗菌性，防虫性

3.2　セスキテルペンの活性

　セスキテルペンの中で，guazulene は，よく知られた抗菌活性物質であり，一般にアズレン型と言われる5+7員環の縮環構造を持つセスキテルペンをセレンまたは硫黄などで脱水素すると容易にアズレン構造が得られる[12]。鮮やかな青色を呈するため，非常に目立つ化合物であり，水酸基を付加されて水溶性を付与された誘導体が歯磨き剤，うがい薬などに用いられている。しかしながら，それ以外のセスキテルペン類については，香料やその他工業的利用はモノテルペン，ジテルペン類と比べて広く利用されているとは言い難い。特に我が国で植林されている国産針葉樹の成分としてのセスキテルペン類は，量は多く存在する場合もあるが，類似構造を持った成分の混合物として抽出物中に存在している場合が多く，単離が容易でないことなどから，他のテルペノイドと比べて，未利用のものが多い。しかしながら，樹木抽出物の中で，セスキテルペン類が抗菌・抗害虫活性の主体となっている例も多い。前述のヒノキ心材は国産材の中で耐久性が高い部類に入るが，その耐久性の主体はセスキテルペンアルコール類であるとされている[13]。Morikawaら[14,15]は，ヒノキの枝心材が幹心材よりも抽出成分を多く含むことに着目し，枝心材成分の木材腐朽菌を含む糸状菌類に対する抗菌活性とヤマトシロアリに対する殺蟻，摂食阻害活性を調べ，ノルリグナン類と共に Cadinol 類などのセスキテルペンアルコール類の抗菌・抗蟻活性を報告している。スギの心材や針葉にもセスキテルペンアルコール類は多く含まれている。また，スギ材は古くから日本酒の保管，移動容器の原料として使用されており，酒の香味付けや防腐の効果がスギ心材成分にあることが知られている。酒の腐敗を起こす火落菌に対し，後述するジテルペン成分と合わせ，δ-cadinene，epi-cubenol，β-eudesmol などのセスキテルペン類の抗菌活性が報告されている[16]。スギの心材成分以外の抗菌・抗害虫活性成分の探索例として，Yamashitaら[17]はスギの針葉に含まれるテルペノイドの園芸害虫であるハダニ類に対する活性を検討し，ジテルペン成分とともにセスキテルペンアルコールの elemol に抗ダニ活性を見出している。Elemol はスギ針葉のセスキテルペンアルコールの主成分となる場合が多い。Kuriharaら[18]は魚病の一種である水カビ病を引き起こす *Saploregnia* 属に対し，elemol が成長抑制効果を有することを示している。ヒバ心材の抗菌活性は主にヒノキチオールの含有にあると考えられていると前述したが，松浦ら[19]は水カビ病菌に対するヒバ心材抽出物の抗菌活性を検討し，セスキテルペンアルコールの cedrol，γ-cuparenol に活性を見出している。これらの活性の強さはヒノキチオールに及ばないが，含有量はヒノキチオールよりも多く含まれているためヒバ心材の耐久性の一翼を担っていると考えることができる。また，成分の構造から考察すると，フェノール構造やトロポロン構造は水溶性が高いが，セスキテルペンアルコール類は比較的極性が低いため，樹木の防御物質は，高極性から低極性まで多様な活性の成分の混合物であると言える。これらスギ，ヒノキ，ヒバに含まれるテルペン成分の構造を図1に示したので参照願いたい。

　一方，セスキテルペンアルコール類の前駆体である炭化水素類については，目立った生理活性についての報告は少なく，利用法の開発が望まれている。セスキテルペン炭化水素の特徴の一つに，イソプレン則の制約から7から11員環構造の中員環構造や橋頭結合を含む熱力学的に不安

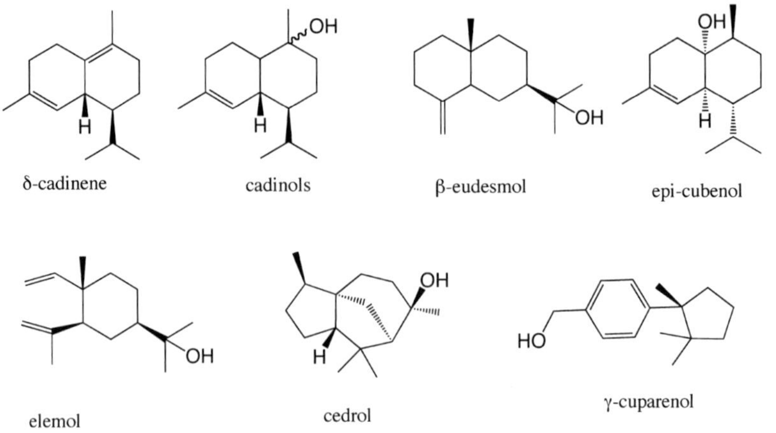

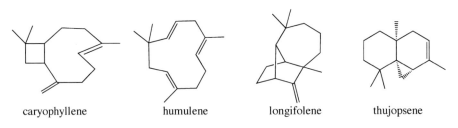

図1 スギ,ヒノキ,ヒバ中に含まれる活性セスキテルペンの例

図2 分子内に歪みを持った構造を有するセスキテルペンの例

定な構造の中に2重結合が存在した構造をとるものがあることが挙げられる（これらの例を図2に示す）。このような構造を持つセスキテルペン類は無触媒，無溶媒，室温の条件でも容易に酸素と反応（自動酸化反応）し，対応するエポキシド，ケトン，アルコール，カルボン酸などに変化する。著者らはこの反応に着目し，様々なセスキテルペン炭化水素の自動酸化反応や酸素と同族の硫黄との反応と反応生成物の生理活性について調べた結果，元の炭化水素には見られなかった抗菌，抗害虫活性が，反応生成物に発現することを見出している[20〜24]。

3.3 ジテルペンの活性

樹木抽出物の中で，フェノール性のジテルペン類である ferruginol, totarol およびそれらの誘導体の抗菌活性がよく知られている。Ferruginol はアビエタトリエン型の構造のフェノールであり，スギ心材やスギ樹皮抽出成分の主要成分として検出されるため，スギ材の耐久性の中心であると考えられている。Kusumotoら[25,26]はスギと近縁のラクウショウの球果から得られた ferruginol 及びその酸化物と見られる誘導体の木材腐朽に対する白色腐朽菌，褐色腐朽菌に対する抗菌活性，ヤマトシロアリに対する抗蟻活性を検討し，各酸化段階で，活性が変化すること

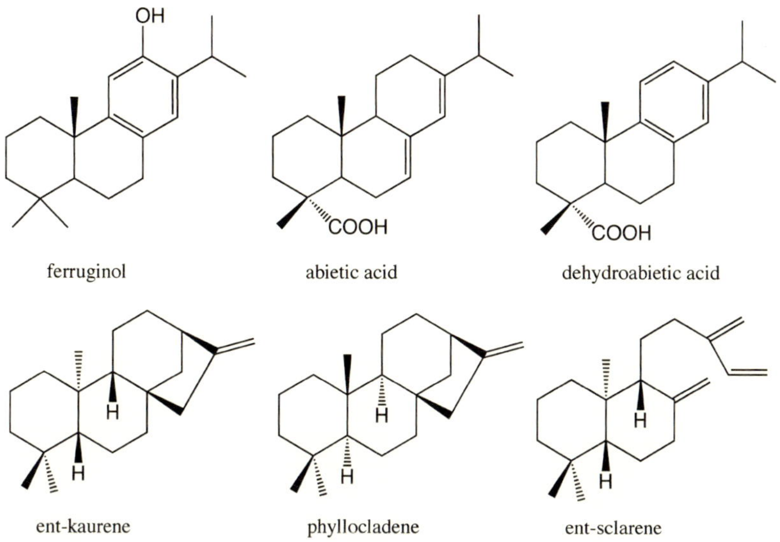

第7章　テルペンの抗菌性，防虫性

ferruginol　　abietic acid　　dehydroabietic acid

ent-kaurene　　phyllocladene　　ent-sclarene

図3　抗菌，抗害虫活性ジテルペンの例

を見出している。Ferruginol は抗酸化活性[27]も知られており，活性酸素種があれば容易に酸化されると予想される。前述のセスキテルペンの酸化反応と合わせて，これらの酸化による構造変化と活性の変化は大変興味深い。

　フェノール性ジテルペン以外の活性として，Yamashitaら[17]は前述した elemol の他にスギ針葉のジテルペン炭化水素 ent-kaurene のハダニに対する活性を見出し，その異性体である phyllocladene，ent-sclarene の活性も検討している。この ent-kaurene にはシロアリに対する活性も知られている[28,29]が，活性発現のメカニズムについては不明である。その他，前述した樽酒の成分分析の研究から，スギ心材中のジテルペン主要成分である sandaracopimarinol に火落菌に対する活性が見出されている[30]。また，ドイツトウヒの樹脂成分の abietic acid，dehydroabietic acid のマツノネクチタケに対する活性が Kusumoto らによって検討されている。図3に上記の成分の構造を示したが，スギの成分を例に取っても ferruginol などのフェノール性ジテルペン以外のジテルペンについては，活性が未知のものも多いのが現状である。今後はこれまで注目されてこなかった成分についての抗菌，防虫効果の解明が進むことが期待される。

4　おわりに

　以上，樹木抽出成分に含まれるモノテルペンからジテルペンまでの活性を述べてきた。よく知られたヒノキやスギ，ヒバなどに含まれる成分の研究は古くから行われており，新規性が少ない分野のように思われがちであるが，詳細な成分分析や，成分の機能面については未知の部分が多

く残されている。特にこれらの抽出成分はテルペン成分を多く含み，比較的多量に存在する成分が未利用のままである。本稿で述べたように，その成分の中には特異な反応挙動を示すものがある。それらの生成物の機能性を明らかにすることは，森林資源利用の推進に大いに役立つものと考えられる。

文　　献

1) D. Martin, and J. Bohlmann,（Ed. Romeo, JT.), Molecular Biochemistry and Genomics of Terpenoid Defenses in Conifers. in Chemical Ecology and Phytochemistry of Forest Eocosystems, Elsevier, pp. 29-56（2005）
2) 谷田貝光克，植物抽出成分の特性とその利用，八十一出版，pp. 32-54（2006）
3) JB. Harborne（高橋英一，深海浩（訳）），ハルボーン化学生態学，文永堂，pp. 195-250（1981）
4) 芦谷竜矢，楠本倫久，におい・かおり環境学会誌，**47**（1），pp. 10-15（2016）
5) N. Kusumoto et al., *Advances in Biological Chemistry*, **4**（2），pp. 109-111（2014）
6) M. Tokoro et al., *Bulletin of Forestry and Forest Products Research Institute*, **6**（1），pp. 49-57（2007）
7) Y. Morita et al., *Biol. Pharm Bull.*, **26**（10），pp. 1487-1490（2003）
8) Y. Imamori et al., *Biol. Pharm Bull.*, **23**（8），pp. 995-997（2000）
9) 稲垣勲，植物化学，医歯薬出版，pp. 276-277（1972）
10) N. Kusumoto et al., *Forest Pathology*, **44**, pp. 353-361（2014）
11) 斉藤正一，箕口秀夫，加賀谷悦子，日本森林学会誌，**97**, pp. 100-106（2015）
12) 稲垣勲，植物化学，医歯薬出版，pp. 320-322（1972）
13) 近藤隆一郎，今村博之，木材学会誌，**32**（3），pp. 213-217（1986）
14) T. Morikawa et al., *Journal of Wood Science*, **58**, pp. 544-549（2012）
15) T. Morikawa et al., *European Journal of Wood and Wood Products*, **72**, pp. 651-657（2014）
16) 高尾佳史，山田翼，古川恵司，溝口晴彦，日本醸造協会誌，**107**（11），pp. 868-874（2012）
17) Y. Yamashita et al. *Journal of Wood Science*, **61**, pp. 60-64（2015）
18) Y. Kurihara et al, 5th Asia-pacific conference on chemical ecology, Abstracts p. 132（2009）
19) 松浦俊一郎，森川卓哉，高橋孝悦，芦谷竜矢，第63回日本木材学会大会研究発表要旨集，CD-ROM M28-P-PM16（2013）
20) T. Ashitani and S. Nagahama, *Natural Products Letter*, **13**, pp. 163-167（1999）
21) T. Ashitani et al., *Natural Product Research*, **22**, 495-498（2008）
22) 芦谷竜矢，樹木抽出成分の生物活性-未利用セスキテルペン成分の自動酸化と抗蟻活性-，グリーンスピリッツ，**8**, pp. 3-7（2013）
23) T. Ashitani et al., *Zeitschrift für Naturforschung*, **68c**, pp. 302-306（2013）
24) T. Ashitani et al., *Experimental and Applied Acarology*, **67**, pp. 595-606（2015）

25) N. Kusumoto *et al., Journal of Chemical Ecology*, **35**, pp. 635-642 (2009)
26) N. Kusumoto *et al., Journal of Chemical Ecology*, **36**, pp. 1381-1386 (2010)
27) H. Saijo *et al., Natural Product Research*, **29**, pp. 1739-1743 (2015)
28) 小林ひかる,山下陽平,小林慧,芦谷竜矢,高橋孝悦,第62回日本木材学会大会研究発表要旨集,CD-ROM M15-P-PM19 (2012)
29) SS. Cheng *et al., Chemistry and biodiversity*, **9**, pp. 352-358 (2012)
30) 松永恒司,高橋孝悦,溝口晴彦,日本醸造協会誌,**103** (10), pp. 779-785 (2008)

第8章 テルペンの機能（動物・ヒトへの効果）

光永　徹[*1], 松原恵理[*2]

1　はじめに

　植物は古来より，木材，燃料，紙，飲料，食品，煎じ薬，防腐剤，殺虫剤など，人々の社会生活に密接に関わっていることは周知の事実である。植物の香り成分もその一つであり，古代エジプトのミイラの製造に欠かせない没薬や聖徳太子が好んだ香木など神事や神聖な時と場所において不可欠なものであるばかりでなく，伝統的な精神疾患の治療薬[1]として世界の各地域で育まれ今なお発展し続けている。

　現在ではハーブや果実から抽出した精油を嗅いだり，浴槽に入れたり，体に塗ったりすることで，リラクゼーションやストレスケア，美容，健康維持，疲労回復さらには疾病予防などアロマテラピーとして馴染み深い。その具体的な効能を挙げると，ラベンダー油は鎮静・鎮痛効果，ペパーミントは胃腸機能改善・収斂効果，ローズ油はホルモン調節効果があるとされている[2]。これらの効能は，体温，血圧，保水性などの体内環境恒常性を自動的に制御している自律神経系に作用して働くと考えられている。またグレープフルーツの主要成分であるリモネンの吸入が，麻酔下ラットにおいて視床下部を介して褐色脂肪組織の交感神経を活性化し，脂肪のエネルギーを熱として発散するため，肥満抑制効果につながると報告している[3〜5]。このように，様々な植物テルペンに関する研究・探索が行われているが，それらの対象は主に果皮，果実，葉，花由来の精油に関するものが多い。一方，豊富なバイオマスを持つ高等植物の樹木およびその加工材料の木材に関しては，建築用材やパルプ用材などへの利用は確立されているものの，その精油の利用に関する実用化研究は多くない。しかしながら，近年の森林浴概念の定着とともに，木材の揮発成分が生体に及ぼす影響など，様々な実証的研究も散見されるようになってきた[6,7]。

　本章では，シロアリや木材腐朽菌に対して高い耐腐朽性を有する豪州ヒノキ（ホワイトサイプレス）材と日本を代表する造林木であるスギ材を例に挙げ，木材の香気成分が動物やヒトの生理・心理に与える影響について述べる。

[*1] Tohru Mitsunaga　岐阜大学　応用生物科学部　天然物利用化学研究室　教授
[*2] Eri Matsubara　森林総合研究所　複合材料研究領域　主任研究員

第8章　テルペンの機能（動物・ヒトへの効果）

2　ホワイトサイプレス材精油（CEO）の吸入によるマウスの肥満抑制効果

2.1　脂質代謝に与える影響

　サイプレス材チップから水蒸気蒸留によって精油を得た。精油を界面活性剤と共にイオン水に加え，0.1％濃度の精油エマルジョンを調製した。精油エマルジョンはガラス製容器に入れ，エヤーポンプでバブリングし，ヘッドスペースガスを飼育ゲージに送った。餌は基礎飼料（コントロール群）に対し豚脂20％含む高脂肪食（高脂肪食群）とし，25℃で6週間飼育した後，血清の全コレステロール（TC），トリグリセライド（TG）を定量した。その結果6週間後のマウスの体重増加は，高脂肪食群がもっとも大きく精油群はそれより有意に少なかった。これは精巣周辺の白色脂肪組織重量の減少を伴った結果と考えられる。飼育期間を通して摂餌量にはほとんど差はなかったため，精油を嗅ぐことによる摂食障害はないと判断した。血清および肝臓中のTG量は図1に示すように，精油群は高脂肪食を与えているにもかかわらずTGが有意に減少していることが判る。加えて，肝臓の色が高脂肪食群は脂肪肝と判断されるほどかなり白色化したのに対し，精油群ではコントロール群とほぼ同様な赤みを呈していた。

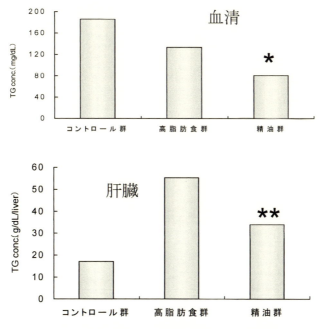

図1　サイプレス材精油を吸入したマウスの血清および肝臓中のTG量
n＝6，$^*p<0.05\ vs$　コントロール群（基本飼料），$^{**}p<0.05\ vs$　高脂肪食群

2.2 CEO 分画物の脂質代謝に及ぼす影響

固相マイクロ抽出法により吸着した CEO 揮発成分の GC-MS 分析結果と主要化合物の構造を図 2 に示す。主要化合物として揮発性の高いモノテルペンである (-)-シトロネル酸, セスキテルペンアルコールのグアイオール, α-, β-, γ-オイデスモールおよび比較的揮発性の低いジヒドロコルメラリン, コルメラリンなどの含酸素セスキテルペンを含む事がわかる。

酸・塩基による液-液分配で, 酸性画分に (-)-シトロネル酸 (CA 画分) を 90% 以上の純度で, 中性・フェノール性画分はシリカゲルカラムにより, グアイオール, α-, β-, γ-オイデスモール共存画分 (GE 画分) をそれぞれ得た。また, グアイオール (G 画分) は CEO から結晶化によって直接得た。これらの各分画成分を用いて 2.1 項と同様な実験を行った。予備飼育一週間後に香りを嗅がせ, 52 日間飼育した。飼育終了後に摘出した肝臓を写真 1 に示す。高脂肪食群 (HFD) ではかなり白色化し, CA 画分もほぼ同様な白色化を示した。一方, GE 画分と G 画分では白色化は認められず, 特に GE 画分は標準食を与えたコントロールの肝臓色と遜色なかった。また GE 群では他の群に比べ有意に肝臓中の TG 量が減少した。血中での TG 量も同様の傾向を示したことをあわせて考察すると, CEO の揮発成分を吸入することで, 食餌から得られる脂肪が分解され, その結果血中や肝臓中での中性脂肪が減少し, 体重増加や脂肪組織の増加を抑制することが示された。さらに脂肪を合成し血中に運搬する肝機能を正常に働かせる役割を演じていると推測される。特に CEO に含まれるグアイオールおよびオイデスモールにその効果が期待される。

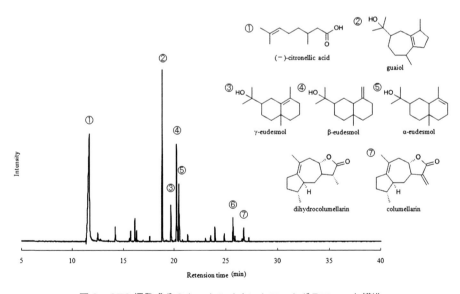

図 2 CEO 揮発成分のトータルイオンクロマトグラフィーと構造

第8章 テルペンの機能（動物・ヒトへの効果）

　　　HFD 群　　　CA 群　　　GE 群　　　G 群

　　写真1　CEO 文画成分を吸入したマウスの肝臓
　　　　　HFD：高脂肪食群
　　　　　 CA：シトロネル酸画分
　　　　　 GE：グアイオールとオイデスモール共存画分
　　　　　　G：グアイオール画分

3　CEO を吸入した麻酔下ラットの交感神経活動

3.1　CEO の吸入が交感神経活動におよぼす影響

　上述の飼育実験で，脂肪組織中の脂肪分解を推定したが，脂肪分解は交感神経の活動が亢進することで活発になることが要因の一つである。特に褐色脂肪組織での脂肪分解は熱産生を伴うことが指摘されている。香りによる脂肪分解は，視床下部腹内側核→交感神経→ノルアドレナリン→β受容体→脂肪分解という流れによって，褐色脂肪細胞ミトコンドリアの脱共役タンパク質UCP1（uncoupling protein 1）が活性化されて起こると報告されている[8〜10]。このような予測を元に，CEO およびその分画物を吸入したラットの交感神経活動を測定した。

　12 週齢のオス Wistar ラット（体重 260〜280g）を温度 25℃，12 時間のライトサイクル（7：30〜19：30）で，標準飼料及び水は自由摂取として一週間飼育した後，腹腔内投与によるウレタン麻酔（1000 mg ウレタン溶液／kg 体重）を行った。ウレタン麻酔下ラットの肩甲骨の周辺を切開後，ズーム式実体顕微鏡を使用し，褐色脂肪組織に入る4本の交感神経の束を探した。束になった4本の神経を褐色脂肪組織からマイクロ剪刀で切断した。時計ピンセットで4本の交感神経の束を1本ずつに剥離し，その1本を2本の銀線電極にかけ，電極をマニュピレーターに固定した（写真2）。電極は，ラットの体に触れないように設置し，絶縁するために切開部にパラフィン−ワセリン混合液で満たした。

　褐色脂肪組織の交感神経活動（BSNA）測定は，得られた神経活動を高感度生体電位増幅器で増幅し，オシロスコープでモニタリングした。神経活動は増幅器を通じて Power Lab システムでデータをコンピューターに収録し，データは解析システム（MLS062 Spike Histrogram Module, AD Instruments）でスパイクヒストグラムとして得た。その概略図を図3に示した。

　匂い刺激試料を水で懸濁し，CEO は 10 倍希釈溶液，CA，GE 画分，G は 100 倍希釈溶液に調製した。深さ 5.5 cm，底面直径 4 cm の紙コップの底に敷いたキムワイプに希釈溶液 1ml を滴下して湿らせ，紙コップをラットの鼻に近づけ匂い刺激を 10 分間行い，交感神経活動を測定した。

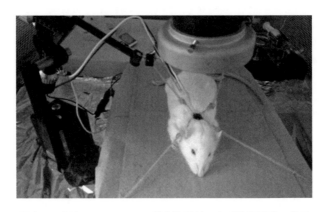

写真2　麻酔下ラットによる褐色脂肪枝の交感神経活動の様子

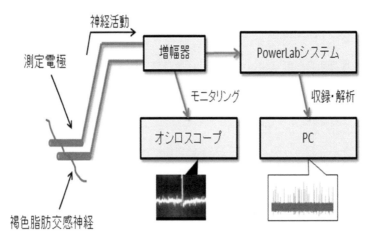

図3　生体電位測定による交感神経活動測定の概略図

コントロールは水を滴下して行った。

　コントロール溶液を吸入させた場合，刺激前と刺激後のラットの交感神経活動を表すスパイクの頻度はほとんど変わらなかった。また5分間のトータルスパイク数の経時変化において，BSNA値が80～120％を推移し，生体実験のコントロールとしてふさわしいものと考えた。以上の結果より，コントロール溶液ではラットの交感神経活動に変化は見られず，紙コップで刺激を行うことによる交感神経活動への影響はないものと判断した。

　一方，CEOの10倍希釈溶液を吸入させた場合の交感神経活動を図4にスパイクヒストグラムで示した。刺激前と比較し刺激後では，スパイクの頻度が明らかに増加していると判断できる。またBSNAの経時変化をグラフにし，図5に示した。黒いバーは匂い刺激を与えている時間を示す。匂い刺激後はスパイク頻度が急激に増加し，最大時には刺激前の8倍に達した。コントロールの水蒸気を吸入した場合と比較するとスパイク頻度に有意な差がみられた。以上の結果よ

第8章 テルペンの機能(動物・ヒトへの効果)

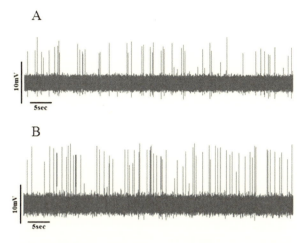

図4 麻酔下ラットのCEOにおい刺激前(A),後(B)における交感神経活動のヒストグラム

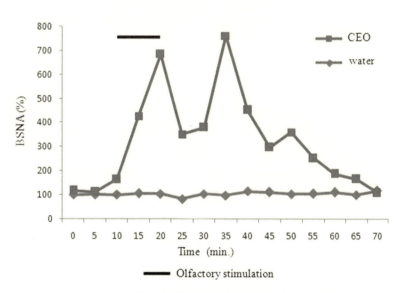

図5 CEO匂い刺激による褐色脂肪枝の交感神経活動の経時変化

り,CEOの匂い刺激はラットの褐色脂肪組織の交感神経活動を促進することが示された。

3.2 交感神経活動を高めるCEO成分

CA,GE,Gそれぞれの100倍希釈溶液を吸入させた場合,CAは刺激前と刺激後でスパイクの頻度はほとんど変わらなかったため,CAの匂い刺激はラットの褐色脂肪組織の交感神経活動に影響を及ぼさないことが示された。

GE 画分の 100 倍希釈溶液を吸入させた場合では，刺激前後でスパイクの頻度が明らかに増加し，最も高いときでコントロールの約 3.5 倍に神経活動が増加した。よって，GE 画分の匂い刺激はラットの褐色脂肪組織の交感神経活動を促進することが示された。G の 100 倍希釈溶液を吸入させた場合の交感神経活動は，どちらの刺激も刺激前後でスパイクの頻度が明らかに増加し，交感神経活動を活性化した。しかしながら，GE 画分ほどの増加は認められず，単独の刺激成分になるとその効果が低下すると予想した。

　以上示した匂い刺激の結果，CEO，GE 画分，G は交感神経活動を促進し，一方 CA は交感神経活動に影響を及ぼさなかった。このことより，CEO の交感神経活動の促進は，グアイオール，β-オイデスモールに主に起因することが示唆された。

4　スギ材精油を吸入した麻酔下ラットの自立神経活動

4.1　スギ材精油成分の GC-MS 分析結果

　水蒸気蒸留により北山スギ材チップ 6514 g から収率 0.86％でスギ材精油を得た。その GC-MS 分析結果，δ-カジネン，α-ムロレン，cis-カラメネン，1,10-クベノールの 4 成分が全精油成分の約 2/3 を占めた。

4.2　スギ材精油吸入による自律神経活動の挙動

　CEO の吸入実験と同様に交感神経活動（BAT-SNA）を測定した。その結果図 6（A）に示したように，BAT-SNA は嗅覚刺激開始 40 分ぐらいから急激に減少し，約 2 時間減少傾向が観察された。一方，胃枝迷走神経である副交感神経（GVNA）活動の結果を図 6（B）に示したが，嗅覚刺激直後から大幅に増加し，刺激終了後は徐々に減少したが，刺激 1 時間後にはまた急激な増加を示した。一般的に，交感-副交感神経の活動は相反するものであり，一方が上がると他方が下がる傾向にある。スギ材精油の香気成分は CEO とはまったく逆で，交感神経活動を抑制し

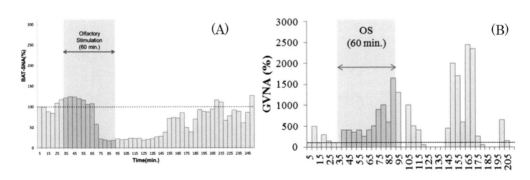

図 6　スギ材精油を吸入したラットの交感神経活動（A）と副交感神経活動（B）の経時変化
　　　OS：嗅覚刺激

第8章 テルペンの機能（動物・ヒトへの効果）

副交感神経活動を活性化することが示された。副交感神経はリラックスした状態で優位に働くと言われており，胃腸の働きなども活発になることが指摘されている。

5 スギ材内装施工空間におけるヒトの生理心理応答

5.1 供試材料と実験空間

供試材料として，低温で乾燥させた約40年生スギ（*Cryptomeria japonica*）を用いた。スギ材の板目面に繊維直行方向に多数の溝（スリット）[11]を等間隔に切削加工して木口面を露出させた内装パネル（950×950 mm×4枚，950×730 mm×3枚）を作製し，供試空間内壁に施工した。同規格の隣室をスギ材無施工の対照とした。

5.2 実験空間におけるテルペン類の分析と推移

スギ材内装パネル由来のテルペン類の捕集は，溶媒抽出用捕集管と携帯型空気吸引ポンプを用いたアクティブサンプリング法で行った。空気吸引ポンプに捕集管をチューブで連結して，供試空間内中央部の床から約1.2 mの位置に設置した。捕集速度を0.1 L/minとして24時間捕集した。捕集はスギ材施工から2週目および6週目（生理・心理応答実験期間中）に行った。分析試料は捕集剤よりアセトンで溶脱し，GC-MS（ガスクロマトグラフ質量分析計）分析に供した。成分推定には標品とライブラリを用い，内部標準物質とのピーク面積比を用いて濃度を算出した。図7にスギ材内装パネル施工から2週目と6週目におけるテルペン類の濃度を示した。総濃

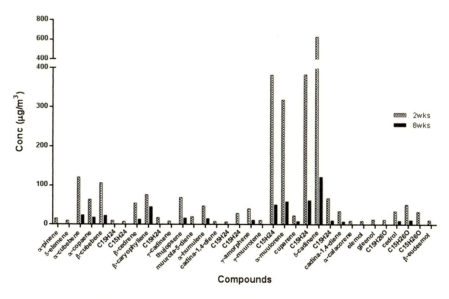

図7 テルペン類濃度の推移スギ材内装施工から2週目と6週目に検出したテルペン類濃度
斜線棒：2週目，黒棒：6週目

度は施工から2週目で2744.3μg/m³であり，6週目（生理・心理応答実験期間中）で498.8μg/m³であった。材由来の成分としてδ-カジネンを主成分としたセスキテルペン類が大半を占め，6週目では2週目と比較して半数が検出限界以下であった。実験空間に放散しているテルペン類に関して，施工2週目と6週目で捕集し，分析に供した。総濃度を施工2週目と比較すると，6週目では約80％程度減少しており，2週目で検出された成分のうち半数が6週目では検出限界以下であった。成分組成は，主成分のδ-カジネンのほか，セスキテルペン類が多くを占めており，既往の報告[12~14]とほぼ同様の結果であった。また6週目において，対照室（同規格の隣室，スギ材無施工）ではスギ材由来成分が未検出であることを確認した。内装材由来の揮発性成分に関する研究は報告[15~17]されているが，本研究のように，セスキテルペン類を対象物質とした研究は少ない。本研究において，施工から1ヶ月半で総濃度が大きく変化し，このことから，今後はより長期的な変化を追跡する必要があると考えられる。

5.3 生理応答指標の計測と評価

被験者は，健康な男子大学生・大学院生16名（21歳～28歳）とした。実験は，京都大学農学研究科実験倫理小委員会の承認を得て行った。各被験者に対して，スギ材室と対照室で各一回ずつ，以下の手順で実験した。前室にて，実験者が被験者の唾液を採取し，心電図計測用の電極を装着した。被験者が実験室に入室後，被験者に対して15分間の計算作業（内田・クレペリン精神検査（㈱日本・精神技術研究所））を実施した。15分の作業直後に唾液を採取し，5分の休憩を経た後，再度15分間の計算作業を実施した。全作業が終了した後，被験者は退室し，前室にて実験者が被験者の唾液を採取，心電図計測用電極を脱着することで，実験を終了した。心電図は，メモリー心拍計（LRR-03，アームエレクトロニクス㈱）を用いて測定し，心拍変動解析を実施した。心拍変動の周波数解析は，0.04～0.15 Hzまでを低周波成分（Low Frequency：LF），0.15～0.4 Hzを高周波成分（High Frequency：HF）と定義し，HFを副交感神経の指標，LF/HFを交感神経の指標として評価した。また，唾液中バイオマーカー数種類を選抜し，実験前・中・後の変動を分析した。検査キットを用いて，クロモグラニンA（CgA），コルチゾール，デヒドロエピアンドロステロン（DHEA），硫酸基抱合型デヒドロエピアンドロステロン（DHEA-s），分泌型免疫グロブリンA（sIgA）を分析した。唾液中アミラーゼ活性は唾液アミラーゼモニターを用いて測定した。

本研究では，スギ材施工と無施工の実験室で，計算作業前と作業後の生理的な応答と心理的な応答を比較した。その結果，スギ材室では作業中の交感神経系活動の低下が認められ，また図8と図9から作業後のアミラーゼ活性の低下とクロモグラニンAの分泌量増大の抑制が認められた[18]。クロモグラニンAは唾液中アミラーゼ活性とともに，交感神経系の活動を示すマーカーとして注目されている[19,20]。すなわち，本研究結果より，スギ材由来のテルペン類を吸入することにより，精神的なストレスがかかる作業環境下においても，交感神経系活動が抑制されることが示唆された。

第8章 テルペンの機能(動物・ヒトへの効果)

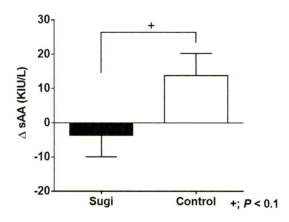

図8 唾液中アミラーゼ活性の変化量
黒棒:スギ材室,白棒:対照室

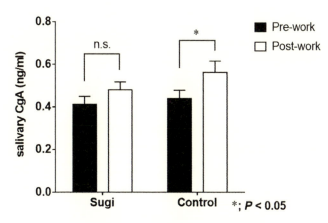

図9 唾液中クロモグラニンA分泌量の変化
黒棒:作業前,白棒:作業後

5.4 心理応答の評価

　心理学的な応答を測るための質問票はSD(Semantic Differential)法を用いて自作し,VAS(Visual Analogue Scale)法により解析した。質問票の評価語は以下の通り:集中できない-集中できる,嫌い-好き,暖かい-冷たい,快適でない-快適な,落ち着かない-落ち着く,人工的な-自然な,居心地の良い-居心地の悪い,悪い香りの-良い香りの(部屋の印象評価),難しい-容易い,疲れない-疲れる(作業に対する評価)。各評価語に対して得点化を行い,結果を図10に示した。スギ材室は被験者にとって心地良い印象をもたらすことを示唆した。また,快適さや落ち着き,居心地の良さといった評価語でも,統計的な差がみとめられなかったが,いずれもスギ材室の得点のほうが高かった[18]。これらの結果から,本研究で用いたスギ材内装パネル施工室のテルペン類および濃度は,ヒトに対して有効であることが推察された。

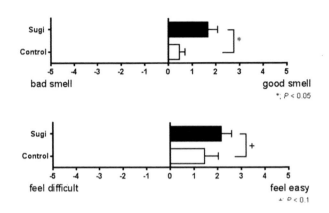

図10 主観評価
黒棒：スギ材室，白棒：対照室

4 おわりに

　欧米から広まったアロマテラピーは，ハーブや果実から抽出した精油を嗅いだり，浴槽に入れたり，体に塗ったりすることでストレスを解消し，健康を促進するといわれている。しかしながら香気成分の薬効性に関してはアンケート調査などをもとにした感性に頼った研究が先行しており，科学的証明がされているものは多くない。最近，グレープフルーツやラズベリーの香りによる体脂肪分解や交換・副交感神経活動の制御に関する基礎研究およびスリミング剤の開発などが行われている。一方，スギやヒノキなどの針葉樹材は深い香気性を持ち，森林浴に代表されるようなリラクゼーション効果を有すると言われているが，それを実証する科学的なエビデンスに乏しいのが現状である。そこで本研究では，大量の精油バイオマスを得ることのできる木材に関して，香り成分の生理・心理応答について動物やヒトを用いて検討し，一考察を得ることに興味を抱いた。

　マウスを用いた飼育実験により，ホワイトサイプレス材精油の吸入が肥満因子の一つである中性脂肪を効果的に減少し，体重や白色脂肪組織の重量に顕著な影響を及ぼした。その中心成分はグアイオールとオイデスモールであることを明らかにした。また麻酔下ラットによる褐色脂肪組織の交感神経活動を測定したところ，グアイオールとオイデスモールが活動を亢進し，飼育実験の肥満抑制効果を説明することができた。また，本研究で明らかになったラット褐色脂肪組織の交感神経活動促進は肥満抑制メカニズムを解明する一つの側面であったが，今後は血中のカテコールアミン類の定量，グリセロール・遊離脂肪酸の定量を行い，褐色脂肪組織で中性脂肪が分解されていることの確認，さらにはメタボロミクスなどの網羅的解析を行い，香りを吸入する事による詳細な脂質代謝のメカニズムを明確にすることで，肥満抑制メカニズムの全体像を明らかにしたい。

　スギは我が国を代表する主要な造林樹種であり，国土の森林面積のうち約2割を占めるほど豊

第8章 テルペンの機能（動物・ヒトへの効果）

富なバイオマス資源である。材質としては割裂性がよく角材から板材まで作ることができることから，建築資材として利用価値が高い。一方で，その栽培面積に比して，間伐材や製材時に出る鋸屑や端材，あるいは豪雨や災害などによって倒れ資材として利用できなくなった廃棄材も多い。特に，林地に放置されている材に関しては集積度が低いことから，有効な利用が図られていないのが現状である。近年，天然資源の有効利用の観点から，建築資材として用いることの出来ない間伐材や端材などを用いた精油採取が積極的に行われている。スギは材部，葉部ともに多くのテルペン類を含み，得られた精油はスギ独特の爽やかな香りを有しており，生理活性として殺蟻活性や抗菌活性などが知られている。しかし，現段階では回収した精油の費用対効果に見合う利用法が少なく，多くの精油製造所では販路の開拓・拡大に苦慮を強いられている状況である。本研究ではスギ材の有効活用を目指す上で，特徴の一つである香りに着目した。スギ材から採取した精油がヒトに心理的な安らぎや生理的なリラックス効果をもたらすことは既に報告されている[7〜9]。しかし，木質内装化した実大空間において，香りがヒトの心や身体にどのような影響を与えるかについて検討した研究報告は多くない。また，香りの構成成分は多いが，ヒトに対する有効成分はほとんど明らかにされていない。本研究では，スギ材を用いた木質内装空間におけるヒトの生理・心理応答解析，およびスギ材の香りに含まれる有効成分分析，さらにはスギ材精油を吸入した麻酔下ラットの自律神経活動測定を通して，スギ材の香気成分が人や動物に与える生理・心理効果を科学的に検証する事ができた。

最近，世界規模で肥満は急激な速度で増加し，関心の高い健康問題となっている。日本においても食事生活スタイルの欧米化により，肥満が急増している。肥満はそれ自身が体に大きく負担をかけるだけでなく，高血圧や糖尿病など生活習慣病のリスク要因としても注目されてきた。また食品や化粧品などには従来より多くの「香り成分」が香料として使用されている。これら香り成分に関しては「匂い」による心理的効果や生理的効果について，多くの研究がなされており，科学的な検証が繰り返されてきている。しかしながら，香り成分の直接的な（例えば経口投与後や経皮投与後など）生理活性作用に関しては，その研究例は少なく，未開拓の分野であるといえる。今回報告したように，木の香りを吸入することで肥満を抑制したり，リラクゼーションし集中力が高まるといった，生理・心理応答に直接影響することを科学的に証明できたことは幸いであった。

日本は近い将来，高齢化社会を迎えることは必至であり，認知症や生活習慣病などに代表される老人性疾病にどのように対処していくかが問題になるであろう。これらの問題に対処する一つの光明は，香り高い木のある生活を取り戻すことにほかならないと考える。その意味でも今後は，長期にわたる臨床実験やさらなる科学的エビデンスの提出が必要であろう。

文　　献

1) 山本芳邦, 香りの薬効とその秘密, 丸善出版, 東京, pp99 (2003)
2) 永井克也, 香りと環境, フレグランスジャーナル社, pp115 (2003)
3) 永井克也, 肥満研究, 11 (2), 92 (2005)
4) Niijima A., and Nagai K., *Exp. Biol. Med.*, 228, 1190 (2003)
5) Shen J., Nijima A., Tanida M., *et al.*, *Neurosci. Let.*, 380, 289 (2005)
6) 松原恵理ほか, *Aroma Res.* 10, 211-216 (2009)
7) 光永徹ほか, *Aroma Res.*, 9, 102-106 (2008)
8) 岩井和夫, トウガラシ, 幸書房, 東京, pp148 (2000)
9) 猪熊健一ほか, 肥満研究, 11 (2), 74 (2005)
10) 東原和成, 香りを感知する嗅覚のメカニズム, 八十一出版, pp30 (2007)
11) 川井秀一ほか, クリーンテクノロジー, 20 (7), 18 (2010)
12) 木村彰孝ほか, *Aroma Res.*, 38, 62 (2009)
13) Cheng S-S. *et al.*, *J. Agric. Food Chem.* 53, 614 (2005)
14) Ohira T. *et al.*, *J, Wood Sci.*, 55, 144 (2009)
15) 吉田弥明ほか, 木材学会誌, 50 (3), 168 (2004)
16) 呂俊民ほか, 保存科学, 50, 91 (2011)
17) Son Y-S. *et al.*, *Air Qual. Atmos. Health*, 6, 737 (2013)
18) Matsubara E. *et al.*, *Build. Environ.*, 72, 125 (2014)
19) 山口昌樹, 日薬理学雑誌, 129, 80 (2007)
20) 田中喜秀ほか, 日薬理学雑誌, 137, 185 (2011)

第9章　テルペン類の消臭活性

大平辰朗*

1　はじめに

　1日の内，住宅，オフィス，移動中の車内等で過ごす時間が多い現代人にとって，室内の空気質問題は極めて重要な問題である。空気は毎日の生活にとって欠かすことのできない極めて重要なものであり，1日24時間絶え間なく呼吸をし，空気を取り込んでいる。人が24時間に呼吸として体内に取り入れている空気の量は約20 m^3 で，重さにすると約24 kgに相当すると言われている。一方で1日に必要とする水の量は，個人差はあるが，約2 L，重さにすると2 kgに相当する。したがって，空気は水に比べて，体積で1万倍，重さで10倍量摂取しており，空気の質は極めて重要な問題なのである[1]。問題になっている有害物質には，指針値（厚生労働省が定めるもの）が定められているものもあり，その濃度は数ppm程度と極めて微量であるが，日常生活を通して曝露（経皮，吸入，経口曝露）され続けていると，物質の存在量が微量であっても，上記のように空気の摂取量全体を考慮した場合，健康影響が懸念される[2]。生活活動に伴って発生する臭気には体臭，たばこ臭，生ごみ臭，調理臭，排泄物臭，建材臭等がある他，住宅資材から放散する揮発性有機化合物（VOC）が様々な疾病を引き起こす原因になっている。「臭い」を有する化学種は約40万種以上あると言われており，ほとんどの物質には「臭い」があることになる。臭いの一つである悪臭は「公害対策基本法」において公害と認定され，さらに悪臭防止法で制定され，窒素化合物，硫化物，アルデヒド類及び脂肪酸類等の悪臭22物質が規制の対象となっている。建材等から発生するホルムアルデヒド，タバコの悪臭成分である硫化水素を主成分とする硫黄系，人間や動物からの排泄物からはアンモニアを主成分とする窒素系等悪臭は多種にわたる。この多種にわたる複合臭に対しては，様々な消臭剤が開発されている。消臭剤の種類としては物理的な吸着現象を利用した活性炭等があるが，飽和状態になると効果が低くなり，交換等が必要になる，また，オゾンによる方法等もあるが安全面やコスト面で問題があり，他の方法に代替される傾向にある。そのような中，安全性を重視する風潮から最近注目されているのが植物系抽出物である。これまで優れた消臭活性を示す植物系抽出物が数多く見出されているが，揮発性に富み，消臭効果の高いテルペン類に本稿では焦点をあて，その概略を紹介する。

---

　*　Tatsuro Ohira　森林総合研究所　森林資源化学研究領域　樹木抽出成分研究室　室長

2 消臭方法[3,4]

一般的な消臭方法は以下に示す4種類に分類されている。
1) 感覚的消臭（マスキング，相殺）
2) 化学反応的消臭（中和，縮合，付加，酸化等）
3) 物理的消臭（吸着等）
4) 生物的消臭（酵素反応，微生物分解，殺菌等）

消・脱臭機構としては，その過程により①マスキング，相殺，変調効果（臭気物質よりも強い香り物質を加えることで臭気を隠蔽（マスキング）すること，臭気物質と香り物質を混合することでどちらのにおいも感覚的に打ち消される（相殺）すること，臭気物質と香り物質を混合することで全体の香りが変調する），②化学的な反応・物理的吸収効果（臭気物質と化学的に反応させること（アルカリ性物質の中和に利用される酸類，縮合型にはホルムアルデヒドやグルタルアルデヒド等が，付加型としては共役2重結合をもつメタクリル酸エステル，マレイン酸エステル等））（図1，2参照）[4]，③臭気物質を物理的に吸収あるいは活性炭などに吸着すること，④抗菌性物質の添加効果（抗菌性物質の添加により，細菌類による悪臭物質を生成する過程を制御する

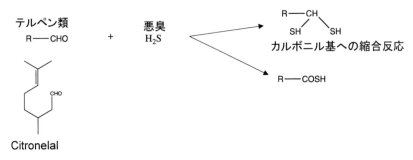

図1　化学反応を伴うテルペン類の消臭機構1 [4]

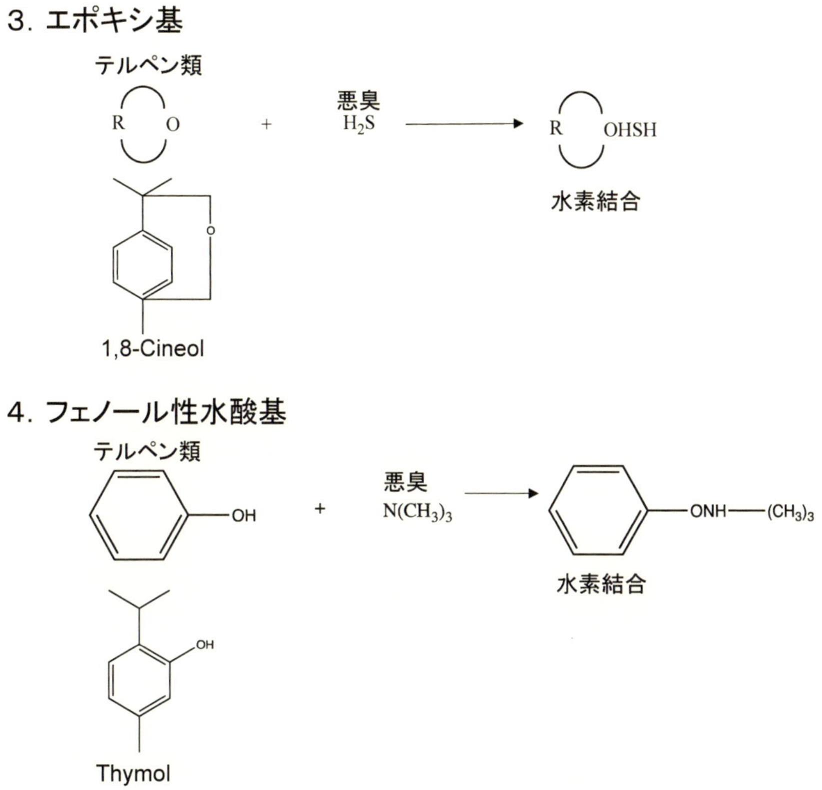

第9章 テルペン類の消臭活性

3. エポキシ基

1,8-Cineol

4. フェノール性水酸基

Thymol

図2 化学反応を伴うテルペン類の消臭機構2[4)]

もの）に大別される。この内，テルペン類の主な機構と考えられる消臭機構は，A. 臭気物質が液体の香り物質に溶解，吸収，B. 臭気物質が液体あるいは気体の香り物質と化学的に反応し，反応生成物，付加物，中間生成物を生成，C. 酸素や酸化物，光等の作用により臭気物質が酸化，縮合等，D. 固体表面等での分子間力による吸着等，が考えられる。

3 植物系テルペン類（精油成分）の消臭・脱臭活性

特定の悪臭排出口のないもの，各種の脱臭装置による処理後に残る残香，建物内外の雰囲気臭のように低濃度でかつ多量の臭気において有効な処理法がなく，ほとんどが野放し状態であるもの等は慢性的な悪臭苦情の要因である。このような環境において有効な手段が植物系のテルペン類の利用である。一般的にテルペン類と悪臭物質との作用機能は，感覚的中和（相殺）効果，物理・化学的な吸収，化学反応による除去効果，精油の有する芳香による臭気のマスキングが考えられ，実際はこれらが複合的に作用することが明らかにされている。

3.1 樹木精油の消臭作用

60 ppm のアンモニアに対しては,ヒノキ葉油,トドマツ葉油,ヒバ材油が90%以上の脱臭率を示し,二酸化硫黄に対しては5%の濃度の精油(ヒノキ葉油,トドマツ葉油)でも100%の脱臭率を示すことが明らかにされている。しかしながら,各精油5%の濃度では,二酸化窒素に対して 40-50%,酢酸に対しては 20%以下の脱臭率しかないことも報告されている[5]。

3.2 硫黄系物質に対する精油成分の効果[6]

検討された例を表1に示した。硫化水素,メチルメルカプタン等の硫黄系物質に対して効果的な精油は,吸収効果,中和効果を発揮する。硫化水素に対して優れた中和効果を示すものはアビエス精油,ライム精油,ラベンダー精油,オリガナム精油,ペパーミント精油,ベチバー精油,シトロネラ精油であり,ベチバー精油は吸収効果も優れていた。メチルメルカプタンに対して優れた中和効果を示したものは,ペパーミント精油,スイートオレンジ精油であり,ナツメグ精油は吸収効果に優れていた。精油成分の硫黄系物質に対する消臭(反応)機構については,解明されている例は多くない。桂皮アルデヒドは硫化水素やメチルメルカプタンとの反応で,チオ桂皮

表1 硫黄系物質に対する精油成分の消臭効果

精油	主要物質	硫化水素		メチルメルカプタン	
		中和効果	吸収効果	中和効果	吸収効果
アビエス油	Bornyl acetate, Camphene, Santene, 他	◎			○
ライム油	α-Pinene, β-Pinene, Limonene, 他	◎			○
ラベンダー油	Linalyl acetate, Linalol, Comphor, 他	◎			○
オリガナム油	α-Pinene, α-Thujene, Camphene, 他	◎	○		○
ペパーミント油	Mnnthol, Menthone, 1,8-Cineole, 他	◎		◎	○
ベチバー油	Khusimol, Vetiselineol, Vetiverol, 他	◎	◎	○	
シトロネラ油	Citronellal, Limonene, Geranyl acetate, 他	◎			○
ヒノキ油(葉)	α-aterpinyl acetate, Sabinene, Teroinen-4-ol, 他	○			
ナツメグ油	α-Pinene, β-Pinene, Sabinene, 他	○		○	◎
スイートオレンジ油	Valencene, Citral, Linalool, 他	○		◎	
ラバンジン油	Camphor, Linalool oxide, 1,8-Cineole 他	○	○		○

◎:優れた消臭効果を示す精油, ○:消臭効果が認められる精油

第9章 テルペン類の消臭活性

酸が生成すること,硫化メチルと二硫化メチルとの反応ではチオ桂皮酸メチルが生成することが明らかにされている。酸素の関与する過程と酸素の関与しない過程が存在しており,前者では,酸素の酸化作用で精油成分から生じたペルオキシ遊離基が硫黄系分子と反応して新たに遊離基RSを生じ,これが精油成分の分子と反応して最終生成物を生成すると考えられている。一方,後者では,精油成分から生じたベンゾイル遊離基,またはシンナム遊離基が硫黄系分子と反応して遊離基RSが生じ,これが精油成分の分子と反応して最終生成物になると考えられている。また硫黄系物質の藩王吸収は酸素が存在すると速やかであり,ベンゾイル遊離基やシンナム遊離基よりもペルオキシ遊離基の方が硫黄系分子と反応しやすいことによるものと考えられている[7]。

3.3 窒素系物質に対する精油成分の効果[8]

検討された例を表2に示す。トリメチルアミン,メチルアミン,アンモニア等の窒素系物質に対して効果的な精油は,吸収・除去効果等を発揮する。トリメチルアミンに対して優れた消臭効果を示したものは(吸収量mg/1 mLの精油),シナモン精油(9.75 mg/mL),シトロネラ精油(6.87 mg/mL),ラバンジン精油(6.87 mg/mL),ペーパーミント精油(6.49 mg/mL),ベルガモット精油(6.14 mg/mL),ベチバー精油(6.14 mg/mL)であり,メチルアミンに対して優れた消臭効果を示したものは(吸収量mg/1 mLの精油),シナモン精油(29.18 mg/mL),シトロネラ精油(29.41 mg/mL),カシア精油(30.03 mg/mL),ベチバー精油(27.83 mg/mL)であった。アンモニアに対して優れた消臭効果を示したものはカシア精油(36.09 mg/mL),シトロネラ精油(15.52 mg/mL),ベチバー精油(9.26 mg/mL)であることが見出されている。

3.4 精油成分による悪臭物質の感覚的消臭効果の生理的及び主観評価

消臭法の一種である感覚的消臭効果について,その消臭原理を解明することを目的とした人の

表2 窒素系物質に対する精油成分の消臭効果

精油	主要物質	トリメチルアミン	メチルアミン	アンモニア
シナモン油(bark)	Cinnamaldehyde, Eugenol, Caryophyllene, 他	◎	◎	
シトロネラ油	Citronellal, Limonene, Geranyl acetate, 他	◎	◎	◎
ラバンジン油	Camphor, Linalool oxide, 1,8-Cineole 他	◎		
ペパーミント油	Mnnthol, Menthone, 1,8-Cineole, 他	◎		
ベルガモット油	Linalyl acetate, Linalool, α-Pinene, 他	◎		
カシア油	Cinnamaldehyde, Cinnamyl acetate, Phenylpropyl acetate, 他		◎	◎
ベチバー油	Khusimol, Vetiselineol, Vetiverol, 他	◎	◎	◎

◎:優れた消臭(吸収)効果をを示す精油

感性と関連した研究も行われている。大迫ら[9)]はモノテルペン類（メントン，1,8-シネオール，ゲラニオール，ベンツアルデヒド，イソ酪酸エチル，ペリルアルデヒド）の悪臭物質に対する感覚的消臭効果を，感覚的強度，快・不快度，及び類似度によって客観的に把握し，感覚的中和・相殺効果及びマスキング効果と嗅感覚との関連性について検討したところ，モノテルペン類の一種である1,8-シネオール及びイソ酪酸エチルが感覚的消臭効果を有することが判明した。また，感覚的中和・相殺効果及びマスキング効果の作用機序は，両者とも質の変化による不快性の軽減という点では共通していた。さらに質の卓越性及び調和性と感覚的消臭効果の関連性は，質の調和性の高い硫化水素やメチルアミンが各モノテルペン類にマスキングされやすい傾向が認められた。

　また，同じ感覚的な消臭効果ではあるが，その消臭原理について人の生理的な評価と主観評価を合わせて考察した研究例もある。櫻川ら[10)]は樹木精油成分であるヒバ材油，ヒノキ材油，ユーカリ（*Eucalyptus globules*）葉精油と悪臭成分（アンモニア，インドール，スカトール，イソ吉草酸，カルボニルメルカプタン，ジプロピレングリコールを成分とする糞尿臭）を混合し，各種精油成分と糞尿臭の組み合わせで生じる感覚的な消臭効果について，人の生理面（血圧，脳血流）及び心理面（主観評価）の評価を行った。その結果，主観評価においてユーカリ葉精油は糞尿臭との混合時において有意に不快感を軽減していた。臭気強度に差がなく不快感が軽減されていることから，ユーカリ葉精油には糞尿臭に対する感覚的な中和消臭効果が認められた。また糞尿臭は血圧を有意に上昇させており，交感神経が昂進したストレス状態にあるが，ヒノキ材油，ヒバ材油，ユーカリ葉精油は糞尿臭との混合時に血圧上昇を抑制し，ストレス状態を緩和する効果があった。さらに糞尿臭は脳血流を有意に上昇させていたが，主観的に不快感を抑制していたユーカリ葉精油を混合すると脳血流の上昇が抑制されていた。

　ヒノキ材油，ヒバ材油の場合，主観評価による快不快感と血圧を指標とした生理評価が異なる結果を示しており，このことからこれらの精油は悪臭に対し，主観評価では得られない生理的な改善効果が期待できることを指摘している。

3.5 精油成分による悪臭物質の消臭性分子挙動

　名古屋大学の坂口らは，ヒノキ材精油構成成分の悪臭成分に対する消臭機構について，NMRやラマン分光法を用いて解明している。以前よりヒノキ材油は悪臭成分に対する消臭活性が認められていたが，その機構は未解明であった。ヒノキ材精油構成成分の一種であるα-テルピネオール，α-ピネン等を用いて，「足のにおい」のもとである悪臭成分，"イソ吉草酸"を対象とした場合の分子挙動をNMRを用いて検討したところ，^{1}HNMRシグナルのケミカルシフト変化は，イソ吉草酸との混合によりα-ピネン，α-テルピネオールのシグナルはすべて高磁場側にシフトしていたが，イソ吉草酸のシグナルは低磁場側にシフトする傾向にあるが，α-テルピネオールと混合したイソ吉草酸のカルボン酸の付け根のCH_2水素はごくわずかに高磁場シフトしていることを見出した。このことからα-テルピネオールとイソ吉草酸の相互作用が考えられた。そこで，

第9章 テルペン類の消臭活性

相互作用の解明をより明確に行うためにラマン分光法を適用した。その結果、イソ吉草酸のカルボニル伸縮ピークは、α-テルピネオールとの混合で、高周波数側にシフトしている傾向が見られた。一般的にイソ吉草酸のような有機カルボン酸は2分子で会合状態をとることが知られている。この場合分子間の水素結合によりカルボニルの二重結合性が低下するため、伸縮振動エネルギーは低めになっていたと考えられるが、ここにα-テルピネオール等の水酸基を有する物質が接触すると、安定した2分子会合が切断され、カルボニルの二重結合性が増して振動エネルギーが増加し、ピークが高周波数側にシフトしたのではないかと考えられている。イソ吉草酸にα-テルピネオールを混合した時の官能評価ではイソ吉草酸の臭気が消えていることも確認されており、α-テルピネオールの香りしか感じられなくなっていた。このことからα-テルピネオールは水よりもイソ吉草酸を溶解して取り込む親和性が高く、水のようにイソ吉草酸がガスに戻る平衡反応が少ないと考えられている（図3, 4）[11]。

悪臭等の消臭機構については、不明な点が多く、共存する物質の分子挙動まで含めて解明した例は非常に珍しく、これらの知見は今後の研究の参考になる。

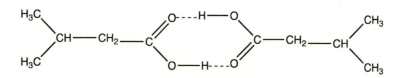

図3　イソ吉草酸の2分子会合状態

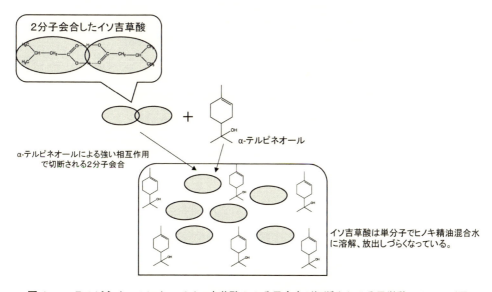

図4　α-テルピネオールによってイソ吉草酸の2分子会合が切断される分子挙動のイメージ図
（文献10)を基に一部改変）

4 環境汚染物質に対する精油成分の効果

4.1 ホルムアルデヒド等に対する精油成分の浄化能

建築材料や家具等で用いられている木質材料は，それらに含まれる化学物質が要因で様々な疾患を引き起こし，問題になっている。そのため様々な対策が取られており，その一部には発生する有害物質を効率的に除去する方法，例えば，光触媒や構成な吸着剤等が開発されている。昨今では環境への配慮を考慮した方法として，自然素材の活用も盛んに研究されている。植物成分としては前述したようにタンニン，フラボノイド等が見出されているが，精油成分（テルペン類）も極めて効果が高いことが判明している。図5は11種類の樹木由来の葉及び材の香り物質（精油）及び代表的なそれらの構成物質によるホルムアルデヒドの除去活性を示したものである。葉の精油と材の精油を比較すると，葉の精油の方が材の精油より除去活性が高い傾向にある。供試した精油の中ではスギ葉油，モミ葉油，トドマツ葉油，ヒノキ葉油の除去率は60％を超えており，特にスギ葉油は供試試料中で最も除去活性が高かった[12]。精油類による物質の除去機能については，不明な点が多いが，マスキング効果の他，精油成分との化学的な反応による捕集効果等が考えられている[13]。

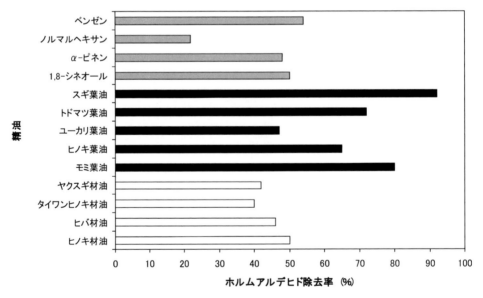

図5　樹木精油及びテルペン類によるホルムアルデヒドの除去活性
除去率(％) = (ブランク濃度 − 精油成分接触後の濃度)／(ブランクの濃度) ×100

第9章 テルペン類の消臭活性

4.2 テルペン類による大気環境汚染物質の浄化

　ヒノキ材由来の精油を用いた新しい試みとしては，ディーゼル排ガスのクリーン化がある。ディーゼル排ガスについては，それらの排気ガス規制が東京，神奈川，千葉，埼玉等の首都圏で2003年10月から実施されたことは記憶に新しいところである。トラック等から排出される排気ガス中の浮遊性粒子状物質（PM）を規制するものであるが，その対策法も多種類あり，新車の場合ではPM排出量の少ないエンジンの開発，現存車では，後付でPM量減少装置等の取り付け等が主なものである。しかし，これらの対策は高価なものが多く，より安価な装置の開発が望まれている。このような背景の中，ヒノキ材油によるPM除去効果が検討され，効果の高さと安価である点から実用化が進んでいる。原理はPM物質にヒノキ材油を水で希釈した液を噴霧すると，PMを覆う粒子の大きな塊になるが，これらをフィルターで除去するものである[14]。この手法は最近では船の排ガス対策としても用いられており，今後もいろいろな分野での応用が期待されている。

5　植物抽出物による悪臭物質の浄化機能

　植物の抽出物にはテルペン類以外にも悪臭物質に対して効果を発揮するものが見出されている。テルペン類の機能性を取り上げる上で参考になるので，それらの一部を以下に示す。緑茶，ドクダミ，ラベンダー，柿の葉等のエタノール抽出物のトリエチルアミンに対する除去効果が検討され，すべてのエタノール抽出物が70～90％の除去効果をもっていることが報告されている[15]。緑茶の除去活性は中和，付加等の他に，ポリフェノールの反応性，即ちフェノール基を有する化合物は多くの錯体化合物を生成する特性があるため，硫化水素，アミン類等と結合しやすく，ポリフェノールの3次元構造の内部に悪臭分子が取り込まれると考えられている。またスパイス，ハーブのメタノール抽出物のメチルメルカプタンに対する除去効果が検討され，セージやローズマリーの成分であるアルノソールやスオウの成分であるブラジリン，紫根の成分であるシコニン等のフェノール性成分が優れた除去効果があることが報告されている[16]。樹木の樹皮に多い縮合型タンニンでは蛋白質吸着作用，重金属吸着作用及び悪臭・有害物質除去作用が見出されている。アンモニア，ホルムアルデヒド，アセトアルデヒドの除去作用については，アンモニアに対してはアカシアタンニンが最も効果的であり，ホルムアルデヒドに対してはカテキンやカラマツタンニンが顕著な除去活性を有することが判明している[17]。針葉樹にはフラボノイドだけでなくタンニン，リグニン，アビエチン酸，ジテルペンフェノール化合物等多くのフェノール性化合物や酸類が含まれており，トリメチルアミン等のアルカリ性物質やメルカプタン類の消臭力がある。

文　　献

1) 池田耕一，室内空気質の改善と快適空間の作り方，"室内空気質の改善技術"，NTS，東京，pp. 3-5 (2010)
2) 小若順一，松原雄一，"暮らしの安全白書"，学陽書房，東京，p. 1 (1992)
3) 西田耕之助，繊維製品消費化学，**29** (9), 359-369 (1988)
4) 川崎通昭，堀内哲嗣郎，嗅覚とにおい物質，臭気対策研究協会（東京），72-99 (2001)
5) 大平辰朗，谷田貝光克ほか，第38回日本木材学会大会要旨集，p. 368 (1988)
6) 西田耕之助，東高志，PPM, **15** (7), 16-20 (1984)
7) 西田耕之助，東高志，PPM, **16** (2), 37-45 (1985)
8) 西田耕之助，東高志，PPM, **17** (6), 34-43 (1986)
9) 大迫政浩，西田耕之助，人間工学，**26** (5), 271-282 (1990)
10) 櫻川智史，日本生理人類学会誌，**11** (3), 93-96 (2006)
11) 野口剛，中川信治，坂口佳充ほか，Nanotechjapan Bulletin, **8** (4), 1-10 (2015)
12) 大平辰朗，谷田貝光克，ホルムアルデヒド類の捕集方法と捕収装置，特許3498133号 (2003)
13) 井本稔，垣内弘，黄慶雲，炭化水素との反応，"ホルムアルデヒド"，朝倉書店，東京，pp. 102-127 (1965)
14) 西沢真裕，河野雅弘ほか，日本化学会講演予稿集，**80**, p. 18 (2001)
15) 河内二郎，宮本幸輝，植物抽出物による消臭作用，フレグランスジャーナル，**65**, 82-85 (1984)
16) 常田文彦，植物抽出物の消臭作用と効果，フレグランスジャーナル，**72**, 59-63 (1985)
17) 大原誠資，タンニンの機能，"樹皮タンニンの多彩な機能と有効利用"，八十一出版，東京，pp. 25-34 (2005)

第 10 章　テルペン類の抗酸化効果

大平辰朗*

1　はじめに

　植物は，光，熱，酸素などの外部環境要因による刺激に常時曝されている。その環境下で植物は各部位を新鮮な状態に保っている。新鮮さを保つ要因として害菌などに対する抗菌性や植物組織に含まれる脂質の腐敗（酸化などによる）を防ぐ抗酸化性などを担う物質が見出されている。これらは植物が長年の進化の過程で携えた自己防衛力（環境適応力）と考えることができる。中世の大航海時代などではアジアからもたらされた胡椒などのスパイス類は食物の鮮度保持に欠かせないものであったが，これはスパイス類に含まれる抗菌性あるいは抗酸化性に優れた物質が要因と言われている。このような事例について，科学的な解明が行われており，植物が作り出す成分の中には強力な抗酸化性物質が数多く含まれていることが種々の研究により明らかになってきている。本稿では数ある抗酸化物質の内，特にテルペン類に焦点をあて，その概要を記すこととする。

2　抗酸化作用のメカニズム

2.1　活性酸素と活性酸素種

　人間をはじめとする様々な地球上の生命群は，酸素を摂取して効率の良いエネルギー代謝を行っている。この酸素という物質は，大気中に普通に存在する安定な三重項酸素の形のほかに，非常に反応性が高い形態も存在する。即ち酸素が水へと還元される過程の中間体であるスーパーオキシド，過酸化水素，ヒドロキシラジカルの三活性種と，励起状態の一重項酸素とを合わせた

表1　活性酸素と活性酸素種

活性酸素		活性酸素種(R:生体構成分子)	
O_2^-	スーパーオキシド	ROO・	ペルオキシラジカル
H_2O_2	過酸化水素	ROOH	ヒドロペルオキシド
・OH	ヒドロキシラジカル		
$^1O_2$	一重項酸素		

*　Tatsuro Ohira　森林総合研究所　森林資源化学研究領域　樹木抽出成分研究室　室長

「活性酸素」という形態を取る（表1）。これらの活性酸素は生体内でも細胞のミトコンドリアでの呼吸，もしくは葉緑体における光合成時にわずかに発生する。通常は生体の防御機構により消失するが，消失しきれなかった一部のものが問題になる。活性酸素は核酸などの生体分子を損傷するが，活性酸素が細胞膜脂質と反応することで，活性酸素に匹敵する強い反応性を有する資質ペルオキシラジカルや脂質ヒドロペルオキシドなどの活性酸素種を作り出す。また，カビ，細菌，ウイルスなどが体内に侵入した時には，これらからの攻撃に対して防御するために血液中に存在する食細胞から活性酸素種が産出されており，活性酸素種は身体の防衛に必要かつ重要な役割を担っている。したがって，生物は活性酸素種の毒性発現を抑制するメカニズムを持ち，生体内の酸化と抗酸化のバランスを保って，生命を維持していると考えられている[1]。

2.2 抗酸化性物質の作用機構

抗酸化性に関与する物質の種類や作用機構は様々であり，さらにそれらは単一ではなく複合的に組み合わさっている。そのため抗酸化性の全体像を説明するのは非常に困難である。元々抗酸化性とは前述の活性酸素種を無害化する働きを意味しており，その作用機構は水素原子移動によるものと，電子移動によるものに大別される（図1）。即ち活性酸素種R・に対して抗酸化性物質から水素原子H・が供与されてRHとなって無害化する場合，電子e$^-$が供与されてR$^-$となって無害化する場合がある。一般的に抗酸化性物質はこれら両方の働きを有しており，条件の違いでどちらかが優先して起こると考えられているが[2]，用いる溶媒の種類によって前記の両機構の生じる割合が変化することも報告されている[3]。そのため抗酸化力の測定手法も両機構に対応したものやどちらか一方だけのものが報告されている。また，抗酸化性物質が複数種共存すると，それぞれが単独で存在した場合の抗酸化性の和よりも強い活性を示す。いわゆる相乗効果であり，異なる機構で発現する抗酸化性がお互い相補的に働くことで結果的により高い活性が発現されると考えられる。

有名な抗酸化物質であるα-トコフェロールを例にその抗酸化機構を概説してみる。脂質ペルオキシラジカルに対するα-トコフェロール（ビタミンE）の反応では，トコフェロールから水素原子が与えられることで脂質ペルオキシラジカルから脂質ペルオキシドへの変換が起きる（図

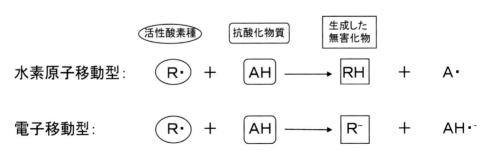

図1　抗酸化活性に関与する2種類の作用機構

第10章　テルペン類の抗酸化効果

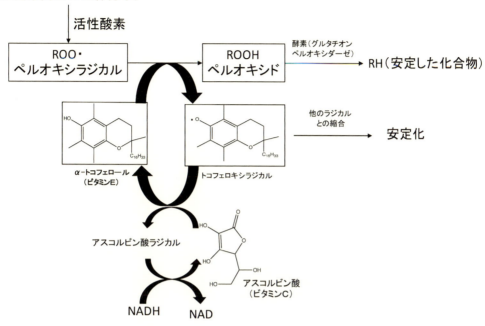

図2　α-トコフェロールによる活性酸素種の消去機構（推定）

2)。このペルオキシドは酵素によってさらに安定な物質に変換される。他方で水素原子が抜け，生成したトコフェロールのラジカル（トコフェロキシラジカル）は，脂質ペルオキシラジカルよりも安定度が高く，生体分子にアタックすることなく他のラジカルと容易に結合し，安定した物質となるかあるいはアスコルビン酸（ビタミンC）との反応で還元されて再度トコフェロールとなり，抗酸化機能を回復することが知られている。ラジカルを消去する機構の他にも，トコフェロールには一重項酸素やスーパーオキシドなどの活性酸素と直接反応して，これらを無害化する還元消去剤としての働きもある。緑黄色野菜の鮮やかな色を構成しているβ-カロチンやリコピンなどのカロチノイド類は，分子内に水酸基を有しておらず，一般的な抗酸化物質とは構造が異なっているが，その構造の特徴をなす共役系が一重項酸素の消去能を有しており，結果として優れた抗酸化活性を示すと考えられている[4]。

しかしながら我々の日常生活において環境に存在する排気ガス，紫外線などの要因によって活性酸素が過剰に生成したり，年齢と共に酸化に耐える能力が衰えたりした場合には，生体内の酸化と抗酸化とのバランスが崩れ，疾病が増加しかねないと考えられている[5]。そのため生体に備わったメカニズムに加え，食物や飲料などを通して抗酸化活性成分を摂取して健康維持の一助とすることが重要であり，様々な素材から酸化を抑制する成分の探索が盛んに行われている。

3 植物から見出された抗酸化物質

これまで市場に出された抗酸化物質はフラボノイド,ポリフェノール,色素成分などがある。香辛料は,熱帯産の植物が生産している熱帯地方特有の厳しい環境に耐えて,生きていくためにはこれらの植物の果実や種子などには優れた抗酸化性を有する物質を蓄積し,自らの組織を守る働きをし,それらを食用として利用する上では抗酸化性物質として活用されている。一例を挙げると唐辛子の辛み成分であるカプサイシン,ショウガの成分であるジンゲロール,クルクミン,ゴマの成分であるセサミノールなどがある。日本人にとって身近な食材の一つである緑茶の成分,エピガロカテキンガレートや,紅茶の成分,テアフラビンなどもある。これら以外にハーブ類,スパイス類などからも多くのテルペン類が抗酸化性物質として見出されている。

3.1 抗酸化活性を有するモノ・セスキテルペン類

食用として用いられているハーブ類,スパイス類などからは抗酸化物質として多くのテルペン類が見出されている。また樹木の精油成分からも多数の抗酸化物質が見出されている。以下にその概略を記す。

クスノキやイランイランの花の香気成分であるリナロール(Ⅰ)[6],ローズ油ゼラニウム油の主成分であるゲラニオール(Ⅱ)[7],柑橘類に含まれるリモネン(Ⅲ)[8],ラベンダーの香気成分であるγ-テルピネン(Ⅳ)[9],ヤマジソやタイムなどに含まれるチモール(Ⅴ)やカルバクロール(Ⅵ)[10,11],ハナハッカ属植物の精油に含まれるβ-カリオフィレン(Ⅶ)[12],カモミルの精油に含まれるカマズレン(Ⅷ)[13]などがある(図3)。シトラス系植物の精油成分のラジカル捕捉能(DPPHラジカル)を調べた例では,Ichang lemon (*Citrus wilsonii* Tanaka),Tahiti lime (*Citrus latifolia* Tanaka),Eureka lemon (*Citrus limon* Burm)の精油がラジカル捕捉能が高く,それらの精油構成成分の内,活性に関与する物質としてゲラニオール(Ⅱ),テルピノレン(Ⅸ),γ-テルピネン(Ⅳ)が見出されている[14]。Arimaらは,ツヤプリシン類の活性酸素種捕捉活性をESR測定により評価している。ツヤプリシン類とは,ベイスギ材から得られた一連の物質であり,トロポロン・トロポン類とも呼ばれ,天然物では珍しく7員環構造を有する物質群である。α-ツヤプリシン(Ⅹ),β-ツヤプリシン(Ⅺ),γ-ツヤプリシン(Ⅻ),トロポロン(ⅩⅢ)について各種活性酸素種(スーパーオキシド($\cdot O_2^-$),ヒドロキシラジカル($\cdot OH$),一重項酸素($^1O_2$),ペルオキシラジカル($ROO\cdot$),過酸化水素(H_2O_2))の捕捉能を調べたところ,スーパオキシドに対しては,いずれの物質を用いてもアスコルビン酸やα-トコフェロールよりも高い捕捉能は認められなかった。ヒドロキシラジカルに対しては,α-トコフェロールよりもいずれの物質も高い活性を示し,一重項酸素に対しては弱いながらもα-ツヤプリシン(Ⅹ),トロポロン(ⅩⅢ)で活性が認められた。ペルオキシラジカルに対しては,トロポロン(ⅩⅢ)>β-ツヤプリシン(Ⅺ)>γ-ツヤプリシン(Ⅻ)>α-ツヤプリシン(Ⅹ)の順に活性が高く,いずれもアスコルビン酸やα-トコフェロールよりも捕捉能が高いことが判明した[15](図4)。

第10章 テルペン類の抗酸化効果

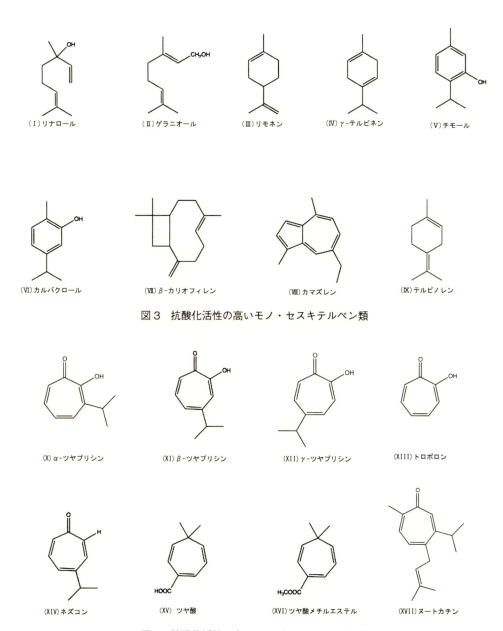

図3 抗酸化活性の高いモノ・セスキテルペン類

(I) リナロール　(II) ゲラニオール　(III) リモネン　(IV) γ-テルピネン　(V) チモール
(VI) カルバクロール　(VII) β-カリオフィレン　(VIII) カマズレン　(IX) テルピノレン

(X) α-ツヤプリシン　(XI) β-ツヤプリシン　(XII) γ-ツヤプリシン　(XIII) トロポロン
(XIV) ネズコン　(XV) ツヤ酸　(XVI) ツヤ酸メチルエステル　(XVII) ヌートカチン

図4 抗酸化活性の高いトロポロン，トロポン類

　樹木の葉や材に含まれるモノテルペン類からも強力な抗酸化物質が見出されている。リノール酸の酸化を抑える抗酸化性を指標とした β-カロチン退色法[16]にて調べた結果を図5に示した。活性の高い精油としてベイスギ（*Thuja plicata*），ベイヒバ（*Chamaecyparis nootkatensis*），スギ（*Cryptomeria japonica*）の材油，ヒバ（*Thuyopsis dolabrata*）材油，シナモン（*Cinnamomum*

109

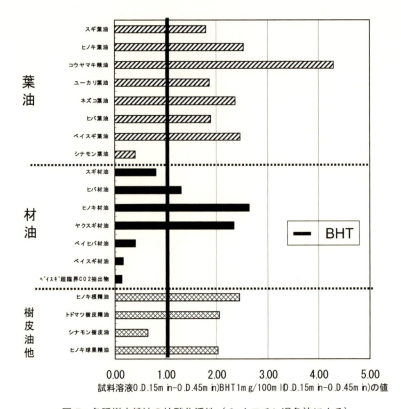

図5 各種樹木精油の抗酸化活性（β-カロチン退色法による）
注：数値はBHTの測定値を1.0とした時の値を示す。
超臨界CO_2抽出物：超臨界二酸化炭素抽出物
BHT：ブチルヒドロキシトルエン，合成抗酸化剤

verum）葉及び樹皮油が見出された。これらの活性はいずれも合成された抗酸化剤であるBHT（ブチルヒドロキシトルエン）よりも活性が高かった。中でもベイスギ材油の活性は特に高かった。ベイスギ材から得られる精油成分の分析結果を表2に示した。ベイスギは腐朽に強い材としてエクステリア材などに多用されており，腐朽菌や害虫に対する活性物質として数種のトロポロン，トロポン類（ネズコン（XIV），β-ツヤプリシン（XI），ツヤ酸（XV），ツヤ酸メチルエステル（XIV））が見出されている（図4）。前述したツヤプリン類の結果を参考にし，抗酸化活性を調べたところ，これら4種の物質はいずれも抗酸化活性が高く，合成抗酸化剤であるBHTよりも活性が有意に高いことがわかっている（図6)[17]。ベイスギ材に含まれるこれら一連のトロポロン，トロポン類の極めて選択的な抽出法として超臨界二酸化炭素を用いる方法が開発されており，最適な抽出条件を用いることにより，これら4種の物質だけで94％を占めることが可能であった[18]（図7）。これらの物質はダニなどの忌避効果も認められており[19]，実用面を考慮すると，ベイスギ材の活性物質はたいへん興味のある素材である。ベイヒバ材も抗酸化活性が高いが，そ

第10章 テルペン類の抗酸化効果

表2 ベイスギ材の精油成分から検出された主な物質[19]

化合物名	相対割合(%)	化合物名	相対割合(%)
α-ピネン	1.32	δ-カジネン	3.07
β-ピネン	0.07	ツヤ酸メチルエステル	17.41
リモネン	1.17	γ-カジネン	1.97
β-フェランドレン	0.07	クベノール	1.58
γ-テルピネン	0.12	epi-クベノール	0.44
p-シメン	0.2	t-ムーロロール	5.59
1-オクテン-3-オール	0.15	M^+204	4.65
t-リナロールオキシド	0.14	1(10)-カジネン-4β-オール	1.23
カンファー	1.71	ネズコン	4.63
リナロール	0.69	β-ツヤプリシン	2.32
t-p-メンター2-エン-1-オール	0.33	α-カジノール	4.65
リナリルアセテート	2.88	10(15)-カジネン-4β-オール	2.39
ボルニルアセテート	3.61	ロンギサイクレンアルコール	0.91
テルピネン-4-オール	1.53	カリオフィラ-3,8-(13)-ジエン	2.63
α-テルピニルアセテート	0.85	γ-コストール	1.38
α-ムロレン	9.86	ツヤ酸	6.87

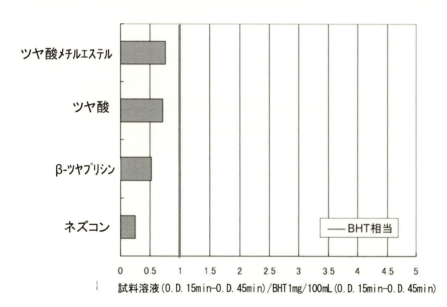

図6 ベイスギ材油中の強力な抗酸化活性成分(β-カロチン退色法による)
 注:数値はBHTの測定値を1.0とした時の値を示す。
 BHT:ブチルヒドロキシトルエン,合成抗酸化剤

の活性物質としてカルバクロール(Ⅵ)やトロポロン類であるヌートカチン(XⅦ)などの関与が考えられる(図4)。樹木の材や葉の精油成分について HPLC 分離-DPPH ラジカル捕捉活性測定法[20]にて調べたところ,葉部の精油は材部の精油に比べて総じて活性が低いこと(図8, 9),

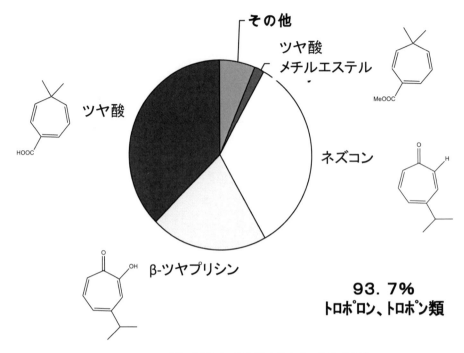

図7 ベイスギ材の超臨界二酸化炭素抽出物の構成成分[19]

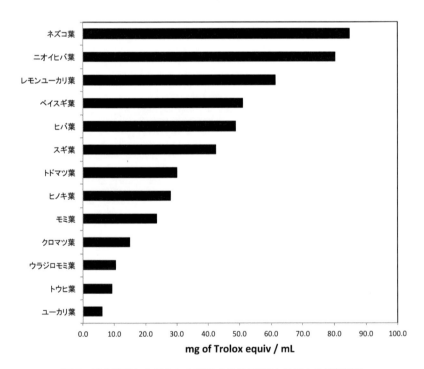

図8 樹木葉部から得られた精油成分のDPPHラジカル捕捉活性

第 10 章　テルペン類の抗酸化効果

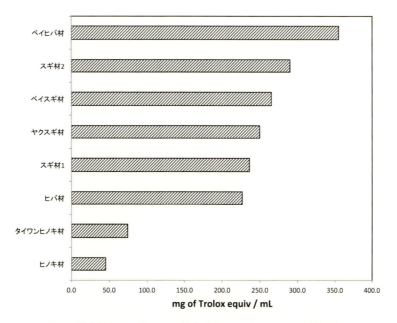

図 9　樹木材部から得られた精油成分の DPPH ラジカル捕捉活性

　ベイスギ材油，ベイヒバ材油，スギ材油，ヒバ材油などが高い捕捉活性が認められている（図9）[21]。これらの結果は前述した β-カロチン退色法による抗酸化能の結果の傾向が類似しており，抗酸化活性の発現機構を考察する上で興味深い点であった。

　これらの植物からは特に香りを構成することが多いモノテルペン類が見つかっているが，モノテルペン類は揮発性に富んでおり，その場合，フラボノイドやポリフェノールのように不揮発性の物質に比べて，直接的に空気中で抗酸化活性を発現できるため，抗酸化力もより効果的に発揮できる。さらに同時に香り成分の有する他の機能，例えばリラックス効果，消臭活性なども合わせて発現できるため，複合的な効果が期待でき，総合的な空気の質の改善が可能となると考えられる[22]。

3.2　抗酸化活性を有するジテルペン類

　ヒノキなどの葉が鮮魚の下に敷かれている店頭の風景をよく見かける。用いられる葉は，一見，ヒノキに似ているが，同じヒノキ科のサワラ（*Chamaecyparis pisifera*）と呼ばれる樹種の葉が用いられています。この葉はヒノキ同様に精油量が多く，抗菌性が認められている。ところがそれ以外に強力な抗酸化性も有している。研究の結果，フェノール性のジテルペン類であるピシフェリン酸（XVIII）のほか，その類縁体であるピシフェノール（XIX），ピシフェリン酸メチル（XX），o-メチルピシフェリン酸（XXI）が発見された。これらは，α-トコフェノールよりも抗酸化活性が強く，特にピシフェリン酸メチルは最も強い活性を示し，合成の抗酸化剤の一種である BHT

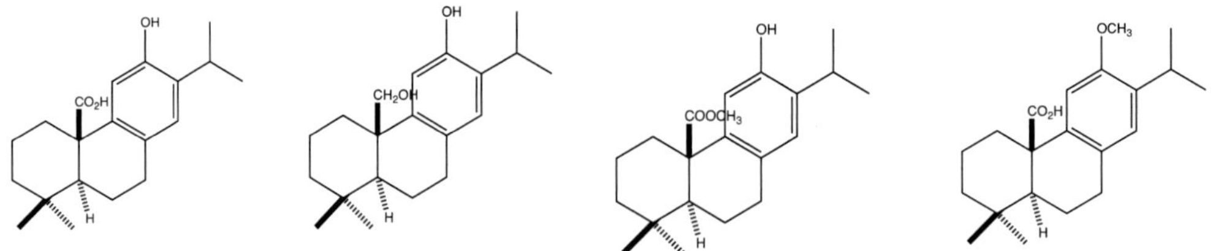

(XVIII)ピシフェリン酸   (XIX)ピシフェノール   (XX)ピシフェリン酸メチル   (XXI)O-メチルピシフェリン酸

図10 サワラの葉から見出された抗酸化活性の高いジテルペン類

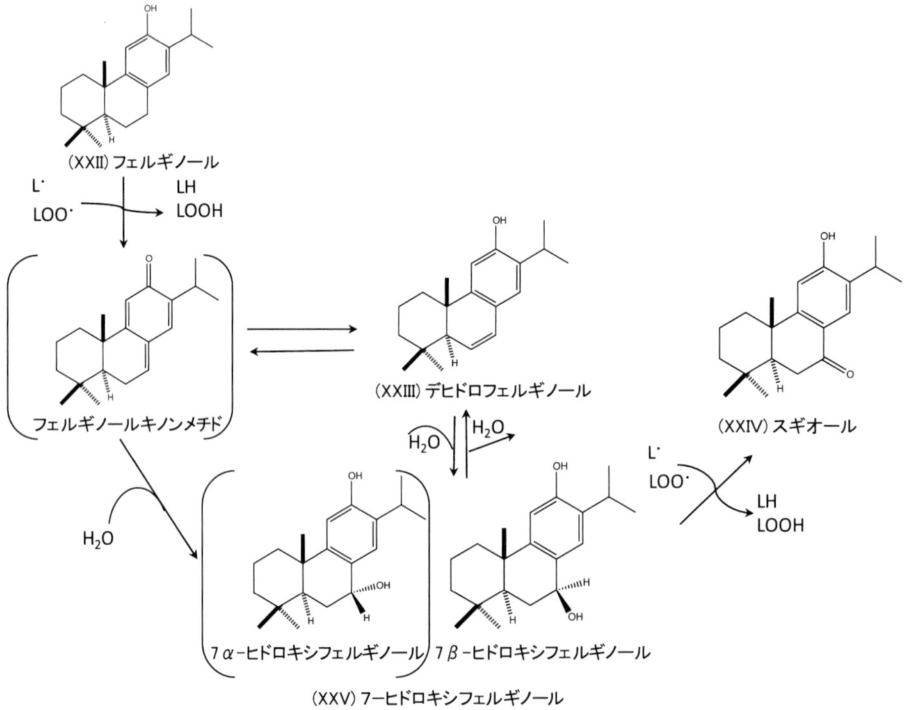

(XXII)フェルギノール
フェルギノールキノンメチド
(XXIII)デヒドロフェルギノール
(XXIV)スギオール
(XXV)7-ヒドロキシフェルギノール
7α-ヒドロキシフェルギノール 7β-ヒドロキシフェルギノール

図11 フェルギノールの抗酸化反応機構（推定）[25]

（ブチルヒドロキシトルエン）よりも強い活性を有していた（図10）[23]。同じくフェノール性のジテルペン類であるフェルギノール（XXII）も抗酸化性が強い物質としてスギの樹皮などから見出されている[24]。フェルギノールについては，抗酸化反応機構の研究も行われており，ラジカルによる攻撃後，キノンメチドが生成し，デヒドロフェルギノール（XXIII），スギオール（XXIV），7－ヒドロキシフェルギノール（XXV）が生成することが確認されている（図11）[25]。フェルギノール（XXII）はスギ材部にも含まれており，スギ材の端材などからも抽出可能である。木質建材製造のための原木は以前は海外からの輸入材で占められていたが，近年，原木事情が変わってきて，輸入材の輸入が制限されてきている。そのため建材メーカーではスギなどの国産材で製造する技

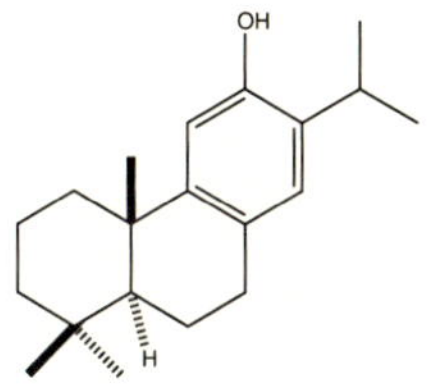

第10章 テルペン類の抗酸化効果

(XXII)フェルギノール 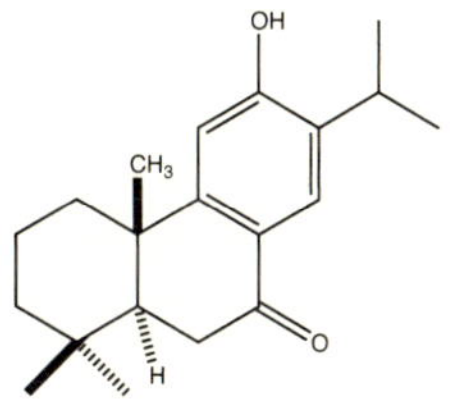　(XXIV)スギオール 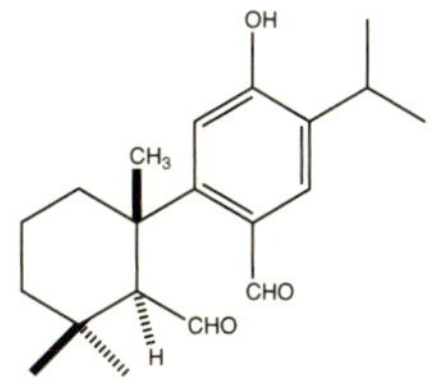　(XXVI)セコアビエタンジアルデヒド 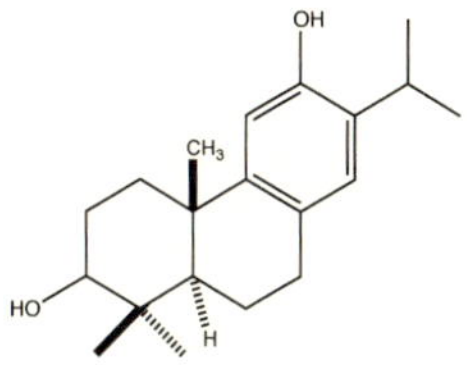　(XXVII)ヒノキオール

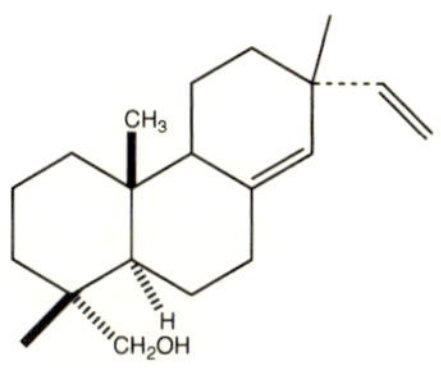

(XXVIII)イソピマリノール 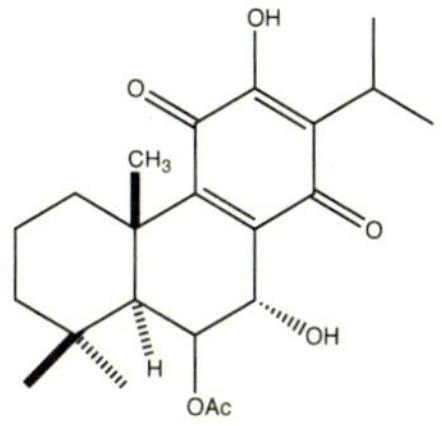　(XXIX)6β-アセトキシ-7α-ヒドロキシロイレアノン 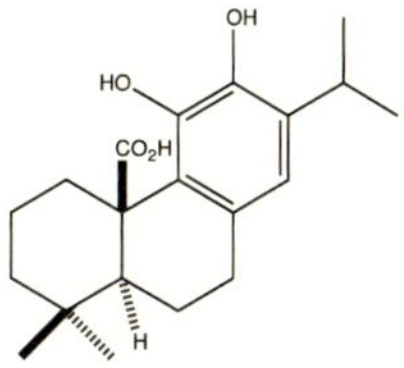　(XXX)カルノシン酸

図12　抗酸化活性の高いジテルペン類

術を開発している。その結果，建材製造工程（特に乾燥工程）では，これまでの輸入材では排出されて来なかった樹脂分を多く含む乾燥廃液が排出するようになった。調べてみると廃液中の樹脂分は木材中のジテルペン類が主体であり，スギが原木の場合は，樹脂分の内，30％程度がフェルギノール（XXII）であることが判明している。フェルギノール（XXII）を含む樹皮や材部は未利用の森林資源であり，原料としては膨大に存在しており，またフェルギノール（XXII）には高い抗酸化性に加えて抗菌活性[26]，最近では環境汚染物質の一種である二酸化窒素の除去活性が著しく高いこと[27]も見出されていることから，実用的な利用技術が開発できれば，極めて有望な機能性素材になりうる。フェルギノール関連物質としては，タイワンスギ（*Taiwania cryptomerioides*）の材から見出されているフェノール性ジテルペン類においてもDPPHラジカル捕捉活性が調べられており，フェルギノール（XXII）に加えて，スギオール（XXIV），セコアビエタンジアルデヒド（XXVI），ヒノキオール（XXVII），イソピマリノール（XXVIII），6β-アセトキシ-7α-ヒドロキシロイレアノン（XXIX）が高い捕捉能を有する物質として見出されている（図12）[28]。地中海地方原産のシソ科香草で，ローマ時代からスパイスや薬草として用いられていたローズマリーも抗酸化活性が強いが，その活性本体の一種にフェノール性ジテルペンであるカルノシン酸（carnosic acid）（XXX）がある。カルノシン酸は前出のピシフェリン酸と構造が類似しており，炭素骨格は同じで，唯一の違いはカルノシン酸の方が11位に水酸基が一つ多いことである。ピシフェリン酸（XVIII）はサワラ葉から比較的容易に単離できる利点も手伝って，構造的な類似性を考慮し，ピシフェリン酸（XVIII）からカルノシン酸（XXX）を合成し，さらにカルノシン酸（XXX）からは酸化によってローズマリー中の他の抗酸化物質であるカルノソール（XXXII）

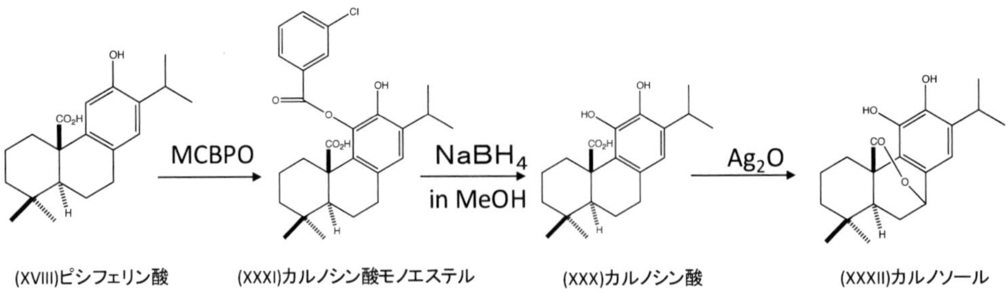

図13 ピシフェリン酸からカルノシン酸カルノソールの合成

を合成できることが見出されている[29〜31]（図13）。

4 おわりに

　本稿で述べたように多種類あるテルペン類には，酸化を防ぐ抗酸化活性が高いものが存在する。なぜこのような物質を植物は作り出すのだろうか？ 植物は我々人類が地球上に出現するはるか前の太古の昔から存在していたわけであり，その進化の過程では周辺の過酷な環境に耐えるために独特な進化を遂げて今日に至っている。このため，環境に適応するための手段の一つとしてテルペン類のような成分を生成していると考えることもできる。そのように考えると我々が知り得ない未知の物質がまだ数多く存在すると考えられる。更なる研究の進展が楽しみである。

文　　献

1) 二木鋭雄ほか，抗酸化物質—フリーラジカルと生体防御，p.1-300，学会出版センター（1994）
2) R. L. Prior et al., J. Agric. Food Chem., **53** (10), 4290-4302 (2005)
3) I. Nakanishi et al., Org. Biomol. Chem., **3** (4), 626-629 (2005)
4) 中村成夫，日医大医会誌，**9** (3), 164-169 (2013)
5) 井上正康，活性酸素と病態　疾患モデルからベッドサイドへ，p.1-800，学会出版センター（1992）
6) S. Celik and A. Ozkaya, J. Biochem. Mol. Biol., **35** (6), 547-552 (2002)
7) H. S. Choi et al., J. Agric. Food Chem., **48** (10), 4156-4161 (2000)
8) J. Grassmann et al., J. Agric. Food Chem., **51** (26), 7576-7582 (2003)
9) Y. Takahashi et al., Biosci. Biotech. Biochem., **67** (1), 195-197 (2003)
10) M. Gulluce et al., J. Agric. Food Chem., **5** (14) 1,3958-3965 (2003)

第10章 テルペン類の抗酸化効果

11) H. Haraguchi et al., *Bioorg. Med. Chem.*, **5** (5), 865-871 (1997)
12) M. H. Alma et al., *Biol. Pharm. Bull.*, **26** (12), 1725-1729 (2003)
13) H. Safayhi et al., *Planta Med.*, **60**, 410-413 (1994)
14) Hyang-Sook Choi, et al., *J. Agric. Food Chem.*, **48**, 4156-4161 (2000)
15) Y. Arima et al., *Chem. Pharm. Bull.*, **45** (12), 1881-1886 (1997)
16) 津志田藤二郎ほか, 日本食品工業学会誌, **41** (9), 611-618 (1994)
17) 大平辰朗ほか, 揮発性を有する抗酸化物質, 特願 2007-167203
18) 大平辰朗ほか, 第24回におい・かおり環境学会講演要旨集, 80-83 (2011)
19) T. Ohira et al., *Holzforshung*, **48**, 308-312 (1994)
20) 谷田貝光克, 大平辰朗, ダニ防除剤, 特許第2099150号
21) Hyang-Sook Choi et al., *J. Agric. Food Chem.*, **48**, 4156-4161 (2000)
22) 大平辰朗, におい・かおり環境学会誌, **42** (1), 27-37 (2011)
23) M. Yatagai and N. Nakatani, *Mokuzai Gakkaisi*, **40** (12), 1355-1362 (1994)
24) H. Kofujita et al., *Holzforshung*, **60**, 20-23 (2006)
25) H. Saijo et al., *Natural Product Research*, **29** (189), 1739-1743 (2015)
26) 大平辰朗, におい・かおり環境学会誌, **40** (6), 400-411 (2009)
27) 大平辰朗, *AROMA RESEARCH*, **15** (2), 162-169 (2014)
28) Sheng-Yang Wang et al., *Holzforshung*, **56**, 487-492 (2002)
29) M. Tada et al., *Chem. Pharm. Bull.* **58** (6), 818-824 (2010)
30) 多田全宏, PCT/JP2009/060547
31) 多田全宏, 特願 2010-256283

第 11 章　精油構成分子の化学と産業化

宮澤三雄[*1]，丸本真輔[*2]

1　はじめに

　テルペノイド（terpenoid）は，C_5 イソプレン単位（isoprene unit）（図1）が head-tail で結合して（イソプレン則；isoprene rule）できた一群の，膨大な数，また構造的にも多様な天然有機化合物群であり，イソプレノイド（isoprenoid）とも呼ばれる。典型的な構造は $(C_5)n$ によって構築された炭素骨格を有しており，イソプレン則に従いつぎの7種類に分類される。

- モノテルペン（C_{10}）
- セスキテルペン（C_{15}）
- ジテルペン（C_{20}）
- セスタテルペン（C_{25}）
- トリテルペン（C_{30}）
- テトラテルペン（C_{40}）
- ポリテルペン（>C_{40}）

　テルペノイドには機能性物質や生理活性物質など，市場価値の高い物質が多数含まれていることから，さまざまな分野で活用されている。例えば，モノテルペンの d-カンファー（d-camphor）や l-メントール（l-menthol）（図2）は歴史的にも，工業的にも重要な化合物で，カンファーにおいては防虫・防腐剤等に用いられ，さらに合成樹脂の可塑剤としても用いられてきた歴史がある。生薬シナ花（*Artemisia cina*；キク科）などヨモギ属植物の主要な駆虫成分として単離同定された $α$-サントニン（$α$-santonin）（図2）は，その潜在的な毒性のため用法は限られているものの，回虫駆虫薬として用いられ，タキソール（taxol）（図2）は太平洋イチイ（*Taxus*

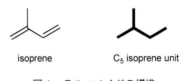

図1　テルペノイドの構造

[*1]　Mitsuo Miyazawa　近畿大学　名誉教授
　　　奈良先端科学技術大学院大学　客員教授
[*2]　Shinsuke Marumoto　近畿大学　共同利用センター　助教

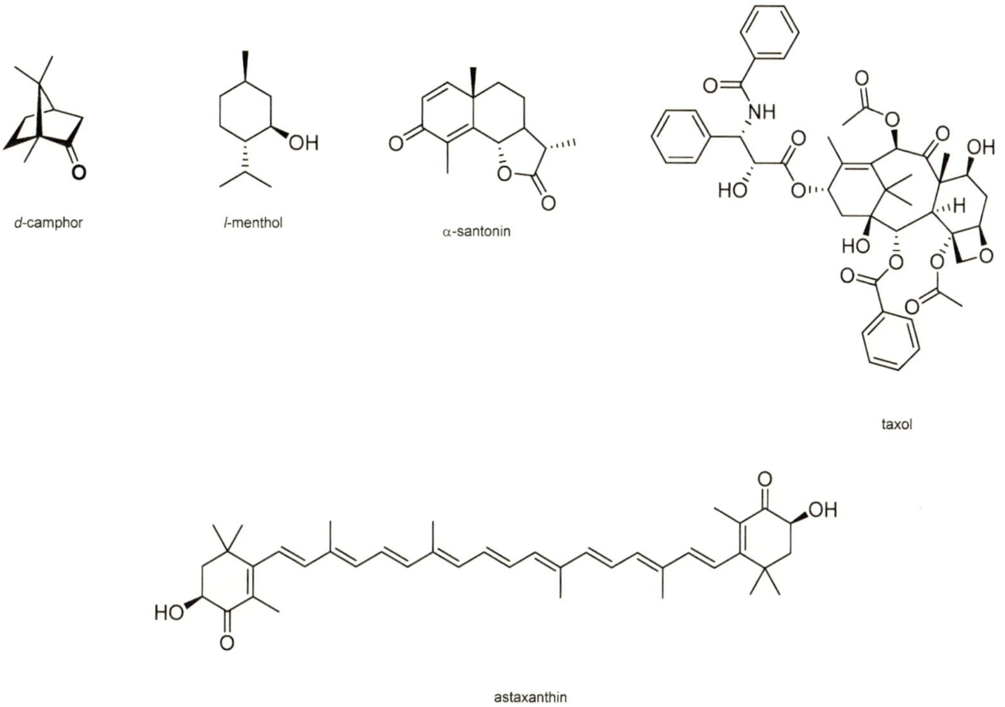

第 11 章　精油構成分子の化学と産業化

d-camphor　　l-menthol　　α-santonin　　taxol

astaxanthin

図2　工業的に用いられる主なテルペノイド

brevifolia) 樹皮に含まれるジテルペンであり，制がん剤として卵巣がんや乳がんの治療に利用されている．また，近年になって，高い抗酸化作用をもつことから健康食品や化粧品分野などで注目されているアスタキサンチン（astaxanthin）は赤色カロテノイド（C_{40}）（図2）である．これら以外にも多くのテルペノイドとその類縁体が，医薬品原料，農薬，工業原料，着色料，健康食品，香料などとして流通しており，産業界において非常に有用な化合物群であると言える．本章では，精油構成分子であるモノおよびセスキテルペンに焦点を当てて，その機能性等を中心に産業への発展性について紹介する．

2　精油構成分子の解析とその機能性発現

精油構成分子における機能性発現については，著者らが1974年にユキノシタ（*Saxifraga stolonifera* Meerb.）の精油構成分子の解析の論文を報告したのを皮切りに世界各地に分布する植物を中心に多数の原著論文で報告してきた．特に1990年以降は，香気特性の解析と機能性発現の研究を中心として，興味深い成果を上げてきた．本稿では最近の精油構成分子の解析の一例として以下に示す．

植物界には，土のにおいがする根，新鮮な香りの葉，心地よい香りの花，芳香な果実，風味を

引き出す種子など数千種もの精油構成分子が含まれている。この多彩な世界は，実は過酷な必要性から生まれた。植物は動かずに露出したままの状態で生き残るために，現代化学でも解き明かすことのできない化学合成の名手になったと考えられている。ここで作り出される精油構成分子については，ヒトは意識的にはほとんど活用していないと言える。言い換えれば，ヒトは地球上の植物のほんの一部分を知り利用しているに過ぎない。筆者は世界に分布する未解明の精油植物の開発を目的とし，精油についてまったく検討がされていない植物を含め精油構成分子の解析と香気特性について検討している。ここでは，日本人の生活に深く関わりのある"竹の精油構成分子と機能性開発"に関する研究について紹介する。

竹は古くからその特性を活かし，建材，家具，かごや扇子などに広く活用され我々の生活に溶け込んできた。竹はその成長速度から持続生産・再生可能なバイオマス資源として着目されてきた。我々は竹の中でも，日本に広く分布している孟宗竹（*Phyllostachys pubescens* Mazel ex Houz. De ehaie）の精油とその香気特性について解析を行った。孟宗竹を水蒸気蒸留法にて処理することにより，収率0.001％で孟宗竹精油を得た。得られた精油は竹本来のさわやかな香気，まさに日本の和の香りを有していた。精油構成分子の約93％に対応する89成分を解明し，多数のセスキテルペンが含有されていることを明らかにした。得られた精油をにおい嗅ぎ付きGC（GC-O）を用いたAromaExtractDilutionAnalysis（AEDA）解析により，(2*E*)-Nonenal, Eugenolが竹本来の香気に深く関与していることが明らかになった。Phenylacetaldehydeや炭素数9および10の不飽和アルデヒド類やテルペン類の存在も竹の香気に強く影響していることが確認された。この研究でのヒト香気に関与するとされたFD-factorとRFA（Relative Flavour Activity）の結果を図3に示す。

精油構成分子の機能性発現の研究については，まず認知症予防関連の成果の一部を紹介する。現在，国内には，約200万人以上もの認知症の高齢者がいると報告されており，厚生労働省高齢者介護研究報告書「2015年の高齢者介護」によると今後さらに増加し，2025年には300万人を超えると推測されている。認知症を引き起こす主な原因疾患は神経変性疾患（アルツハイマー病等），脳血管障害（脳梗塞等），脳腫瘍性疾患（脳腫瘍等）など引き起こす疾患は様々である。その中でも，認知症に占める割合が最も大きいものは，アルツハイマー型認知症患者であるとされ，現在，その数は急速な増加傾向にあるため，早期の認知症の予防・改善・治療法の研究開発が盛んに行われている。現在，アルツハイマー型認知症の治療薬として広く使用されている医薬品にアセチルコリンエステラーゼ（AChE）阻害剤がある。宮澤らは，この新薬の作用機序をターゲットにした精油構成分子による代替法研究を今から20年前（1996年）に開始した。その研究開始初期の成果の一部を以下に紹介する。

当時の医薬品，化粧品等の市場商品においては無添加，無香料の商品ばかりであったが，その中でも，比較的産業的に広く使われる精油としてシソ科（*Mentha* species）の精油が挙げられる。そこでまず，私達は，シソ科精油の専門家と協力し，国内で入手可能なシソ科植物24種から直接水蒸気蒸留法によって研究用の精油を得た。この24種の精油構成分子はそれぞれ精油で異

第11章　精油構成分子の化学と産業化

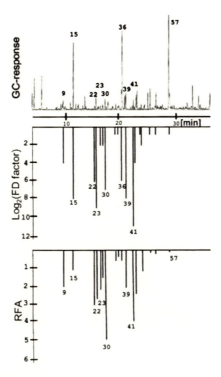

図3　孟宗竹精油のガスクロマトグラフ，FD-factor および RFA

なった独特の構成分子からなる分布を有しており，各種精油は香気特性の上でも明確に特徴付けることができた．次に，ここで得た精油についてアセチルコリンエステラーゼ阻害試験を実施したが，精油独特の物性に合わせた試験法の確立にかなり日時を要し，安定した結果を見出すことが極めて困難であった．特に，対ヒト系の評価には高度な技術を必要とし，この種の確立した技術は未だどこにも公表していない．本稿では公益社団法人日本油化学会オレオサイエンス誌のTable4[1]（本稿表1）に示すように IC_{50} 値（$\mu g/mL$）値で福山ハッカを筆頭に多数のミント系精油において比較的強い AChE 阻害活性を示した．一方，アップルミントに見られるように，IC_{50} 値で表記できない精油も存在した．この大きな違いは構成成分の違いとそれらの存在比に起因していると考えられ，著者らは，比較的強い阻害活性を示した主な構成成分（主にモノテルペン）を中心にその阻害活性および阻害係数（K_i 値）を検討した．その結果，モノテルペン炭化水素類の一部において強い活性を示す傾向が見られた．しかしながら1996年までの研究では多くの場合，一つの精油構成分子そのものが示す阻害活性は，精油が示す強い阻害活性には達しなかった．各種精油構成分子の構成バランスに併せた配合を調製するなど第2～第5主要構成分子との相乗効果について詳細に検討を加え，天然精油の構成分子のバランスのみならず，広く天然界に存在する揮発性物質との相乗効果があることを現在では見出している．

　近年，アルツハイマー型認知症の発症には脳内にアミロイドβペプチドからなるアミロイド繊

表1 シソ科植物精油による AChE 阻害活性

Mentha species	IC$_{50}$ (μg/mL) or %inhibitory activity
M. aquatica (water mint)	26
M. aqualica (Akasaka-hakka II)	28
M. gentilis (Fukuyama-hakka)	30
M. gentilis (Akita-hakka)	30
M. arvensis (Nihon-hakka)	32
M. gentilis (Nankai-hakka)	36
M. spicata (self-pollinated Oranda-hakka)	37
M. gentilis (Ezo-hakka)	38
M. gentilis (Yahata-hakka)	40
M. gentilis (Seto-hakka)	40
M. gentilis (Tosa-hakka)	42
M. gentilis (Okinawa-hakka)	49
M. gentilis (Manyou)	52
M. gentilis (Hattoriryokuchi-hakka)	54
M. gentilis (Haruyama-hakka)	56
M. gentilis (Mesidai-Ke-hakka)	56
M. spicata (Mesidai-Ke-hakka)	57
M. gentilis (Scotchapearmint)	58
M. gentilis (Chigiri-Yanagiha-hakka)	58
M. aqualica (Akasaka-hakka I)	64
M. pipertita (black mint)	74
M. gentilis (Hokkai MG05)	88
M. spicala (native spearmint)	88
M. japonica (Hime-hakka)	120
M. spicata (Soren-hakka)	130
M. requienii (corsican mint)	130
M. gentilis (Shuubi)	154
M. gentilis (ginger mint)	164
M. rotundifolia (pineapple mint)	43%[b]
M. rotundifolia (apple mint)	39%[b]
M. pulegium (pennyroyal mint)	38%[b]

維が沈着してできる老人斑が発症に深く関わっていると言われている。アミロイドβペプチドは膜貫通型のアミロイド前駆体タンパク質が2種類のプロテアーゼ，β-セクレターゼ（β-secretase, BACE1），γ-セクレターゼ（γ-secretase）で切断されることにより産出される。そこで精油構成分子を用いることにより，β-セクレターゼを阻害することでアミロイドβ42の産出を阻害することができればアルツハイマー型認知症の予防・治療につながる可能性があることから，宮澤らは，揮発性テルペン類におけるβ-セクレターゼ（BACE1）阻害活性の研究を行った。数百種類のテルペンおよびテルペン類縁体で揮発性物質用の試験系を構築しスクリーニングを行った結果，AChE 阻害活性と同様にモノテルペン炭化水素類の一部において比較的有効な阻害活性が認められた。さらに，詳細な阻害活性を検討するため，研究室で作成した代謝生成物を含め，入手可能な化合物おける BACE1 阻害活性に対する濃度依存性の検討を行った結果，広く使われている（+）-および（−）-カンファー（（+）-and（−）-camphors）等においても有効と

第 11 章 精油構成分子の化学と産業化

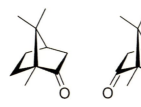

(+)-camphor　　(−)-camphor

図 4　AChE および BACE1 に対して阻害活性を示した主なモノテルペン

思われる阻害活性を示し，その IC_{50} 値は 50〜200 μM であった。以上の結果から，モノテルペンおよびその類縁体において，有効と思われる AChE 阻害活性ならびに BACE1 阻害活性を示したことからも（図 4），精油構成分子の一部にはアルツハイマー型認知症の予防・改善効果が期待でき化合物および精油を構成する存在比の重要性の発見に至った。この極めて複雑な存在バランス技術などをもとに宮澤らは十数件の特許を取得し，製品化に向けて，この基本技術をさらに発展させた形で上市した。

　続いて抗炎症作用について紹介する。近年のこの効果効能に関する医薬品では，副作用の観点から OTC 市場での製品はほとんど見当たらない。そこで私たちは，2003 年に精油構成分子での抗炎症薬代替品の開発を目指し研究を開始した。生体における炎症反応は，さまざまな炎症性サイトカインおよび酵素反応により進行すると考えられており，その中でもシクロオキシゲナーゼ（COX）は抗炎症物質のターゲット酵素として最も研究されている酵素である。COX-1 は正常細胞で常時活動し，胃粘膜の保護や血小板凝集抑制といった生体活動に必要なプロスタグランジンを産生する構成型酵素であるのに対して，COX-2 は炎症刺激によって産生する炎症性サイトカインなどにより誘導される誘導型酵素である。COX-2 のみを選択的に阻害する安全性の高い抗炎症剤の開発が望まれている。ここでは，代表的な 15 種の p-menthan 骨格を有するモノテルペンについてスクリーニングした結果，(−)-α-terpineol および menthone において，比較的強い阻害活性を示し，非ステロイド系抗炎症剤である Aspirin よりも高い選択性と強い阻害活性を示した。Lineweaver-Burk プロットを用いて COX-2 に対する阻害形式を検討した結果，前者が不拮抗阻害，後者が拮抗阻害であることを明らかにした（図 5）。宮澤らは，これらの初期の基本技術を数件の特許として取得し，製品化についてはさらに発展した用途特許を取得した上で上市している。

　最後に私たちが長年研究を継続している抗発ガンに関わる知見を紹介する。ヒト発がんの要因は種々あるが，その大部分は外因性の環境因子（環境変異原物質）によるものである。人間の正常細胞は，このような発がん物質の影響を受け，いくつもの段階を経てがんになる。がん化の第一段階では，正常細胞が発がん物質の影響を受け，DNA および染色体に突然変異が起こる。このような突然変異を起こす物質（変異原物質）を失活させたり，また変異原物質によって生じた

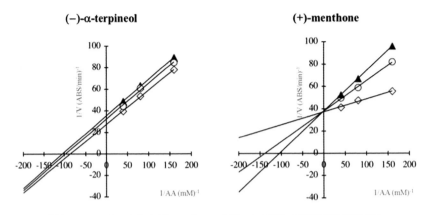

図5　α-terpineol および menthone を用いた COX-2 阻害活性に対する Lineweaver-Burk プロット
濃度：(▲) 0.75, (○) 1.50 and (◇) 3.00 mM

　突然変異の修復を助ける物質（抗変異原性物質）を見出すことはがん予防の観点からも重要である。ここでは，我々が長年研究を継続している精油構成分子の抗変異原性に関する研究を紹介する。

　抗変異原性試験法には大きく分けて，微生物，培養動物細胞，昆虫類，および動物を用いる方法がある。微生物試験法では 1975 年に米国エイムス博士らによって開発されたサルモネラ菌を試験菌株とする変異原性試験を検出する復帰突然変異試験法（エイムス試験）が，試験の簡便さから抗変異原性試験法としても現在世界中で広く用いられている。しかしながらこの方法でも 2 日間の日数を必要とするのに対して 1985 年に開発された umu テストでは数時間で DNA 損傷の有無の検出を可能にした。Umu テストは DNA 損傷によって誘導される SOS 反応（図6）を指標とする試験であり，我々はこの umu テストを応用し，変異原性物質の検出ではなく抗変異原性試験法として開発し，世界発の抗発ガン物質検出法として確立した。本試験法は，なんと約 5 時間で検出することを可能とした。それ以来，宮澤はこの方法で天然物の抗変異原活性を多数発見している。

　本稿では，モノテルペン炭化水素による変異原物質 furylfuramide（AF-2）に対する抑制効果について示す（表2）。(＋)-Limonene は柑橘類の代表的な香気成分として知られ，人は日常生活においてかなりの量を摂取している。抗変異原性に関しては umu テストにおいて 0.7 μmol/mL の濃度で 8.2％の抑制効果を示した。(－)-体は天然物には少なく，ミント油，シトロネラ油に少量存在するのみで，抗変異原性は認められていない。Limonene の異性体である (1R)-(＋)-trans-isolimonene では 4.1％の抑制効果を示した。γ-Terpinene および (＋)-p-menth-1-en は，炭化水素類のなかでは比較的強い抑制効果を示し，それぞれ 14.6％，20.2％であった。α-Terpinene，terpinolene および α-phellandrene においては若干の抑制効果を認めた。

　モノテルペンケトンでは 1.0 μmol/mL の濃度において，(＋)-pulegone，(－)-menthon，(－)-

第 11 章　精油構成分子の化学と産業化

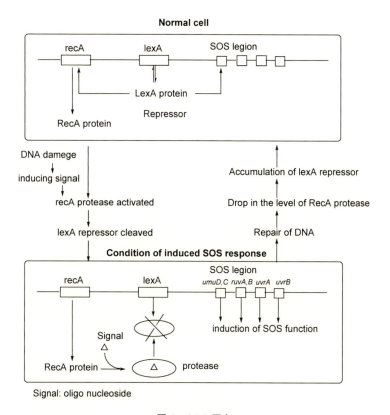

図 6　SOS 反応

isomenthon, piperitenone はかなり強い抑制効果を示し, その値は 67.4%, 61.1%, 61.3% および 79.6% であった。また (+)-carvone, (−)-carvone, (+)-piperiton においても強い抑制効果が見られた。

モノテルペンアルコールでは 1.0 μmol/mL の濃度において, (+)-menthol, (−)-menthol, (−)-isomenthol および dihydrocarvenol はモノテルペンケトン類とほぼ同様の強い抑制効果を示し, それぞれ 77.2%, 79.5%, 70.0% および 67.1% であった。また (+)-terpinen-4-ol, (−)-terpinen-4-ol, および cuminylalcohol においては化合物 (+)-menthol, (−)-menthol, (+)-isomenthol, (−)-dihydrocarvenol に比べ若干の低い値を示している。

モノテルペンアルデヒドである (−)-perilla aldehyde および cuminaldehyde においては, モノテルペンケトン, モノテルペンアルコールとほぼ同等の強い抑制効果を我々は見出している。これら p-menthan 骨格を有する化合物（図 7）の構造活性相関についての検討から, モノテルペンケトンおよびモノテルペンアルコールでは六員環内のオレフィンの有無が抑制効果の発現に影響を与えており, オレフィンを持たない方が強い抑制効果を発現することを示している。またアルデヒト類では環内にオレフィンを有するにもかかわらず強い抑制効果を示していることか

表2 モノテルペンの抗変原活性

compounds	suppressive effect (0.1 μmol/ mL)	ID$_{50}$[c] (μmol/ mL)
(+)-limonene	8.2	-
(-)-limonene	0	-
1R-(+)-trans-Isolimonene	4.1	-
α-terpinene	2.8	-
β-terpinene	14.6	-
terpinolene	2.5	-
(+)-p-menth-1-ene	20.2	-
α-phellandrene	6.3	-
(+)-menthol	77.2	0.52
(-)-menthol	79.5	0.65
(+)-isomenthol	70.0	0.60
isopulegol	55.9	0.80
(+)-terpinen-4-ol	41.2	-
(-)-terpinen-4-ol	57.3	0.92
(-)-dihydrocarvenol	61.5	0.85
cuminyl alcohol	29.3	-
(+)-pulegone	67.4	0.52
(+)-carvone	51.8	0.90
(-)-carvone	44.6	-
(-)-menthone	61.1	0.79
(-)-isomenthone	61.3	0.80
(+)-piperiton	21.7	-
piperitenone	79.6	0.52
(-)-perilla aldehyde	70.3	0.60
cuminaldehyde	75.4	0.52

[a]Furylfuramide was added at 0.05 mg. Positive control was added at furylfuramide without terpenoids. [b]Hydrocarbons were added at a concentration of 0.07mmol/mL. [c]Dose for 50% inhibition

表3 セスキテルペンの抗変原活性

compounds	suppressive effect (0.1 μmol /mL)	ID$_{50}$[b] (μmol/ mL)
(-)-isolongifolene	50.9	0.10
(-)-8(15)-cedrene-9-ol	53.4	0.08
(-)-caryophyllene oxide	58.1	0.08
(+)-ledene	32.0	0.10
(-)-aristolene	66.6	0.07
(+)-calarene	57.5	0.08
(-)-α-Copaene	60.0	0.07

[a]Furylfuramide was added at 0.05 mg. Positive control was added at furylfuramide without terpenoids. [b]Dose for 50% inhibition.

ら，アルデヒド基が抑制効果の発現因子であると考えられる。

モノテルペン類と同様に変異原物質であるfurylfuramideに対する抑制効果について，34種のセスキテルペン類を調べた。その結果を表3に示す。この結果から，比較的強い抑制効果を示し

第 11 章　精油構成分子の化学と産業化

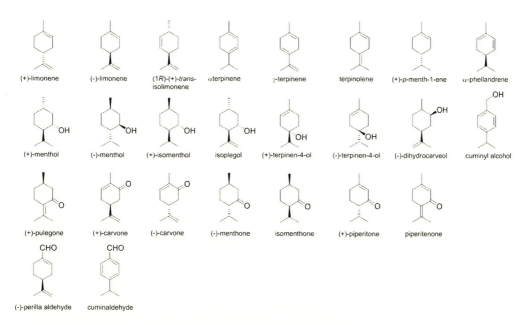

図7　p-Menthan 骨格を有するモノテルペン

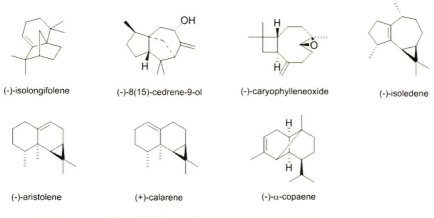

図8　抗変異原性活性を示したセスキテルペン

た化合物は，(−)-aristolene，(−)-α-copaene であり，0.1 μmol/mL の濃度で，50％以上の抑制効果を示した（図8）。この基本特許技術を基にして各種製品用途に合わせた機能性発現の向上を図り，各種製品化を目指して現在も検討中である。

3 まとめ

　精油構成分子の主たるテルペン類は多種多様のユニークかつ複雑な化学構造を有する化合物群であり，ポリフェノール系化合物と比較して天然物には微量に，しかも多種存在している。また，それら物質を我々は食品・香粧品などから日常的に摂取しているが，揮発性であるがゆえに，物理化学的取り扱いが非常に困難であることから，その生理活性が不明な部分が多い。宮澤らは精油構成分子の解析，機能性発現，生体内動態について詳細に探求を続け，テルペノイドが有する不思議な作用機序を明らかにしてきた。その成果は，原著論文・特許取得にとどまることなく，多くの研究成果に基づいた商品化に巧みに取り組んできた。その一例を図9に示す。

　これまでに，テルペノイドは医薬品・農薬・化成品などに利用されてきた。一方では，精油構成分子の主たるモノ・セスキテルペンなど，揮発性化合物群は，アロマセラピー効果が注目されて以来，従来の香粧品や食品香料以外にテルペノイドを含有する各種製品が市場に出回り，消費が増加している。近年，高齢化に伴い医療費や治療費を削減する目的でセルフメディケーションが推進され，身近なところでは，特定保険用食品や特定検診などによる日常生活上からの病気の予防に対する啓蒙活動が盛んである。2009年6月1日からは薬事法改正に伴い，医薬品販売路線も拡大されたこともその1つと言える。つまり，できるだけ病気にならず，病院で治療せずにすむように，その結果，治療費，いわば医療費を削減することが狙いとなる。我々はセルフメディケーション時代の到来に着目し，"精油構成分子；モノ・セスキテルペン"そのものについて，これまで多様な研究開発を実施し，その成果を応用していくことで商品化を具現化してきた。しかし，精油構成分子が有する無限の可能性の全貌はこれから少しずつ明らかにされるものと思われる。私たちは，未だにほんの一部分を見ているに過ぎず，新たな疾患予防分野に挑戦したいと考

図9　研究成果の商品化事例

第11章　精油構成分子の化学と産業化

えている。神秘に隠された精油構成分子，モノおよびセスキテルペンの世界はかなり奥が深く，未開拓な市場が隠れていると感じている次第である。

文　　献

1) 宮澤三雄，精油構成分子の生体内動態および機能性に関する研究，オレオサイエンス，第11巻，第12号（2011）

【応用編】

第1章　ファインケミカル分野での応用

1　パインオイルの浮遊選鉱剤としての使用

山本雅之*

1.1　浮遊選鉱剤と歴史

1.1.1　パインオイルと界面活性剤

　パインオイルの中には，テルペンアルコール類が含まれている。これらテルペンアルコールは炭素数10の炭化水素基と1つのヒドロキシル基からなり，1分子中に疎水基と親水基を有する。この構造により，わずかながら界面活性効果を有する。この界面性効果を利用した産業として「浮遊選鉱（浮選）」と呼ばれるものがある。

1.1.2　浮遊選鉱の歴史

　「浮遊選鉱（Froth Flotation）」とは，溶液中に試料を浮遊させることにより，鉱物を選択的に回収する技術である。日本においては戦後から高度経済成長期には非常に盛んな産業とされ，当時の専門誌・会報などを通じてその活気をうかがうことができる。著者が知る限り，国内の文献で古くは戦前のものが多数あり，そのほとんどが翻訳本である。原文はより古い時代に研究し，執筆されたものである。

　実用化に至る契機は，1900年代に米国北西部にあるモンタナ州の鉱山で，テーブル選鉱の廃滓から亜鉛を回収するための技術として始まったと言われている。技術の発端は，ある鉱山技師がスパークリングワインを呑んでいる時，混在していたブドウのタネがグラス中の気泡に付着して浮かび上がってくる様子をヒントに考案したとされている。

　パインオイルの界面活性効果は，この気泡の形成に用いられるため，浮遊選鉱剤の中でも「起泡剤」と呼ばれる。

1.1.3　浮遊選鉱剤の変遷

　昭和30年頃のデータによると，国産起泡剤のほとんどが樟脳副産油またはテレビン油を原料とするテルペン系起泡剤であったと言われる[1]。

　大正時代，セルロイドの需要が多くあり，その原料としての樟脳が大量に必要とされた。樟脳を結晶に分溜する際，樟脳油と呼ばれる液体を得ることとなる。この液体は当初使用目的がなかったが，これを再製する際に得られる白油等の樟脳副産油を浮遊選鉱に用いた。再製とは，樟脳油をさらに樟脳と樟脳副産油に分溜することをいう。

　その後，徐々にセルロイドの需要が低下し，樟脳油が得られなくなってからは，その原料を松

---

　　*　Masayuki Yamamoto　日本香料薬品㈱　研究所　課長

第1章　ファインケミカル分野での応用

に求めるようになり，浮遊選鉱剤はパインオイルへと移行することとなる。

一方，外国産の起泡剤もターピネオールを主成分とするパインオイルが用いられていた。

1.2　浮遊選鉱
1.2.1　浮遊選鉱の方法

まず，概説として簡単な作業手順を記す。

採鉱された鉱石を200～325メッシュ程度の大きさに粉砕する。鉱石中には当然ながら，採取の目的となる金属が含まれている。粉砕した試料を溶液（水）に入れ，気泡により当該試料を浮遊させる。浮遊させるためには，当該試料が気泡に付着する必要がある。このとき，採取の目的となる金属と相性の良い気泡を生成していれば，その金属が気泡に付着したまま水面に辿り着く。一方，試料中に目的となる金属以外の成分が多い場合には，気泡との相性が悪くなり，途中で気泡から離れて沈降する。こうして，この水面に浮上してきた試料を回収すれば，目的とする金属を選択的に回収することが可能となる。

浮遊選鉱による鉱物を選択的に回収するとは，およそこのような原理に基づく。

1.2.2　浮遊選鉱機と操作
(1)　浮遊選鉱機

先述の浮遊選鉱方法に鑑み，浮遊選鉱機の略図を図1に示す。

水槽にいっぱいの水を溜めておき，その下方から空気を送り込む。この際，激しく撹拌することで，細かな気泡が水槽中に舞う。水中には後述する薬剤が添加されており，鉱石に応じた気泡が形成される。

鉱石は浮遊選鉱に適した大きさとして$43\mu m$～$74\mu m$程度に粉砕されており，これが気泡に付着したり，離れたりする。各々の鉱石に対し適した気泡があり，気泡に付着した鉱石は水槽の上

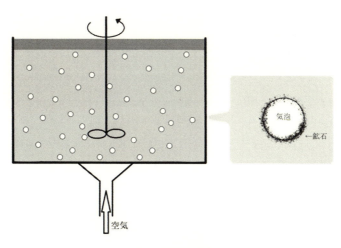

図1　浮遊選鉱機

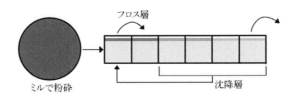

図2　浮遊選鉱フロー

層まで昇り，フロス層を形成する。このフロス層を掻き取ることで，ある鉱石を選択的に回収することができる。

(2) **浮遊選鉱の流れ**

浮遊選鉱の現場では，先述の浮遊選鉱機が数台並んで設置されており，全体の概略図を図2に示す。

ミルで粉砕された鉱石が最初のセルに入れられ，浮遊選鉱が行われる。浮遊してできたフロス層を次のセルへ運びつつ，沈降した鉱石は前のセルに戻す等により，採取される鉱石の選択性を高めている。実際には，各鉱山に応じた複雑なフローシートが考案されている[2]。

1.3　浮遊選鉱剤と原理

1.3.1　浮遊選鉱剤の種類

浮遊選鉱を行う上で使用する薬剤は，大きく分けて「起泡剤（Frothing Reagent, Frother）」「捕集剤（Collecting Reagent, Collector）」「条件剤（Conditioner）」からなる。しかしながらこれらに明確な区別はなく，ある特定の物質に対して起泡剤として働く物が，別の物質に対しては捕集剤として働くこともある。また，両者を持ち合わせたり，あるいは抑制的に働くこともある。

1.3.2　金属と気泡の関係

効率の良い浮遊選鉱のため，金属と相性の良い気泡を得たいと考えるが，そのための指標として一般的に用いられている指標が「接触角（Contact Angle）」である[3]。

金属に水滴を垂らした際，硫化鉱物のようなものであれば，水滴は広がらず盛り上がる。

一方，石英のようなものの上に水滴を垂らした場合には，水はある程度の広がりを見せる。これが表面の濡れやすさを示すと同時に，浮揚性（Floatability）を示すものとなる。

他方，水と気泡の接触角を測定する方法は次の通りである。

概念的には水槽の底に残された気泡の接触角を測定するものであるが，実験的には「あわ指示器」を用いて水槽底面に気泡を発生させ，その接触角を測定するというものである。

接触角は表面エネルギーの差異に依存することから，接触角が等しければ表面エネルギーは等しいこととなる。

浮遊選鉱の際，試料に気泡が付着することが必要となる。試料に対する気泡の付着しやすさを考えるに，試料-液体間の表面エネルギーの差よりも，試料-空気間の表面エネルギーが低くなれ

第1章 ファインケミカル分野での応用

表1 浮遊選鉱剤の種類

選鉱剤の種類		効 果
起泡剤		気泡の発生に関与する
捕集剤		電荷による捕集効果を発生させる
条件剤	抑制剤	分離度を高めるために,目的物以外の物を浮遊させなくする
	活性剤	抑制された浮揚性を回復するために用いる
	pH調整剤	浮遊に適したpHに調整する
	分散剤	脈石スライムの分散等に用いられる
	剥離剤	鉱石の表面を侵す

図3 鉱物-液体間の接触角の求め方

図4 液体-気体間の接触角の求め方

ば,試料に気泡が付着しやすくなる。

このようなエネルギー関係から,試料-水の接触角 θ_F と,水-気泡の接触各 θ_H が近似であれば,その試料を浮遊させるのに適した気泡が生成されていると言える。しかしながら,試料すべてを浮かせることとなると浮遊による選択を介しなくなる。採取したい鉱物に着目し,それに応じた選択性の高い気泡を生成させる必要がある。

1.4 浮遊選鉱剤の選定

適切な浮遊選鉱を行うための薬剤を紹介する。しかしながらここでは起泡剤,捕集剤に留めることとし,各種条件剤等については成書を参照されたい。

1.4.1 起泡剤

(1) パインオイル

主成分とされるターピネオールの構造式は下記のとおりである。

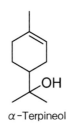
α-Terpineol

炭素数10の炭化水素部分と，1つのヒドロキシル基からなる。すなわち，1分子中に疎水基と親水基を有するため，界面活性作用を有する。これにより，きめ細かな密集した泡を形成する。

また，ターピネオール以外にもパインオイルにはピネン，ジペンテン，ターピノーレン等のモノテルペン類を含む。これらモノテルペン類は親水基を持たないため，それ単独では起泡性を有しない。しかし，ターピネオールと同時に用いられることにより，形成される泡に持続性を持つこととなり，泡に吸着した鉱物を保持させる力が向上する。そして，泡が壊れず，表層まで鉱物を運ぶことを可能とする。

ゆえに，ヒドロキシル基を有するテルペン類と，ヒドロキシル基を有しないテルペン類の絶妙なバランス[4]により，良い起泡剤となる。この点，ターピノーレンやリモネン（ジペンテン）を使用した研究成果[5]も報告されている。

(2) **樟脳副産油**

樟脳を得る際に得られる樟脳油を，さらに精製して再製樟脳と樟脳副産油に分離する。この樟脳副産油も浮遊選鉱に用いられた。樟脳副産油の成分を表2に示す[6]。

先述の通り，樟脳精製の際の廃液に当たるので，白油や赤油はパインオイルの廉価な代替としても用いられた[7]。

一方，藍油については，強い気泡力もあるため，銅鉱の浮遊選鉱等に使用された。

(3) **芳香族化合物**

タール類として，クレゾール酸やベンゼン等が用いられる。

クレゾール酸はパインオイルに比べ，気泡は大きくなるが脆くなる。比較的浮遊しやすい硫化鉱物に使用されていたとされ，鉛・亜鉛鉱および銅・鉛・亜鉛鉱の鉛浮選等に使用される。

表2 樟脳副産油の分類

分溜成分	蒸留温度	含有成分
白油	150～185℃	シネオール・ピネン・ジペンテン
赤油	210～250℃	サフロール・オイゲノール・ターピネオール
藍油	250～300℃	セスキテルペン，セスキテルペンアルコール
タール分	300℃～	フェノール類・有機酸類

第1章 ファインケミカル分野での応用

(4) MIBC (Methyl isoButyl Carbinol)

$$\text{MIBC}$$

IUPAC名では 4-Methyl-2-pentanol と呼ばれるものである。

起泡剤として用いられる脂肪族（鎖状）アルコールとしては、炭素数5以下のものは気泡力が不十分であり、8以上になると泡の安定性と持続力が強くなる傾向にある。MIBCは炭素数6の2級アルコールであり、起泡剤としての条件として十分と言える。

昭和30年頃に輸入されるようになり、その使用量とともに脂肪族アルコールの使用実績となったようである[8]。

(5) ポリプロピレングリコール

水溶性の起泡剤で、石油系原料から合成される。

単独では鉱物に対する捕集性はあまり有しておらず、後述するザンセートと用いることで効果を発揮する。この際、アルカリ性領域では、パインオイルよりも高い起泡性を有するが、中性・弱酸性雰囲気下ではパインオイルとあまり変わらないことが経験的に知られる。

末端をメチルエーテル化したグリコールエーテル類については、モノ-、ジ-、トリ-、テトラ-プロピレングリコールモノメチルエーテルという順に、浮遊性、吸着性が大きくなる[9]。

1.4.2 捕集剤

地質学上、地中に埋まっている金属のほとんどは純金属では在り得ず、何らかの化合物の状態で存在する。主に、酸化鉱や硫化鉱が挙げられるが、酸化鉱は電気分解等の処理をするようである[10]。

一方、硫化鉱石の場合には浮遊選鉱が用いられ、このとき捕集剤としてメルカプタン類が使用される。硫黄化合物同士となるので、表面エネルギーが小さくなるからと考えられる。

(1) ザンセート

キサントゲン酸塩と呼ばれる硫黄化合物であり、下記反応により合成される。

$$C_2H_5\text{-OH} + S\text{=}C\text{=}S + K\text{-OH} \longrightarrow C_2H_5\text{-O-C(=S)-S-K} + H_2O$$

エチル・カリウム・ザンセートの合成

起泡剤として用いられているものはパインオイルはじめ天然に存在するものが多いが、このザンセートは化学的に合成されたものである。このザンセートを使用する特許[11]が取得されてから、一躍、浮遊選鉱に必須の薬剤となった。

しかしながらいくつかの欠点もある。ザンセート単独で効果が得られるわけではなく、パイン

オイル等と使用して捕集効果を増強するというものである。また，水中で分解しやすく，長時間の使用に耐え得るものではない。そして何より，今日では入手困難となっている。

(2) メルカプトベンゾチアゾール

SMBT

チアゾール部分に結合したS^-の部分が金属表面と接触し，捕集効果を有する。活躍できるpH領域がザンセート（pH＝8〜13）と異なり，pH＝4〜9の酸性領域でも効力を発揮する。

(3) メルカプタン

n-ドデシルメルカプタン

先述のメルカプトベンゾチアゾールは水溶性であるのに対し，水に難溶の液体である。

他に，チオフェノール類なども用いられていたが，鎖式メルカプタンとは異なり，単独では用いられなかったようである。

1.5 浮遊選鉱の今後の展望

1.5.1 浮遊選鉱の収率

浮選実験成績表[11]の一部を転記する。原著は22種の実験毎に鉄・銅・亜鉛・鉛の収率を記載している。ここでは一部抜粋として，銅については最も品位（浮遊選鉱により回収された鉱石中の当該金属の含有率）が最も高く，鉛については浮鉱の品位が最低値の実験結果を紹介する。

当該実験において，硫酸浮選と言う手法が用いられているが，この実験の目的は鉄・銅を効率良く回収するとともに，亜鉛・鉛については抑制したかったと記載されている。

表3は実験の一例でしかないが，浮遊選鉱の収率はこのようであったとされる。

1.5.2 浮遊選鉱の限界

(1) 浮遊選鉱による収率

これまで説明してきたとおり，浮遊選鉱の技術を用いれば，鉱石からある特定の金属を選択的に回収できる。

表3 浮選実験成績表[12]

	粗鉱		浮鉱			沈鉱		
	鉱量（%）	品位（%）	鉱量（%）	品位（%）	収率（%）	鉱量（%）	品位（%）	収率（%）
Cu	100.0	9.8	24.8	30.1	76.2	75.2	3.1	23.8
Pb	100.0	32.2	24.8	2.8	2.1	75.2	42.3	97.9

（文献12より一部抜粋）

表3の実績値から考察すると，例えば鉱石中9.8％の程度存在する銅を30.1％程度まで選択的に品位を増加させることはできる。(この時の回収された鉱量が24.8％であり，銅全体として76.2％の回収率となる。)

一方，鉛の除去を考えると，鉱石中32.2％の程度存在する鉛を2.8％程度まで選択的に品位を低下させることも可能となる。(この時の沈降した鉱量は75.2％であり，鉛全体の除去率は97.9％となる。)

(2) 浮遊選鉱の応用と可能性

こうした浮遊選鉱の技術を利用して，土壌中の重金属を除去できないかという試みがある。確かに，金属類を選択的に分別できると考えると，非常に興味深い。しかし，土壌中の重金属類はppm単位で存在する。先の実験例では銅については9.8％から30.1％に濃縮するものであり，鉛については32.2％含まれる土壌中，97.9％は除去できたという結果でしかない。こうした結果から思うに，ppm単位の金属を濃縮・除去するにはかなり難しい。

1.6 おわりに

古くは石炭産業の時代に開発され，高度経済成長とともにこの浮遊選鉱の技術は発展した。

しかしながら，昨今は樟脳副産油やパインオイルについて選鉱剤用途の使用が減少していることから，浮遊選鉱の産業は衰退しているのかと懸念する。

先に述べたとおり，環境中の重金属除去など新たな試みも行われる一方で，かつて栄えたこの浮遊選鉱の技術を応用するには，数多くの改良の余地があると痛感する。

今後は時代に応じた手法に改良され，環境対策にも使用できる現代の技術へと前進して欲しいと願う。

文　　献

1) 瀬戸英太郎，わが国で使用されている起泡剤と捕収剤について，『日本鉱業会誌』，71巻807号，P.591 (1955)
2) 土屋茂雄 編，浮選試料の添加方法と添加順調査 (第2報)，『浮選 (第4号)』，pp.26-30，1956年春季号，浮選学会 編 (1956)
3) Philip Rabone, Flotation plant practice (3rd ed.), pp.66-P.69, Mining Publications (1939)
4) 高草木政英 編，起泡剤に関する研究 (第7報)，『浮選 (第5号)』，pp.2-14, 1956年秋季号，浮選学会 編 (1956)
5) 横山幸衛，沼田芳明，向井滋，硫化鉱物の浮選における起泡剤の作用に関する基礎的研究，『浮選 (第23巻 第2号)』，P.73 (P.7)，1976年夏季号，浮選学会 編 (1976)
6) 日本香料年報 (第4号) 遊び紙掲載図　日本香料薬品㈱ (昭和12年8月25日)

7) 高桑健 著, 『浮選工学 上』第3版, P.256, 共立出版 (1955)
8) 文献1), P.593
9) 沼田芳明, 若松貴英, ポリプレピレングリコールモノメチルエーテル系起泡剤のザンセート捕集に及ぼす影響, 『浮選（第26巻 第1号）』, P.5 (P.5), 1979年春季号, 浮選学会 編 (1979)
10) http://www.nmm.jx-group.co.jp/industry/resource/process02.html (2016年4月30日閲覧)
11) Cornelius H. Keller, Froth-flotation concentration of ores, U. S. Patent 1554216A
12) 前田耕一, 硫酸による銅と鉛・亜鉛の分離浮選について, 『浮選（第23巻 第4号）』, P.251 (P.31), 1976年冬号, 浮選学会 編 (1976)

2 ファインケミカル分野での特許動向

シーエムシー出版　編集部

2.1 はじめに

ここでは，テルペンのファインケミカル分野での応用の特許を検索するため，Google Patent でまず，「テルピン」と「ファインケミカル分野」の2語をキーワードにして検索を行った。その結果，約59件の特許が検索された。これらの最初の10件の出願特許の名称等は表1の通りである。

これらの特許の名称からわかるように，ファインケミカル分野では，プラスチック等の工業材料から第3章の電子分野まで幅広く含まれることがわかる。したがって，ここでは電子分野関連は第3章にまわすことにして，以下のように，プラスチック等の材料関連の主な特許についてその概要を記載することにする。

2.2 プラスチック等の材料関連の主な特許

(1)潤滑油組成物および無段変速機用潤滑油組成物			
公告番号	WO2012011492 A1	出願日	2011年7月20日
公開タイプ	出願	優先日	2010年7月20日
出願番号	PCT/JP2011/066439	発明者	関口浩紀ほか
公開日	2012年1月26日	特許出願人	出光興産㈱

【要約】

本発明は，潤滑油組成物および無段変速機用潤滑油組成物に関する。

炭素材料としては，現在でも石油資源由来のものが多く用いられている。しかし，資源の枯渇という問題が現実となりつつあり，石油資源由来とは異なる新たな炭素材料が求められている。その一つとして天然の植物由来の油脂や精油を潤滑油として利用しようとする動きがある。植物由来の精油は，アルコール，アルデヒド，ケトン，エステル，フェノール，および炭化水素などを成分として含んでいる。炭化水素としては，テルペンやセスキテルペンがある。テルペンには鎖状テルペン類としてアロオシメン，オシメン，ミルセン，ジヒドロミルセン等が知られ，環状テルペン類としてα-ピネン，β-ピネン，リモネン，カンフェン，α-フェランドレン，テルピネン，テルピノーレン，3-カレン等が知られている。テルペンは香料等によく用いられているが，$C_{10}H_{16}$ の分子式を持つ炭化水素であり，高い加水分解安定性，体積抵抗率を持つものの，粘度，引火点等が低い為，潤滑油用途には適さない。一方，セスキテルペンとしては，鎖状セスキテルペンであるファルネセン等が知られ，環状セスキテルペン類としてはセドレン，β-カリオフィレン，カジネン，バレンセン，ツヨプセン，グアイエン等が知られている。これらは $C_{15}H_{24}$ の分子式を持つ炭化水素であり高い加水分解安定性と高い体積抵抗率を持ち，さらに適度な粘度，引火点を持つことから低粘度の潤滑油基材として使用可能である。

本発明の第1の目的は，低流動点であって，粘度指数が高く，高い酸化安定性，高い耐加水分

表1 ファインケミカル分野におけるテルペン関連の主な応用特許

	公告番号	名称	出願日	発行日	発明者	特許出願人
1	WO2012011492 A1	潤滑油組成物および無段変速機用潤滑油組成物	2011年7月20日	2012年1月26日	Hiroki Sekiguchi	Idemitsu Kosan
2	WO2014014108 A9	パッシベーション層形成用組成物，パッシベーション層付半導体基板，パッシベーション層付半導体基板の製造方法，太陽電池素子，太陽電池素子の製造方法及び太陽電池	2013年7月19日	2014年7月3日	Shuichiro Adachi	Hitachi Chemical Company
3	WO2014156593 A1	有機電子デバイス用素子封止用樹脂組成物，有機電子デバイス用素子封止用樹脂シート，有機エレクトロルミネッセンス素子，及び画像表示装置	2014年3月10日	2014年10月2日	Keiji Saito	Furukawa Electric
4	WO2015083622 A1	熱硬化性樹脂組成物	2014年11月27日	2015年6月11日	Hiroki Sakamoto	Three Bond Fine Chemical
5	WO2015016106 A1	粘着シート	2014年7月23日	2015年2月5日	Koji Shitara	Nitto Denko Corporation
6	WO2012020572 A1	潜在性硬化剤組成物及び一液硬化性エポキシ樹脂組成物	2011年8月11日	2012年2月16日	Ryo Ogawa	Adeka Corporation
7	WO2014188840 A1	感温性粘着剤	2014年4月24日	2014年11月27日	Minoru Nanchi	Nitta Corporation
8	WO2011055827 A1	粘着剤組成物	2010年11月8日	2011年5月12日	Hitoshi Takahira	Nitto Denko Corporation
9	WO2012001900 A1	ホイール用保護フィルム	2011年6月16日	2012年1月5日	Ikkou Hanaki	Nitto Denko Corporation
10	WO2012066777 A1	ホイール用保護フィルムおよびホイール用保護フィルム積層体	2011年11月16日	2012年5月24日	Ikkou Hanaki	Nitto Denko Corporation

すべて出願済み

解性および高い体積抵抗率を持つ潤滑油組成物を提供することであり，本発明の第2の目的は，高温でのトラクション係数が高く，低温流動性に優れ，高温で油膜を保持可能な無段変速機用潤滑油組成物を提供することである．

第1章 ファインケミカル分野での応用

　本発明者らは，ヒノキ，マツ等から得られる精油に含まれるロンギホレン（環状セスキテルペン炭化水素の一種）が高い加水分解安定性と高い体積抵抗率を持ち，さらに適度な粘度，引火点を持つことから低粘度の潤滑油基材として使用可能であることを見いだした。さらに，ロンギホレンのオレフィン部は，嵩高い置換基を有する末端オレフィン構造であるので，酸化安定性も高い。本発明は，これらの知見に基づいて完成されたものである。本発明の潤滑油組成物および無段変速機用潤滑油組成物は，ロンギホレンを配合してなることを特徴とする。すなわち，本発明はロンギホレンを含む潤滑油である。ここで，ロンギホレンとは，(1S, 3aR, 4S, 8aS) -4,8,8-トリメチル-9-メチレン-デカヒドロ-1,4-メタノアズレンである。

　本発明の潤滑油組成物は，ロンギホレン，すなわち(1S, 3aR, 4S, 8aS) -4,8,8-トリメチル-9-メチレン-デカヒドロ-1,4-メタノアズレンを配合してなる。

【特許請求の範囲】
1. ロンギホレンを配合してなることを特徴とする潤滑油組成物

(2)熱硬化性樹脂組成物

公告番号	WO2015083622 A1	出願日	2014年11月27日
公開タイプ	出願	優先日	2013年12月5日
出願番号	PCT/JP2014/081439	発明者	坂本寛樹ほか
公開日	2015年6月11日	特許出願人	スリーボンドファインケミカル㈱ほか

【要約】
【課題】速硬化性を有すると共に保存安定性に優れ，ネオジマグネットの固定において，耐久試験後でも安定した固定を可能にする熱硬化性樹脂組成物を提供する。
【解決手段】下記（A）～（D）成分を含み，（A）成分と（B）成分との合計に対して（A）成分を25～75質量％含む熱硬化性樹脂組成物2であり，ここで，（A）成分：エポキシ樹脂，（B）成分：シアネートエステル樹脂，（C）成分：下記（C1）成分の変性アミン化合物およびフェノール樹脂を含有してなる第1の硬化剤，ならびに下記（C2）成分の変性アミン化合物およびフェノール樹脂を含有してなる第2の硬化剤，（C1）成分：1個以上の3級アミノ基ならびに1個以上の1級アミノ基および2級アミノ基の少なくとも一方を有するポリアミン化合物とエポキシ化合物とを反応させてなる変性アミン化合物，（C2）成分：分子内に3級アミノ基を有さず，反応性を異にする2個の1級アミノ基および2級アミノ基の少なくとも一方を有するポリアミン化合物，ならびに分子内に3級アミノ基を有さず，分子内に2個以上の1級アミノ基および2級アミノ基の少なくとも一方を有し，当該1個のアミノ基がエポキシ基と反応した構造により，残りのアミノ基とエポキシ基との反応性が低下する芳香族ポリアミン，脂環式ポリアミン，および脂肪族ポリアミンからなる群より選択される少なくとも1種のポリアミン化合物と，エポキシ化合物とを反応させてなる分子内に活性水素を有するアミノ基を1個以上有する変性アミン化合物，（D）成分：有機フィラー。

硬化性を有すると共に保存安定性に優れ，ネオジマグネットの固定において，耐久試験後でも安定した固定を可能にする熱硬化性樹脂組成物を提供する。下記（A）～（D）成分を含み，（A）成分と（B）成分との合計に対して（A）成分を25～75質量％含む熱硬化性樹脂組成物：（A）成分：エポキシ樹脂，（B）成分：シアネートエステル樹脂，（C）成分：下記（C1）成分の変性アミン化合物およびフェノール樹脂を含有してなる第1の硬化剤，ならびに下記（C2）成分の変性アミン化合物およびフェノール樹脂を含有してなる第2の硬化剤，（C1）成分：1個以上の3級アミノ基ならびに1個以上の1級アミノ基および2級アミノ基の少なくとも一方を有するポリアミン化合物とエポキシ化合物とを反応させてなる変性アミン化合物，（C2）成分：分子内に3級アミノ基を有さず，反応性を異にする2個の1級アミノ基および2級アミノ基の少なくとも一方を有するポリアミン化合物，ならびに分子内に3級アミノ基を有さず，分子内に2個以上の1級アミノ基および2級アミノ基の少なくとも一方を有し，当該1個のアミノ基がエポキシ基と反応した構造により，残りのアミノ基とエポキシ基との反応性が低下する芳香族ポリアミン，脂環式ポリアミン，および脂肪族ポリアミンからなる群より選択される少なくとも1種のポリアミン化合物と，エポキシ化合物とを反応させてなる分子内に活性水素を有するアミノ基を1個以上有する変性アミン化合物，（D）成分：有機フィラー。

【特許請求の範囲】

1. 下記（A）～（D）成分を含み，下記（A）成分と下記（B）成分との合計に対して下記（A）成分を25～75質量％含む熱硬化性樹脂組成物：

（A）成分：エポキシ樹脂

（B）成分：シアネートエステル樹脂

（C）成分：下記（C1）成分の変性アミン化合物およびフェノール樹脂を含有してなる第1の硬化剤，ならびに下記（C2）成分の変性アミン化合物およびフェノール樹脂を含有してなる第2の硬化剤

（C1）成分：1個以上の3級アミノ基ならびに1個以上の1級アミノ基および2級アミノ基の少なくとも一方を有するポリアミン化合物とエポキシ化合物とを反応させてなる変性アミン化合物

（C2）成分：分子内に3級アミノ基を有さず，反応性を異にする2個の1級アミノ基および2級アミノ基の少なくとも一方を有するポリアミン化合物，ならびに分子内に3級アミノ基を有さず，分子内に2個以上の1級アミノ基および2級アミノ基の少なくとも一方を有し，当該1個のアミノ基がエポキシ基と反応した構造により，残りのアミノ基とエポキシ基との反応性が低下する芳香族ポリアミン，脂環式ポリアミンおよび脂肪族ポリアミンからなる群より選択される少なくとも1種のポリアミン化合物の少なくとも一方と，エポキシ化合物とを反応させてなる，分子内に活性水素を有するアミノ基を1個以上有する変性アミン化合物

（D）成分：有機フィラー。

第1章　ファインケミカル分野での応用

(3)粘着シート			
公告番号	WO2015016106 A1	出願日	2014年7月23日
公開タイプ	出願	優先日	2013年7月31日
出願番号	PCT/JP2014/069402	発明者	設樂浩司ほか
公開日	2015年2月5日	特許出願人	日東電工㈱

【要約】

　接着シートを被着体に貼り合わせた後に熱処理や紫外線処理などの処理の必要がなく，十分な接着性を発揮するとともに，防湿性に優れる粘着シートを提供する。本発明の粘着シートは，ベースポリマー及び層状シリケートを含有する粘着剤層を有し，上記ベースポリマーがポリオレフィン系樹脂であることを特徴とする。上記粘着シートにおいて，接着力は3.0gf/25mm以上であり，透過率が80％以上であることが好ましい。

　本発明の粘着シートは，ベースポリマーがポリオレフィン系樹脂であり，ベースポリマー及び層状シリケートを含有する粘着剤層を有する。すなわち，本発明の粘着シートは，粘着剤層として，層状シリケートを含有するポリオレフィン系粘着剤層を少なくとも有することが好ましい。なお，本明細書では，上記の「ベースポリマー及び層状シリケートを含有し，ベースポリマーがポリオレフィン系樹脂である粘着剤層」を「粘着剤層A」と称する場合がある。

　本発明の粘着シートは，粘着剤層A以外にも，基材による層，粘着剤層A以外の粘着剤層（その他の粘着剤層），他の層（例えば，中間層，下塗り層など）を有していてもよい。また，本発明の粘着シートの粘着剤層表面（粘着面）は，剥離ライナーにより保護されていてもよい。

　粘着剤層Aは，十分な接着性を得る点より，粘着付与樹脂を含有することが好ましい。粘着付与樹脂としては，特に限定されないが，例えば，ロジン，ロジン誘導体樹脂，ポリテルペン樹脂，石油樹脂，クマロン・インデン樹脂，スチレン系樹脂，フェノール系樹脂，キシレン樹脂などが挙げられる。なお，粘着付与樹脂は，単独で又は2種以上組み合わせて用いることができる。

　特に，上記粘着付与樹脂としては，ベースポリマーに対する相溶性及び透湿性の観点から，水素添加型の粘着付与樹脂が好ましく挙げられる。上記水素添加型の粘着付与樹脂としては，特に限定されないが，例えば，ロジン系樹脂，石油系樹脂，テルペン系樹脂，クマロン・インデン系樹脂，スチレン系樹脂，アルキルフェノール樹脂，キシレン樹脂などの粘着付与樹脂に水素添加した誘導体（水素添加型ロジン系樹脂，水素添加型石油系樹脂，水素添加型テルペン系樹脂など）が挙げられる。上記水素添加型ロジン系粘着付与樹脂としては，例えば，ガムロジン，ウッドロジン，トール油ロジンなどの未変性ロジン（生ロジン）を水添化により変性した変性ロジンなどが挙げられる。

【特許請求の範囲】

1. ベースポリマー及び層状シリケートを含有する粘着剤層を有し，前記ベースポリマーがポリオレフィン系樹脂であることを特徴とする粘着シート。

(4)潜在性硬化剤組成物及び一液硬化性エポキシ樹脂組成物			
公告番号	WO 2012020572 A1	出願日	2011年8月11日
公開タイプ	出願	優先日	2010年8月12日
出願番号	PCT/JP2011/004551	発明者	小川亮ほか
公開日	2012年2月16日	特許出願人	㈱ADEKAほか

【要約】

本発明は，(A)(a)活性水素基を有するアミン化合物と(b)ポリグリシジル化合物を反応させて得られる付加反応物，及び，(B)フェノール樹脂を含有してなるエポキシ樹脂用硬化剤組成物からなる潜在性硬化剤組成物であり，前記フェノール樹脂が，2核体を10～40質量%含有すると共に，その数平均分子量(Mn)が900～2000，重量平均分子量(Mw)が2500～5000であって，分子量分布(Mw/Mn)が2.0～4.0である点に特徴がある。

【特許請求の範囲】

1. (A)(a)活性水素基を有するアミン化合物と(b)ポリグリシジル化合物を反応させて得られる付加反応物，及び，(B)フェノール樹脂を含有してなるエポキシ樹脂用硬化剤組成物であって，前記フェノール樹脂が，2核体を10～40質量%含有すると共に，その数平均分子量(Mn)が900～2000，重量平均分子量(Mw)が2500～5000であって，分子量分布(Mw/Mn)が2.0～4.0であることを特徴とする潜在性硬化剤組成物。

(5)感温性粘着剤			
公告番号	WO2014188840 A1	出願日	2014年4月24日
公開タイプ	出願	優先日	2013年5月24日
出願番号	PCT/JP2014/061516	発明者	南地実ほか
公開日	2014年11月27日	特許出願人	ニッタ㈱

【要約】

本発明の課題は，優れたハンドリング性，耐薬品性，耐熱性および易剥離性を備える，感温性粘着剤を提供することである。

本発明の感温性粘着剤は，20～30℃の融点を有し，かつ下記共重合体に金属キレート化合物を下記添加量(A)で添加し架橋反応させることによって得られる，側鎖結晶性ポリマーと，粘着付与剤とを含有するとともに，前記融点未満の温度で粘着力が低下する。共重合体：炭素数16～22の直鎖状アルキル基を有する(メタ)アクリレートを25～30重量部，炭素数1～6のアルキル基を有する(メタ)アクリレートを60～65重量部，極性モノマーを1～10重量部，および反応性フッ素化合物を1～10重量部の割合で重合させることによって得られる。添加量(A)：共重合体100重量部に対して3～10重量部である。

本発明によれば，ハンドリング性，耐薬品性，耐熱性および易剥離性の全てに優れるという効果がある。

第1章 ファインケミカル分野での応用

【特許請求の範囲】

1. 20～30℃の融点を有し，かつ下記共重合体に金属キレート化合物を下記添加量（A）で添加し架橋反応させることによって得られる，側鎖結晶性ポリマーと，粘着付与剤とを含有するとともに，前記融点未満の温度で粘着力が低下する，感温性粘着剤。

共重合体：炭素数16～22の直鎖状アルキル基を有する（メタ）アクリレートを25～30重量部，炭素数1～6のアルキル基を有する（メタ）アクリレートを60～65重量部，極性モノマーを1～10重量部，および反応性フッ素化合物を1～10重量部の割合で重合させることによって得られる。

添加量（A）：共重合体100重量部に対して3～10重量部である。

(6)粘着剤組成物			
公告番号	WO2011055827 A1	出願日	2010年11月8日
公開タイプ	出願	優先日	2009年11月9日
出願番号	PCT/JP2010/069866	発明者	高比良等ほか
公開日	2011年5月12日	特許出願人	日東電工㈱

【要約】

本発明は，耐熱性と粘着力とを高レベルで両立可能なポリエステル系粘着剤を与える粘着剤組成物および該粘着剤を備えた粘着シートを提供することを目的とする。本発明により提供されるポリエステル系粘着剤組成物は，Mwが4×10^4～12×10^4のポリエステル樹脂Aと，Mwが0.3×10^4～1×10^4のポリエステル樹脂Bとを含む。ポリエステル樹脂A，Bの含有モル数mA，mBの比（mA：mB）は，1：0.35～1：1.4である。この粘着剤組成物はさらに架橋剤を含み，架橋後における粘着剤のゲル分率は30～65％である。

【特許請求の範囲】

1. ポリエステル樹脂を主成分とする粘着剤組成物であって，

前記ポリエステル樹脂として，重量平均分子量が4×10^4～12×10^4であるポリエステル樹脂Aと，重量平均分子量が0.3×10^4～1×10^4であるポリエステル樹脂Bとを少なくとも含み，

当該粘着剤組成物に含まれるポリエステル樹脂Aの重量および重量平均分子量から算出されるポリエステル樹脂A含有モル数mAと，該粘着剤組成物に含まれるポリエステル樹脂Bの重量および重量平均分子量から算出されるポリエステル樹脂B含有モル数mBとの比（mA：mB）が1：0.35～1：1.4であり，且つ，

前記ポリエステル樹脂A，Bの少なくとも一方と反応する官能基を一分子中に二以上有する架橋剤をさらに含み，架橋後における粘着剤のゲル分率が30～65％である，粘着剤組成物。

2.3 「パインオイルの浮遊選鉱剤」に関連する特許

「パインオイル」,「浮遊選鉱剤」の2語をキーワードにして,Google Patent で特許検索を行った結果,以下の3件の特許が検索された。これらの特許は,いずれもパインオイルを浮遊選鉱法における気泡剤として使用するものである。これらの特許について,その概要を以下に記載する。

(1)蛍石の精製方法			
公告番号	WO2010110088 A1	出願日	2010年3月12日
公開タイプ	出願	優先日	2009年3月25日
出願番号	PCT/JP2010/054177	発明者	藤田豊久ほか
公開日	2010年9月30日	特許出願人	東京大学ほか

【要約】

新規な蛍石の精製方法,特に蛍石中のヒ素含量を効果的に低減することができる精製方法を提供する。CaF_2 および As を含む原料蛍石を酸の存在下にて粉砕しながら As を酸浸出(またはメカノケミカル酸浸出)させ,これによりヒ素含量が低減された精製蛍石を得ることができる。

浮遊選鉱を安定に効率良く実施するために,その液相に薬剤を添加してもよい。薬剤の例としては,捕収剤,起泡剤,pH 調整剤,活性剤,抑制剤などである。

捕収剤は,目的粒子に吸着してその表面を疎水化する作用がある。捕収剤の具体例は,ドデシルアミンの塩化物,ケロシン,高級脂肪酸のナトリウム塩である。

起泡剤は,効率的に気泡を発生させる作用がある。起泡剤の具体例は,アルコール類,エーテル類,ケトン類であり,環状アルコールであるパイン油が最も広く用いられる。

(2)低硫黄含有鉄鉱石の製造方法			
公告番号	WO2014208504 A1	出願日	2014年6月23日
公開タイプ	出願	優先日	2013年6月27日
出願番号	PCT/JP2014/066581	発明者	日下ほか
公開日	2014年12月31日	特許出願人	㈱神戸製鋼所

【要約】

本発明は,硫黄を0.08%超,2%以下含有する鉄鉱石を浮遊選鉱して硫黄含有量が0.08%以下に低減された鉄鉱石を製造する,低硫黄含有鉄鉱石の製造方法に関する。本発明の製造方法においては,浮遊選鉱する際に,(1)捕収剤として,ザンセート系化合物と,アミン化合物の塩とを用いるか,(2)捕収剤として,ザンセート系化合物を用い,活性剤として,水中で硫黄イオンを放出する物質を用いるか,或いは(3)捕収剤として,ザンセート系化合物と,アミン化合物の塩とを用い,活性剤として,水中で硫黄イオンを放出する物質を用いる。

本発明に係る低硫黄含有鉄鉱石の製造方法とは,硫黄を0.08%超,2%以下含有する鉄鉱石を浮遊選鉱して硫黄含有量が0.08%以下に低減された鉄鉱石を製造する方法であって,浮遊選鉱す

第1章　ファインケミカル分野での応用

る際に，
　(1)捕収剤として，ザンセート系化合物と，アミン化合物の塩とを用いるか，
　(2)捕収剤として，ザンセート系化合物を用い，活性剤として，水中で硫黄イオンを放出する物質を用いるか，或いは
　(3)捕収剤として，ザンセート系化合物と，アミン化合物の塩とを用い，活性剤として，水中で硫黄イオンを放出する物質を用いる点に要旨を有する。

　本発明によれば，硫黄を0.08％超，2％以下の範囲で少量含有する鉄鉱石を浮遊選鉱するにあたり，浮遊選鉱時に，捕収剤としてザンセート系化合物を用いると共に，更に，捕収剤としてアミン化合物の塩を用いるか，および／または，活性剤として水中で硫黄イオンを放出する物質を用いているため，硫黄が効率良く除去される。その結果，硫黄含有量が0.08％以下に低減された鉄鉱石を安価に製造できる。また，本発明によれば，ザンセート系化合物の使用量を従来よりも低減できるため，浮遊選鉱で発生する廃液の処理負荷を低減できる。

　本明細書において「ザンセート系化合物」とは，ザンセートの他，ジチオカルバミン酸塩を含む意味である。ザンセートとは，-OC(＝S)-S-の化学構造を有するキサントゲン酸塩をいう。ザンセートの例としては，R-OC(＝S)-S-M＋（式中，Rは炭素数1〜20のアルキル基，MはNa，K等のアルカリ金属またはNH4などを表す。）の一般式で示される化合物が挙げられる。

　上記アミン化合物の塩としては，例えば，アミン化合物の酢酸塩，アミン化合物の塩酸塩，アミン化合物の硫酸塩，アミン化合物の硝酸塩などを用いることができ，特に，アミン化合物の酢酸塩を好適に用いることができる。

　次に，上記二種類の捕収剤を添加した後，起泡剤を添加すればよい。起泡剤とは，浮遊選鉱時に発生する泡の安定性を高める物質であり，公知のものを用いればよい。例えば，メチルイソブチルカルビノール，メチルイソブチルケトン，エタノール，パイン油，ハンツマン社の「W55（商品名）」等，を用いることができる。

(3)浮遊分離装置および方法並びにその利用製品の製造方法			
公告番号	WO2011007837 A1	出願日	2010年7月15日
公開タイプ	出願	優先日	2009年7月17日
出願番号	PCT/JP2010/061989	発明者	松藤泰典ほか
公開日	2011年1月20日	特許出願人	(独)科学技術振興機構ほか

【要約】
　被処理物の粒子が分散した被処理液を，下向きに縮小した底部10gを有する処理槽本体10に収容し，処理槽本体10の液面よりも低い位置から被処理液を取り出して処理槽本体10の底部10gに帰還させることで，処理槽本体10内に渦流を形成しつつ被処理液を循環させ，かつ処理槽本体10の下部から気泡を被処理液に供給することで，フロスに含まれる第1成分と，第1成分より浮上し難くて被処理液に含まれる第2成分とを分離する。

浮遊分離工程では，前処理スラリーから被処理液を調製して浮遊分離を行う。前処理スラリーをそのまま被処理液として使用してもよいが，通常は前処理工程で作製された前処理スラリーに水性液からなる分散媒を添加混合することで前処理スラリーよりフライアッシュ濃度が低い被処理液を調製する。被処理液には気泡剤などを添加してもよい。気泡剤としてはパイン油のような界面活性剤などが挙げられる。このような被処理液の調製は前処理装置で行ってもよく，浮遊分離装置で行ってもよい。

第2章　香料分野での応用

1　テルペン類の香料への応用

櫻井和俊*

1.1　はじめに

　香粧品香料は，香水・コロンのようなパフューム，基礎化粧品や仕上げ化粧品などのコスメチック製品，シャンプー・リンス・ヘアーコンデショナーなどのようなヘアーケア製品，石鹸・ボディーケア製品，洗剤・柔軟剤のようなハウスホールド製品，また，芳香剤・エアゾールのようなエアーケア製品などに使用される。

　香水に用いられる香料原料は，天然香料いわゆる天然精油が使用されていたこともあり香調も限定されていた。香粧品用香料には，精油由来成分であるテルペン類が非常に多く使用されていたわけである。その後，テレピン油より単離された β-ピネンを原料とする半合成香料，他のモノテルペンやセスキテルペン類を出発原料として製造された新規な半合成香料，また，アセトンとアセチレンを出発原料とする製造方法やイソプレンを出発原料とする合成法などが工業化され新規な香料が新たに登場した（基礎編　第4章　テルペン類の反応参照）。そして，多くの合成香料が容易に入手可能となり，現在のような芸術的な種々の香りが創生され各種香粧品に応用されてきた。なお，現在では，天然香料よりも半合成も含め合成香料が主として使用されている。

1.2　香粧品香料の組み立て

　香粧品香料は，トップノート（シトラス・アルデヒド・フルーティー・グリーン），ミドルノート（フローラル・グリーン・ハーバル・スイート），そして，ベースノート（ウッディ・アンバー・ムスク・バルサミック）という香調から組み立てられている。これらの香調を示し比較的高い頻度で使用されるテルペン類の一例を記載した（図1）。

1.3　モノテルペン類の利用

　ピネンやリモネン（1）のような炭素数10のモノテルペン炭化水素類は，精油から単離されて使用，また多くの場合は精油のまま使用された。単離された化合物は，合成香料の原料としても用いられ，酸化反応や還元反応などシンプルな反応を経て新たな香料が作成された。また，テルペン類はジエン構造を有するため共役カルボニル化合物との Diels Alder 反応の原料として，あるいは，増炭反応（炭素数を増やす反応）を用いた新たな合成香料の原料として用いられた。例

　＊　Kazutoshi Sakurai　高砂香料工業㈱　研究開発本部　テクニカルアドバイザー

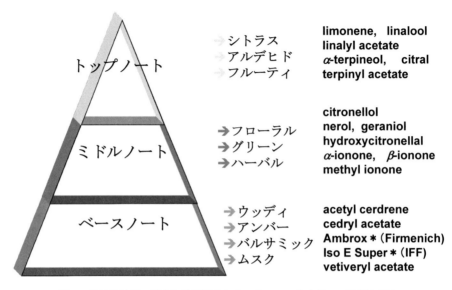

図1 香粧品香料の構成と使用頻度の高いテルペン化合物　＊登録商標名

えば，α-ピネンは，酸性条件下で容易に異性化してβ-ピネンを生成し，さらに多くのモノテルペン系香料化合物へと変換された（図2：リナロール（2），ネロール（3），ゲラニオール（4），シトロネロール（5），シトロネラール（6），α-ターピネオール（7）ジヒドロミルセノール（8）など）。これらの化合物はトップノートからミドルノートにかけて貢献する香りである。

オレンジ，レモン，グレープフルーツなどの柑橘類の精油中の大部分を占める香気成分である d-リモネン（1a）は，単環性のモノテルペン炭化水素であり香料のトップノート（シトラスノート）の重要な化合物である。柑橘系のリモネンは，（R）-体が主として存在し（+）の旋光度を有しており，一方，ミント系の精油より得られたリモネンは（S）-体が主として存在し（−）の旋光度を有しており，前者は d-リモネン，後者は l-リモネン（1b）と呼ぶことが多い。このように，テルペン類では，平面構造は同じであるが精油中での存在比率，香りの質，さらに閾値が異なっている化合物が多い。最近では，天然物から得られたものや合成品は，化学純度だけでなく光学純度（エナンチオマー過剰率）あるいは光学異性体（エナンチオマー）の存在比が機器分析によって明らかにされている。

l-メントール（9）は，ペパーミント油や薄荷油中の主成分であり，爽やかな芳香と清涼感を有するため菓子や清涼剤として非常によく用いられている。食品ではガム・香粧品では歯磨きや洗口液などの口中剤・さらに医薬品としても使用されている。メントールは，分子内に3つの不斉炭素を持っており8つの光学異性体が存在するが，その中でも，l-体の（−）-n-メントールが最も清涼感を示し，古くは薄荷油より単離されたものが用いられていた。

limonene (1)　linalool (2)　nerol (3)　geraniol (4)

citronellol (5)　citronellal (6)　α-terpineol (7)　dihydromyrcenol (8)

図2　モノテルペン類

(*R*)-(+)-limonene (1a)　(*S*)-(-)-limonene (1b)　*l*-menthol (9)

(*d*-limonene)　(*l*-limonene)

図3　リモネン（1）の両鏡像体と *l*-メントール（9）

1. 3. 1　炭化水素の利用：ミルセンからの合成香料

ミルセンは，鎖状モノテルペンであり，そのまま使用するよりもむしろ合成原料として用いられる。現在，ミルセンを出発原料として，次のような方法により年間数千トン単位で *l*-メントールが製造され，使用されている（図4）。

〈製法〉ミルセン（10）を出発原料としてゲラニルジエチルアミン（11）を得，不斉な配位子を有する錯体触媒（Rh-BINAP）を使用して不斉異性化反応を行ってシトロネリルエナミン（12）とし，酸処理すると光学活性なシトロネラールが得られる。続いて，閉環反応によりイソプレゴール（13）とし，水素添加して *l*-メントール（9）を得る[1, 2a-e]。

また，*l*-メントールの合成中間体からは，(*S*)-体，あるいは（*R*)-体の光学純度の高いシトロネラール（6）が得られ，それらより誘導されたテルペン類は，工業的に生産され各種調合香料の原料として使用されている。すなわち，ミルセンないしはイソプレンより製造された種々の両鏡像体（エナンチオマー）がバランス良く香料として使用されている。

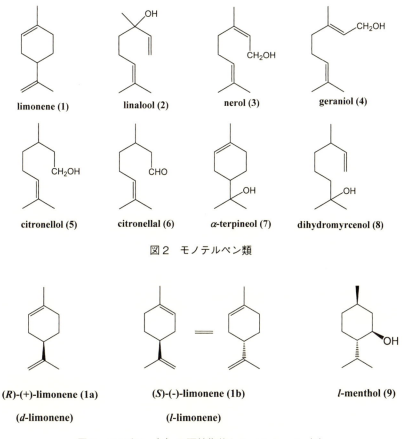

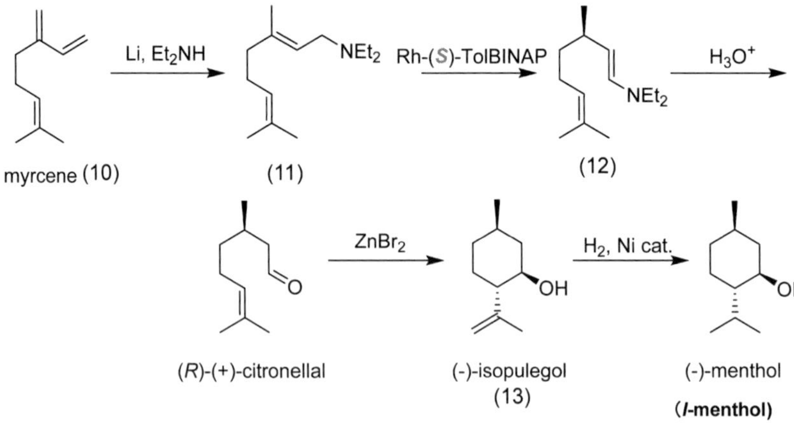

図4 ミルセンからの *l*-メントールの製造法

1.3.2 構造と香り（光学異性体と幾何異性体）

(1) 光学異性体

メントール中間体として得られる光学活性なシトロネラールは，バラ油やシトロネラ油中に存在するものと平面構造は同じである。ゼラニウム油やバラ油中のシトロネラールは，(S)-(-)-体のエナンチオマーがほぼ100%を占めており(R)-体はほとんど検出されないが，シトロネラ油中のシトロネラールは，20：80くらいの比率で(R)-体の含有量が多い。バラ油より単離されたシトロネラールの香りは，(S)-体の方がややクリーンである。

シトロネラール(6)を還元して得られるシトロネロール(5)には，同様に2種類の光学異性体が存在する。シトロネロールは，バラ様，ゼラニウム様，ライラック様香気を有する花香香料に広く用いられ，特に石鹸などの香料としても使用される。上記の方法で調製された光学活性体を使用することによって，より天然物に近い香りを再現した香粧品香料が作成も可能となった。

また，シトロネリルエナミン(12)からは，天然には存在しないがミルセノールやジヒドロミルセノール(8)，スズラン様の香りのヒドロキシシトロネラール(14)，メトキシシトロネラールが容易に得られる。ジヒドロミルセノールは，最近ではよく使用されるテルペンアルコールの一つである。一方，アルデヒド類は，アントラニル酸メチルとのシッフ塩基(15)などにも利用され入浴剤用香料に使用されている。ここで調製されたシッフ塩基(15)は，(S)-(-)-体と(R)-(+)-体では，香気だけでなく皮膚感作性，生分解性や安定性などにも差が見られており興味深い（図5）[3a, 3b]。

(2) 幾何異性体

バラ油をはじめとして多くの精油中に存在するネロールとゲラニオールは，2位の二重結合のシスおよびトランスの幾何異性体である。現在ではそれぞれ，*Z*-体および*E*-体と表記することもある。これらは，シトロネロールやフェネチルアルコールとともにフローラルな香調を有して

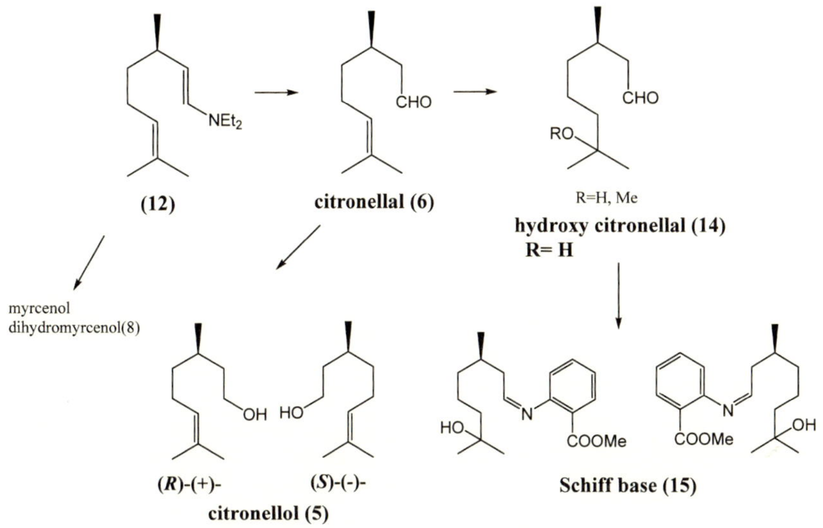

第2章 香料分野での応用

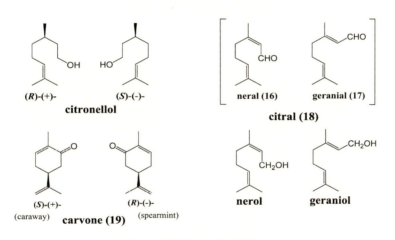

図5 各種化合物への変換

図6 光学異性体と幾何異性体

おりバラ様の香気を示す多くの香粧品香料に使用される。

　レモングラス油に含まれるシトラールは，ネロールやゲラニオールが酸化されたアルデヒドで二重結合のシスおよびトランスの幾何異性体が存在し，それぞれネラール（16），ゲラニアール（17）と命名されている。一般的には，シス体とトランス体を特に分離することなく混合物でシトラール（18）として使用されている。

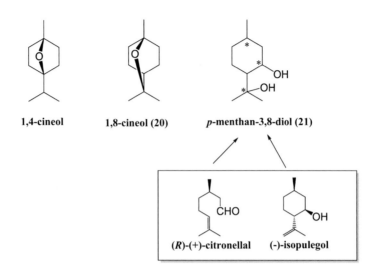

図7　モノテルペンエーテル・ジオール類

1.3.3　モノテルペンケトン類の利用

モノテルペンケトン類の代表的なものとして，メントン，カルボン (19)，プレゴンなどが挙げられる。これらは，ペパーミント油やスペアーミント油などの精油に多く含まれ，それぞれ特徴のある香気を有する成分であり，主に歯磨きや洗口液などの口中剤，さらに医薬品に使用されている。その他にペリラ油（シソ油）中の主成分としてペリラアルデヒドがある。これらは，単離された香料が用いられることが多い[4]。この中で，カルボン (19) は，スペアーミント油中においては (R)-(-)-エナンチオマーの比率が高く，キャラウェイ油中では (S)-(+)-体のエナンチオマーが多く含まれ，後者は清涼感は弱く香気のキャラクターも非常に異なる。エナンチオマー間で匂いの質が異なる例の一つである。

1.3.4　モノテルペンエーテルおよびジオール類の利用

オーストラリアに生息するコアラが食するユーカリ属の植物には，モノテルペンエーテルであるシネオールが多く含まれている。シネオールには，1,4-シネオールと1,8-シネオール (20) が存在するが，ユーカリ油中の主成分は1,8-シネオールであり有害害虫や蚊に対する忌避効果などが知られている。また，シネオールはすっきりとした香りと味を有しているため各種食品添加物にも利用されている。

レモンユーカリ油中より単離同定されたp-メンタン-3,8-ジオール (21) は，調合香料としても使用されるが，冷感効果や蚊（ヒトスジシマ蚊，アカイエ蚊など）に対する忌避効果が認められている[5]。ミルセンからのメントール合成プロセスを利用して光学活性体も容易に製造[6]できるため種々の皮膚外用製品に応用されている。

第 2 章　香料分野での応用

1.4　C13 イソプレノイドの利用

モノテルペンとセスキテルペンの中間的な分子量を有するC13イソプレノイドもテルペン類に分類されており，香粧品香料のミドルノートに貢献している。代表的なものとしては，ヨノン，メチルヨノン，イロン，ダマスコン，さらにダマセノンなどのケトン化合物がある。ミルセンと共役カルボニル化合物との Diels Alder 反応により製造されたイソ・イー・スーパー（22）（Iso E Super, IFF）は，ウッディ・アンバー香気を有しており非常に有用な化合物の一つであり使用頻度も高く多くの香粧品香料に使用されている。その後，化合物（22）製造中における Georgywood（Givaudan）（22a）が強い香気を示す特徴成分であると報告された（図8）。

ヨノン類は，シトラールから合成され二重結合の位置の異なる α-, β-, γ-という3種類の異性体が存在するが，一般的には主として α-および β-ヨノンの混合物として使用される。ヨノン類は，シダー様のウッディ香気を有し希釈するとスミレの花様の香気を示す。このうち，α-ヨノンには（R）-(+)-体と（S）-(−)-体が存在し，両エナンチオマーとも天然物中に存在する。エナンチオマー間で香質や香気の貢献度が異なると報告されており，光学活性な化合物が合成され，ベリー，茶，たばこ用香料などに使用されている。また，ヨノン類は，カロチノイドから生成すると考えられているメチルヨノン，ダマスコンなどの合成の出発原料としても用いられる。ダマスコンやダマセノンは，図8では β-体のみを記載したが，バラやストロベリー・ラズベリーなどのベリー類中に存在する微量成分であるが香気貢献度が高い化合物であるため香粧品用香料の調合に有効に利用されている。

ヨノンより炭素数の一つ多いメチルヨノン類は，α-イソメチルヨノン，γ-メチルヨノン，な

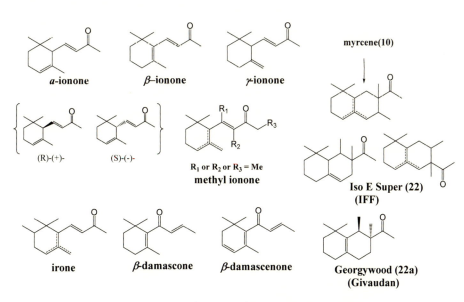

図8　C13 イソプレノイド（テルペン類）：ケトン類

どとメチル基の位置違いにより呼び名が異なるが，3つの異性体混合物のまま使用される。これらは，ミドルノートからベースノートに貢献する化合物でありミューゲ調の香りの洗剤や石鹸用香料などに非常によく使用される。メチルヨノン類縁体であるイロンは，イリス（アイリス）の花の中に存在し匂いも強く非常に特徴的なイリスの香りを有しているが残念ながら高価であるのであまり使用されない。

1.5 セスキテルペン類の利用

イソプレン単位が3つ結合したものをセスキテルペンといい，非常に多くの種類（>3,000種類）の化合物が存在する。構造は，鎖状のものから単環性，双環性，三環性，その他スピロ環を有する複雑な化合物があり，多くは多環式でそれぞれ特有の香りを有している。モノテルペン同様に調合香料の材料，あるいは合成香料の原料として使用される。エレメン，カジネン，カリオフィレン，ロンギフォレンなどの炭化水素類，セドロール，サンタロール，パチュリアルコール，ファルネソール，ネロリドールなどのアルコール類，ベチボン，ヌートカトン，クシモンのようなケトン類などが主として利用される。

1.5.1 セスキテルペン炭化水素類の利用：カリオフィレン・ロンギフォレン

多くの精油中に含まれるカリオフィレンやロンギフォレンは，合成香料の原料として重要である。カリオフィレンやロンギフォレンから，エポキシド，ギ酸エステル，酢酸エステルやメチルケトン体が調製され，製品中での安定性を考慮した化合物が使用された。

ギ酸カリオフィレンは，カリオフィレンと比較し非常にすっきりした香気を示し保留性に優れており，香水のようなアルコール製品に大量に使用された。最近では，酢酸カリオフィレン，カリオフィレンアルコール，カリオフィレンエポキシドなどの使用量は少ない。また，ロンギフォレンから調製できるイソロンギフォレンケトン（IL ketone）も特徴あるウッディ調でアンバー香気を持っている（図9）。

1.5.2 ベースノート（ウッディ香気・サンダル香気）に寄与する香り

香粧品香料のベースノートへの寄与度が高い精油の代表例は，セスキテルペン炭化水素や特異的なセスキテルペンアルコールの含有量が多いシダーウッド油，パチュリ油，サンダルウッド油，

R=H: caryophyllene alcohol
R=HCO: formate
R=CH₃CO: acetate

Isolongifolanone
(Isolongifolene ketone)
IL ketone

図9　カリオフィレン・ロンギフォレンからの合成香料

第 2 章　香料分野での応用

ベチバー油である。

　シダーウッド油中のセドレンやセドロールは，モノテルペン類と同様に，種々の化合物へと誘導されている。炭化水素のα-セドレンから得られるアセチルセドレン（別名：セドリルメチルケトン）(23) は，ウッディ香気を有する化合物であり香粧品香料のベースノートに貢献している。非常に強いウッディ香気を示すのは主成分 (23) ではなく，図 10 に示したような構造の Isomer G(24) という化合物であることがその後明らかとされた。一方，セドロールは酢酸エステルへと誘導され 酢酸セドリルとして使用された。また，エーテル化され保留効果が高いウッディ香気を有するセドリルメチルエーテル (25) へと導かれている。この化合物は安定性が高いため多くのタイプの香粧品香料に用いられている（図 10）。

　サンダルウッド油中のサンタロールには，(+)-α-サンタロール (60%)，(-)-β-サンタロール (25〜35%) が存在し，これらは精油の主成分であり含有量が多い。単離されて利用されることもあるが，化合物単独で用いられることは少なくむしろ混合物である精油として使用される頻度が高い。白檀の香りに貢献している成分は，β-体であるとされ，β-体の合成が数多く行われた。最近では，白檀香気に貢献している化合物は，ギ酸エステル (26) あるいはアルデヒドのサンタラール (27) であると報告されている（図 11）[7a, 7b]。

1.5.3　白檀（サンダル）様香気を有する化合物

　香粧品香料のベースノートに貢献するセダーウッド油，パチュリ油，サンダルウッド油などの天然精油の中で，合成香料にほぼ置き換えられているのはサンダル系の化合物である。サンタロールにかわる安価なサンダル様香気を有する合成香料が登場し，それらが有効に調合香料に使

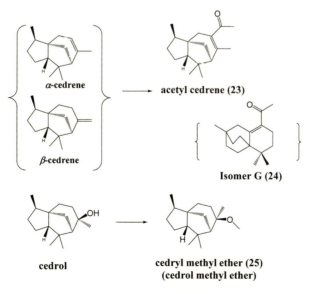

図 10　セドレン誘導体

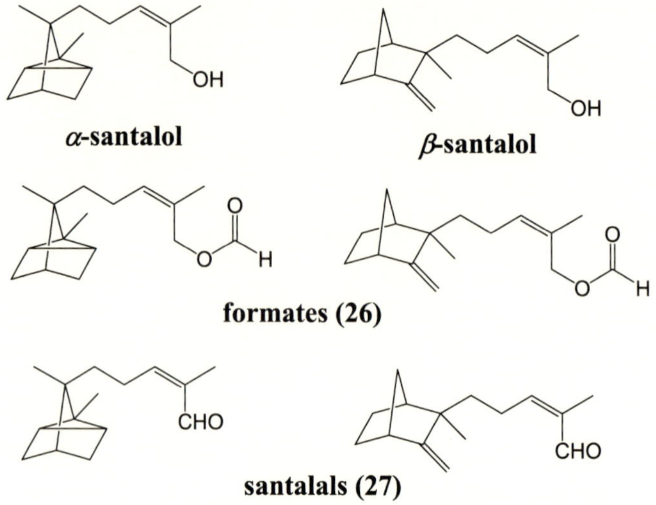

図11 サンタロール誘導体の構造

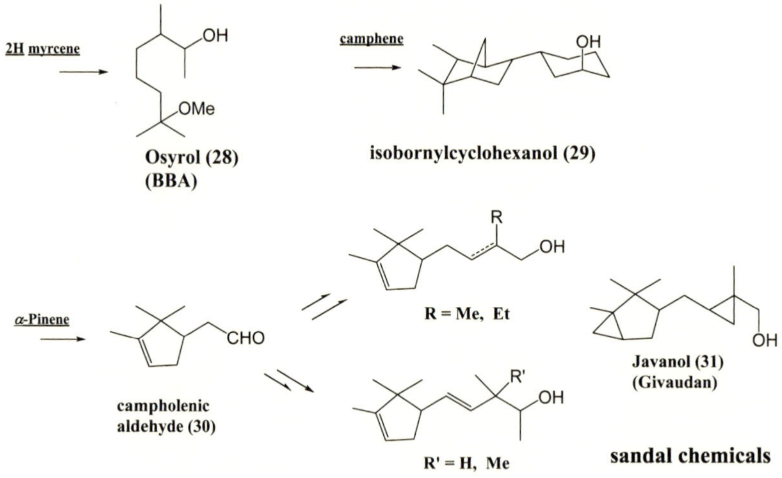

図12 白檀（サンダル）様香気を有する化合物

用されている（図12）。

　モノテルペンの炭化水素ジヒドロミルセンから誘導されたオシロール（28）（Osyrol：BBA）は，分子量が小さい化合物としては珍しく柔らかいサンダル様香気を示している。イソボルニルシクロヘキサノール（29）は，カンフェンとグアイアコールのようなフェノール性化合物とから誘導されたサンダル様香気を示す化合物である。複雑な混合物であるためここではその中の一つを示した。また，カンフォレニルアルデヒド（30）から多くの特徴あるサンダルケミカルが香料各社で製造されている。これらの化合物は，すべてサンダル様香気を有しており，中でも，分子

内に三員環構造を有するジャバノール（31）（Javanol：Givaudan）は非常に強いサンダル様香気を示している[8]。

1.5.4　パチュリ香気・ベチバー香気

パチュリ油は，男性用フレグランス，ファブリックケア製品（トイレタリー製品あるいは石鹸用）香料として使用されている。主成分であるパチュリアルコール（32）は，非常に安定な化学構造を有しており，香水などでは単離されて使用されることもある（図13）。この化合物は，(－)-の旋光度を有する化合物であり，ノルパチュリアルコール（33）が共存する精油として用いられると非常に特徴的な土臭いウッディ香気を示す。これまでに，この化合物に代替できるような土臭いウッディ香気を有する安価な合成品はまだ開発されてはいない。

その他，ベチバー油中のベチベロール（ベチベリルアルコール）は，酢酸エステルに誘導されて香水や石鹸などの香料に使用されているが，経済的な観点からその使用量が減少している。

1.5.5　鎖状のセスキテルペン類

鎖状セスキテルペンアルコールであるネロリドールやファルネソールは，バラ，ジャスミンなど多くの精油中に存在している。現在では，ゲラニルアセトンを経由して合成された幾何異性体の混合物が主に使用されている（図14）。ネロリドールは，天然物中では，トランス体が多く存

(-)-patchouli alcohol　　norpatchoulenol (33)　　nortetrapatchoulol
(= patchoulol) (32)

図13　パチュリアルコール類の構造

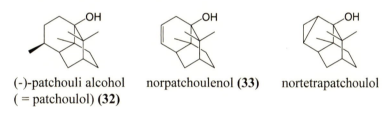

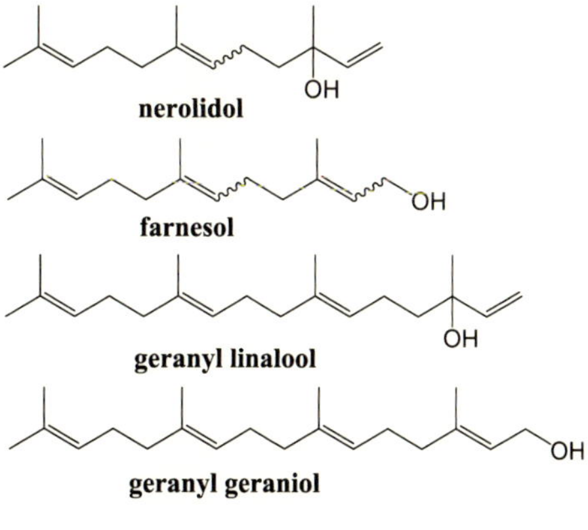

nerolidol

farnesol

geranyl linalool

geranyl geraniol

図14　鎖状セスキ・ジテルペンアルコール類

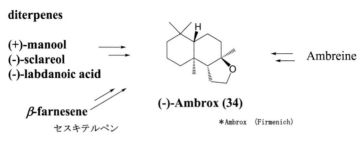

図15 アンバー香気を有する化合物（Ambrox）

在し，(S)-体のエナンチオマーの存在比が高いものが多い。

1.6 ジテルペン類の利用

イソプレンが4つ結合したものであり，ジテルペンの中で最も重要と考えられるのは，(+)-マヌール，(-)-スクラレオールや(-)-ラブダン酸である。これらの化合物から，ベースノートの中でも非常に重要なアンバー香気を有するアンブロックス (**34**)（Ambrox：Firmenich）が製造されている（図15）。アンブロックスは，抹香鯨由来のアンブレイン（Ambrein）からの分解生成物でもあり非常に特徴的なアンバー香気を示す化合物である。鎖状のテルペン類から種々の方法でラセミ体が合成されている。また，最近では，鎖状セスキテルペンである β-ファルネセンを原料として不斉水素移動反応を利用した(-)-Ambrox の合成についても報告されている[9]。

そのほか，アビエチン酸，レノール酸，さらにはタキソールなどのような複雑な化合物がある。アビエチン酸エチルエステルは，石鹸香料，香水などの香料に保留効果を持たせることでよく使用された。鎖状の化合物としては，ゲラニルゲラニオール，ゲラニルリナロール，フィトールなどがあり，これらは香料よりむしろビタミン類の中間体として重要である。

1.7 おわりに

香料物質は，揮発性の匂い物質であり，香粧品香料には，分子量100〜300位までの化合物が最も多く使用される。テルペンと言えば，主としてモノテルペン類のことを指しているとも言えるが，本稿においては，調合香料に利用される汎用性の高いテルペン類としてモノテルペンからジテルペンまでをフォーカスした。なお，紙面の都合上，天然物からの単離報告，香りの評価，香料製造方法の特許などの引用について詳細に記載できないが，後述する参考図書を参照されたい。

第 2 章　香料分野での応用

　登録商標名：文，および図中の Ambrox, Georgywood, Iso E Super, Osyrol は，登録商標名である。① IFF は，International Flavor and Fragrance Inc., ②Givaudan は，Givaudan SA, ③Firmenich は，Firmenich SA, ④BBA は，Bush Bouke Allene Limited の略である。
　なお，Osyrol は，BBA の商標であったが，現在は，Innospec 社，日本では三井化学の商標となっている。

文　　　献

1) 特公昭 62-51945，特公昭 63-043380
2) a)K. Tani, T. Yamagata, S. Ohtsuka, S. Akutagawa, H. Kumobayashi, H. Taketomi, H. Takaya, A. Miyashita and R. Noyori , *J Chem. Soc, Chem Commun.* 1982, **11**, 600；b)K. Tani, T. Yamagata, S. Akutagawa, H. Kumobayashi, T. Taketomi, H. Takaya, A. Miyashita, R. Noyori, and S. Otsuka, (1984) *J. Am. Chem. Soc.*, **106**, 5208-5217；c)H. Kumobayashi, *Recl. Trav. Chim. Pays-Bas* 1996, **115**, 201-210；d)H. Kumobayashi, T. Miura, N. Sayo, T. Saito, and X. Zhang, (2001) *Synlett*, 1055；e)S. Akutagawa, *Applied Catalysis* A: *General* (1995), **128**, 171-207
3) a)S. Watanabe, A. Kinoshita *et al.*, Proceedings of 10th Int. Cong. Flavour, Fragrance and Ess Oils, 1029 (1986)；b)Yamamoto, K. Sakurai, S. Watanabe, A. Kinosaki, Perfume composition, U. S. Patent 4738951 (1988)
4) 日本テルペン化学㈱ホームページ（Terpene Chemicals）
5) a)H. Nishimura, T. Nakamura, and J Mizutani J. Mitutani, *Phytochemistry*, **23** (12), 2777-2779 (1984)；b) 西村弘行，未来の生物資源ユーカリ，内田老鶴圃，東京，121-126 (1987)
6) H. Kenmochi *et al.*, JP 3, 450, 680 (1995), US patent 5, 959, 161 (1997)
7) a)Toshio Hasegawa, Hiroaki Izumi, Yuji Tajima, and Hideo Yamada, *Molecules*, **17**, 2259-2270 (2012)；b)Toshio Hasegawa, Hiroaki Izumi, Yuji Tajima, and Hideo Yamada, *Flavour and Fragrance Journal*, **26**, 98-100 (2011)
8) Givaudan, EP801049 (1997)
9) Christian Chapuis, *Helv. Chim Acta*, **97**, 197-214 (2014)

参考図書

[1] 印藤元一 著，合成香料，化学と商品知識，化学工業日報社（増補改訂版）(2005)，同，初版 (1996)
[2] 奥田治 著，香料化学総覧 [III]，廣川書店 (1979)
[3] 日本香料工業会　ホームページ
[4] 中島基貴 編著，香料と調香の基礎知識，産業図書 (1995)
[5] 中島基貴 編，香りの技術動向と研究開発，フレグランスジャーナル社 (2004)
[6] 長谷川香料㈱著　香料の化学，講談社 (2013)

[7] 渡辺昭次 著, 香料化学入門, 培風館 (1998)
[8] シーエムシー, Technical Report No.31, 合成香料の最新技術 (1982)
[9] Philip Kraft and Karl A. D Swift (Eds.), Perspectives in Flavor and Fragrance Research Wiley-VCH, (2005)
[10] Guenther Ohloff, Wilhelm Pickenhagen and Philip Kraft, Scent and Chemistry, Wiley-VCH (2011)
[11] 田中茂, 天然資源とアロマケミカル開発の歴史, 香料 257 号, 49-60 (2013)

2 トドマツ枝葉から生まれた空気浄化剤

大平辰朗[*]

2.1 はじめに

樹木には私たちの生活に役立つ様々な香り成分（テルペン類）が含まれている。それらの機能としては，抗菌・抗ウイルス性，防虫性，酸化抑制効果，リラックス効果の他，悪臭や有害物質に対する悪臭・有害物質除去効果などが挙げられる。

私たちの生活に欠かせない空気には，排気ガスなどから出る環境汚染物質（二酸化窒素等）などが微量ながら含まれている。それらの濃度は微量ではあるが，様々な疾病の要因になることがわかっており，効果的な除去法の開発が急務となっていた。我々は樹木の香り成分に注目し，それらの詳細な研究の結果，北海道に多く成育しているトドマツ（*Abies sachallinensis*）葉部に含まれる香り成分が二酸化窒素の浄化能力が著しく高いことを発見し，さらにそれらの活性に関わるテルペン類を複数見出した。これらの浄化能は実用的であることも判明したため，企業と共同で事業化を目指した研究を開始した。一連の研究の中では極めて効率的な抽出法を開発するとともに，抽出原料として未利用資源であるトドマツ枝葉の利用システムを構築することで，高効率の「空気浄化剤」を企業と共同で開発し，製品化に成功した（写真1）。この事業は，これまで用途がなく見向きもされなかった枝葉が有望な収入源となっており，新しい森林ビジネスとしても注目されている。本稿では，未利用であったトドマツ枝葉から生まれた画期的な「空気浄化剤」の概略を紙面が許す限り紹介する。

2.2 なぜ空気質問題は重要なのか？

人が1日24時間に呼吸として体内に取り入れている空気の量は約20 m^{3}で，重さにすると約24 kgに相当する。一方で一日に人間が摂取する水の量は個人差はあるが，通常約2 Lで，重さにすると2 kgに相当する。したがって空気は水に比べ，体積で1万倍，重さで10倍も多く摂取

写真1　トドマツ葉油を利用した空気浄化剤

---

[*] Tatsuro Ohira　森林総合研究所　森林資源化学研究領域　樹木抽出成分研究室　室長

している（図1)[1]。問題になる有害物質には，指針値（厚生労働省が定めるもの）が定められているものもあり，その濃度は数ppm程度と極めて微量である。しかしながら，日常生活を通して暴露（経皮，吸入，経口暴露）され続けている状態が継続されると，物質の存在量が微量であっても，空気の摂取量全体を考慮した場合，健康影響を問題視する必要がでてくる[2]。

2.3 私たちの生活環境の空気質

我々の毎日生活している環境中の空気には，一般的に酸素20.93％，窒素78.10％，アルゴン0.93％，残りの0.04％には二酸化炭素など様々なガスが含まれている（図1)[1]。この0.01％の中には，数百年前には生物にとって有害なものはほとんど含まれていなかったといっても過言ではないが，近代文明が栄えるようになった最近の100年ほどで様々な化学物質が開発され，人の健康にとって有害なものが含まれるようになった。1日の内，住宅，オフィス，移動中の車内などで過ごす時間が多い現代人にとって，室内の空気質問題は極めて重要な問題である。国内における最近の一般住宅の建材には木質素材の他，接着剤，塗料などが用いられることが多く，それらからはトルエン，キシレン等のVOC類が放散し，住宅内の空気から微量ながら検出されている[3]。これらは微量ながら，長期にわたってさらされる時に健康不具合が発生し，例えば発疹が生じる，集中力が鈍り思考が途切れるなど深刻な影響を及ぼしている[3]。そのため，シックハウス症候群，シックビル症候群などの用語まで誕生しており，各関連省庁においてもそれらの対策が講じられてきている。

大気環境中では，工場や自動車の排煙等が主な要因である環境汚染物質が空気質において問題になっている。代表的な物質としては，二酸化窒素などの窒素酸化物や二酸化硫黄などの硫黄酸化物がある。これらの発生源はボイラーなどの『固定発生源』や自動車などの『移動発生源』のような燃焼過程，硝酸製造等の工程などがある。特に二酸化窒素は，燃焼過程からはほとんどが

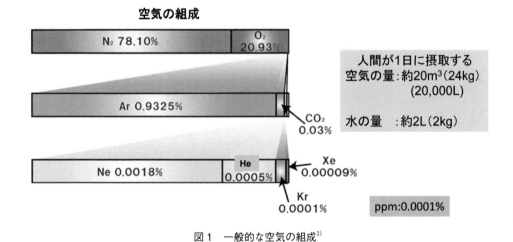

図1　一般的な空気の組成[1]

第2章 香料分野での応用

一酸化窒素として排出され,大気中で二酸化窒素に酸化され,また,生物活動に由来して自然発生している[4]。そのため,我々の生活環境には絶え間なく存在している物質でもある。人の健康への影響については,二酸化窒素濃度とせき・たんの有症率との関連や,高濃度では急性呼吸器疾罹患率の増加,最近では花粉症の症状との関連性などが知られている[5]。そのため二酸化窒素をはじめとした窒素酸化物の低減化策は重要な課題となっている[6]。

2.4 二酸化窒素浄化対策

二酸化窒素は私たちの生活環境中で絶えず生成される物質であり,また様々な疾患を引き起こす原因でもある。大気汚染物質としては二硫化炭素,硫化水素等多数存在するが,他の汚染ガスと比較して二酸化窒素等の窒素酸化物は水に対する溶解度が極端に低く,排ガス処理が困難である。したがって,その低減化策の開発は重要なテーマであり,これまでに高性能な吸着剤,光触媒技術,アンモニア等による接触還元技術,オゾン水の利用技術,など様々な優れた対策技術が開発されている[7~12]。しかしながら,これらの技術は処理コストが高いこと,浄化性能に限界があること,廃液が大量に発生するなど問題点も指摘されている。そのため,環境に優しく,効率的な方法の開発が待たれている。

2.5 植物等による二酸化窒素の浄化作用

植物は光エネルギーを使用して,葉部で二酸化炭素を固定同化し,デンプンを作ったり,酸素を生成することはよく知られている。同様にして植物には光エネルギーを使用して,環境汚染物質である二酸化窒素を還元同化してアミノ酸を作る能力が大なり小なり備わっており,植物には二酸化窒素を窒素肥料として利用する能力があるといっても過言ではない。このような機能に着目して,様々な植物種,個体を調査し,野生キク科ダンドボロギクやユーカリ,アカシアなどの同化能力の高い植物種や能力の高い個体を選抜し,最近では能力の高い植物種から関連遺伝子の特定なども行われている[13]。

森林内の空気は清んでおり,実に心地良い。その空気質について排気ガス等が多い都市の空気質と大きく異なるという実に興味深い報告例がある。代表的な環境汚染物質である二酸化窒素の濃度については,明確に森林内の方が濃度が低い。明治神宮周辺での測定結果によると,本殿では 0.033 ppm,周辺の明治通りでは 0.164 ppm,山手通りでは 0.117 ppm,高速道路沿いでは 0.074 ppm となっており,樹木の何らかの効果により二酸化窒素濃度を減少させていることを示唆している[14]。この要因としては,前述したように樹木による物質代謝や葉部や樹皮部への吸収などが考えられるが,二酸化窒素濃度の高くなる夏季では植物への吸収量以上の二酸化窒素が浄化されるという研究結果があり,葉部等への吸収以外の例えば葉から放散している香り成分(テルペン類)との化学反応も関与していることが推察されている[15]。

2.5.1 樹木の香り成分による二酸化窒素の浄化作用

香り成分は一般的に常温常圧下で液体であるが,加温することで容易に揮発する。空間中に漂っている二酸化窒素の浄化においては,揮発した成分が浄化能を有することで,フィルター等のように待ち受けて浄化する機構の方式よりも効率が高いと考えられる。そこで,揮発した香り成分による浄化能を検討してみた。所定量の樹木の香り成分を加温して気化させた精油ガスと二酸化窒素(7 ppm)ガスを接触させた後の二酸化窒素濃度の測定結果を図2に示した。いずれも系内の二酸化窒素濃度が低下していたが,混合後30分でトドマツ(*Abies sachalinensis*)葉香り成分による除去率が86%と最も高い値を示し,次いでヒノキ葉,ユーカリ(*Eucalyptus globulus*)葉,スギ葉の順であった。混合後120分では葉油はいずれも60%以上の除去率を示しており,最も高い浄化能を示したのはトドマツであった。浄化能の高かったトドマツ葉香り成分に含まれる活性物質を調べたところ,混合後30分経過した時に70%以上の除去率を示した物質として myrcene, ocimene, 1,4-cineol, γ-terpinene, terpinolene, β-phellandrene などのモノテルペン類が見出された(図3)。この内85%を超える除去率を示す物質は γ-terpinene, β-phellandrene, myrcene, ocimene, 1,4-cineol であり,それらの120分経過後の除去率は100%に達していた。これらの物質は,1,4-cineol を除いて2重結合を分子内に2個以上有するという化学的な特徴があった(図4)[16]。

2.5.2 モノテルペン類と二酸化窒素の反応

考えられる形態としては①ニトロ化あるいはニトロソ化された新規生成物を形成する,②二酸化窒素が精油成分により酸化あるいは還元され,硝酸,亜硝酸,一酸化窒素を生成する[17]である。しかし,新規生成物,硝酸,亜硝酸の生成は確認されず,一酸化窒素は増加していなかった。

大気中のモノテルペン類と二酸化窒素同様に酸化性を有するオゾンなど酸化物との反応生成物

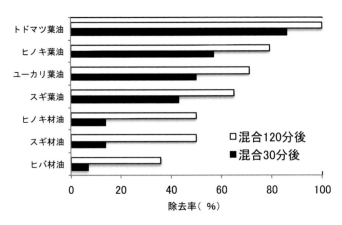

図2　各種樹木精油の二酸化窒素除去率
二酸化窒素濃度:7ppm
除去率(%)=[(ブランク濃度−精油成分接触の濃度/(ブランク濃度)]×100

第2章　香料分野での応用

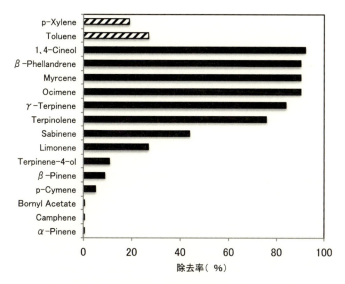

図3　浄化能の優れた樹木精油の主要構成物質による二酸化窒素の除去率
混合30分経過後の結果を示す。二酸化窒素濃度：7ppm
除去率（％）＝［（ブランク濃度－精油成分接触の濃度／（ブランク濃度）］×100

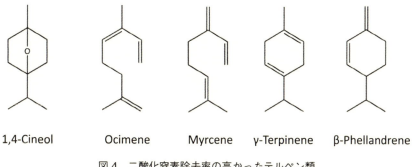

図4　二酸化窒素除去率の高かったテルペン類

に関する研究によると，反応後に粒子状物質を生成することが確認されている[18]。この研究例を参考にして，反応後の系内の空気質についてパーティクルスペクトルメータを用いて粒子状物質の測定を実施したところ，モノテルペン類は二酸化窒素との反応により，速やかに粒子状物質（PM：Particle Materials, エアロゾル：aerosol とも呼ばれる）を生成していることが確認された[19]。一般的に粒子状物質はガス状物質同様に目視できないが，ミクロ的にはどのような形態を有しているのだろうか？写真2に α-terpinene や myrcene を基とした二酸化窒素との反応生成物の走査型プローブ顕微鏡観察図を示した。二酸化窒素を添加した時，多数の粒子状物質が観察できており，その形状は複雑であるが，おおむね球状を呈していた。他のモノテルペン類を基とした反応生成物では，観察された粒子状物質の大きさが異なっていたが，形状は myrcene の時

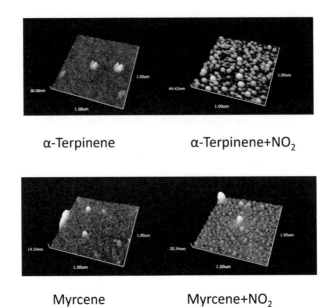

写真2　テルペン類と二酸化窒素により生成した粒子状物質の走査型プローブ顕微鏡観察図

と同様に球状であった。大気環境において観察された粒子は様々な物質が基となっており，その形状も球状以外に繊維状，角張った状態のものなどが観察されている[20]。生成した粒子状物質とはどのような化学組成なのだろうか？二酸化窒素除去活性の高い香成分の一つであるmyrceneに対して5 ppmの二酸化窒素を反応させた時のプロトン移動反応質量分析装置（PTRMS)[21]の結果を図5に示した。低いエネルギー下でのイオン化方式のPTRMSではmyrceneの質量数を示すm/z 137（myrcene＋H$^+$）が顕著に検出され，その他myrceneの解裂イオンと思われるm/z 81が主に検出された。このことは反応の結果，ガス状物質として新たに生成した物質はほとんどないことを意味していた。粒子状物質の生成挙動は反応開始後2分で400 nmを超える粒径を有する粒子が生成し，時間とともに粒径は大きくなり，30分経過後では800 nmを超える粒径の粒子にまで成長していた。Myrceneと二酸化窒素が接触後30分経過した後生成した粒子状物質の平均質量スペクトルを図6に示す。エアロゾル質量分析装置（Q-AMS)[22]は電子衝撃による激しいイオン化のため，フラグメンテーションが大きく粒子状物質の部分構造に関する情報が得られており，myrceneの質量数を示すm/z 136のピークは微量であり，m/z 215，202，191，178，165などのピークが検出される他，CH_3CO^+あるいはCH_2CHO^+と思われるm/z 43のピークが顕著であった。二酸化窒素除去活性の高いβ-phellandreneではmyrceneと同様に，ガス状物質としては有機ニトロ化合物などの新たな生成物は検出されず，また粒子状物質の成長速度はmyrceneよりも速やかで，反応開始5分以内に粒径が1,000 nm以上になっていることがわかった。30分経過後の粒子の平均質量スペクトルにおいては，

第 2 章　香料分野での応用

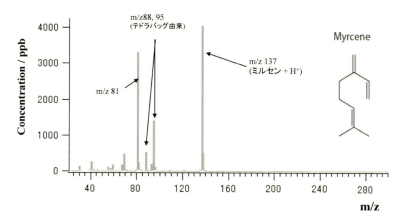

図 5　二酸化窒素と Myrcene の接触により生成した反応生成物の PTRMS

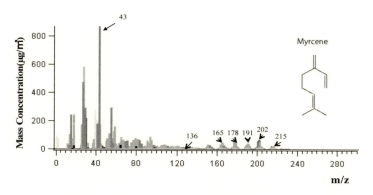

図 6　Myrcene と二酸化窒素の接触により生成した粒子状物質の Q-AMS（平均質量スペクトル）

m/z 203，191，178，151 などのピークが検出される他，質量数を示す m/z 136 は微量であるが，m/z 92，119 などが検出された。これらのことは，除去活性の高い香り成分は二酸化窒素と接触後，ほとんどの物質が粒子状物質として存在していることを意味していた。さらに生成した粒子状物質の構造的な時間変化はほとんどなく，粒子を構成している組成は比較的簡単なものであると考えられた。一方，二酸化窒素除去活性の低い α-pinene，limonene では粒子状物質が検出されず，ガス状物質も α-pinene，limonene の質量数を示す m/z 137 が顕著で，他 m/z 81 が検出された[23]。

　測定開始後 30 分の間に検出できた粒子状物質の平均粒径，有機粒子および含窒素粒子の質量濃度の比（有機粒子／含窒素粒子）等を表 1 に示した。粒子状物質の生成挙動は，二酸化窒素の除去率の高い物質ほど生成する粒子状物質の平均粒径が大きく，かつ粒子検出開始時間がおおむね 0.1 分と極めて速かった。また，有機粒子や含窒素粒子の質量濃度の比は 16.8〜20.0 であり，除去率が高い物質ほど大きい傾向にあることが判明した。このことから除去率の高い物質は二酸

表1 テルペン類による二酸化窒素の除去率と生成した粒子状物質の物性*

	除去率（%）*	平均粒径（nm）	粒子検出開始時間（min）	（有機粒子／含窒素粒子）比**
1,4-Cineol	95	2210	0.1	17.4
Myrcene	95	1750	0.1	19.0
Ocimene	92	2750	0.1	19.7
α-Terpinene	90	2050	0.1	16.8
Sabinene	40	1080	3	20.0
β-Caryophyllene	20	508	5	13.1
δ-3-Carene	10	916	5	12.1
β-Pinene	10	500	15	11.7
1,8-Cineol	5	860	3	13.5
Isoprene	5	707	10	6.7
Longifolene	0	320	15	14.1
α-Pinene	0	―	―	―

*：二酸化窒素濃度5ppm使用時で，実験開始30分後の結果。
―：粒子状物質が検出されない。
**：（有機粒子の重量濃度（μg/m^3））／（含窒素粒子の重量濃度（μg/m^3））。

化窒素と接触後，極めて速やかに粒子状物質を生成し，それらの粒径は急速に拡大し，生成する粒子状物質の組成も有機粒子の割合が多い状態になりやすいことがわかった。

大気中に浮遊しているエアロゾル粒子は，人体等への健康影響，地球の温暖化への関与，大気環境への影響等が懸念されており[24]，粒子の化学組成等の詳細な解明が急務となっていることから，この分野の研究は急速に進むと思われる。

2.6 トドマツ葉香り成分の効率的な抽出法の開発―空気浄化剤の実用化に向けて―

トドマツ葉香り成分の二酸化窒素浄化作用は，既存の技術である活性炭や光触媒技術と比べて同等かそれ以上であった。またトドマツ葉香り成分の含有量は国内の針葉樹の中では，最も多い。そこでトドマツ葉香り成分を用い，革新的な二酸化窒素浄化剤（空気浄化剤）の実用化を企業と共同で行った。しかしながら，実用化のためには大量の抽出原料の確保と効率的な抽出法の開発が必要であった。抽出原料としては用途がほとんどない枝葉等の林地残材が抽出原料として適していることが確認できた。枝葉の収集・運搬等については現地の企業と協力して効率的な方法を開発した。一方で効率的な抽出法としては，一般的に水蒸気蒸留法（SD法）が用いられることが多い。この方法は比較的装置が簡単で安価で済むこともあり，現有の精油の多くがこの方法で抽出されている。しかしながら，長時間の水蒸気との接触により，香り成分が変質を受けやすいこと，採取後に廃液が大量に排出されることなどの問題点があり，環境配慮型の効率的な新規採取法の開発が求められていた。そこでまったく新規な抽出原理による抽出法"減圧式マイクロ波水蒸気蒸留法"を開発した。本法は①廃液が少なく，残渣の直接利用が可能であるなど環境配慮型であること，②エネルギーコストが低く，省エネルギー型であること，③減圧条件の調整が自

第 2 章　香料分野での応用

写真 3　減圧式マイクロ波水蒸気蒸留法による精油の大量抽出

由にできるので，目的とする成分を選択的に抽出と同時に分画でき効率的であることの利点があるため，企業などにとってもたいへん魅力的な方法である。我々は現在，企業と共同で北海道にて実用的規模で精油の大量抽出を開始している（写真 3）。精油含量の多いトドマツ葉（約 500 kg）から精油 4 L，微香を有する抽出水 100 L をわずか 100 分で採取することが可能となっている。精油採取に要する消費エネルギーを比較すると，一般的な水蒸気蒸留法の 1/4 程度であり，製造コストの低減化が大幅に達成できている。

2.7　事業化の試みと今後の展望

　事業化にとって重要なことは原料となる枝葉の収集・運搬システムの確立である。柑橘類の果皮であれば，食品加工工場にて大量収集が可能であるが，枝葉等の林地残材は伐採現場まで行かないと入手できない。そのため枝葉の効率的な収集・運搬技術の開発が必要となっている。我々は原料収集，抽出，機能の解明，加工，研究開発，製品化をそれぞれ相補的に分担して連携する「クリアフォレスト・パートナーズ事業体」（コンソーシアム）（図 7）を平成 23 年から立ち上げ，事業の効率化を検討している。異業種の企業や自治体，大学，公設試験場等を核となる連携体制をとることにより，それぞれの業種における得意分野を活かすことができ，コストパフォーマンスの高い事業運営が可能となっている。これらの原料の収集・運搬システムの構築とともに精油の抽出，精油の実用化，抽出残渣の有効利用が事業として一体化できれば，新しい形の森林ビジネスモデルとして運用可能かもしれない。

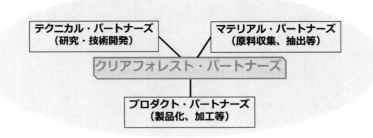

図7 クリアフォレスト・パートナーズの概略

文　　献

1) 池田耕一，室内空気質の改善と快適空間の作り方，室内空気質の改善技術，NTS，東京，3-5 (2010)
2) 小若順一，松原雄一，暮らしの安全白書，学陽書房，東京，1 (1992)
3) 吉田弥明ほか，シックハウス対策の最新動向，NTS，東京，475pp (2005)
4) 佐島群巳，横川洋子，生活環境の科学，環境保全への参加行動，学文社，東京，162pp (2006)
5) W. Wang et al., Characterization of physical form of allergenic Cryj1 in the urban atmosphere and determination of Cryj1 denaturation by airpollutants, *Asian Journal of Atmospheric Environment*, **6** (1), 33-40 (2012)
6) 鈴木仁美，窒素酸化物の事典，丸善，東京，484pp (2008)
7) 福寿厚他，二酸化窒素除去用触媒および二酸化窒素除去方法，特願平 8-274448 (1996)
8) 梶間智明ほか，アルカリ添着活性炭による空気中の二酸化窒素の除去，日本建築学会計画系論文集，**539**，51-58 (2001)
9) 飯島勝之ほか，二酸化値除去剤，特開 2007-38076 (2007)
10) 高安輝樹ほか，光触媒材料による分解除去方法，特開 2012-11372
11) 環境省ホームページ，窒素酸化物削減に関する技術リスト，https://www.env.go.jp/air/tech/ine/asia/china/files/needs/china-technology-list-jp.pdf
12) 藤田富雄ほか，NOxを含有する被処理ガスの脱硝方法，特願 2011-137278
13) 甲斐昌一，森川弘道，プラントミメティックス，NTS，東京，664pp (2006)
14) 保田仁資，やさしい環境科学，化学同人，東京，64-65 (1996)
15) 小川和雄ほか，植物群落の大気浄化効果に関する研究，埼玉県郊外センター年報，12，45-51 (1985)
16) 大平辰朗，樹木精油成分による空気質の改善，木材学会誌，**61** (3)，226-231 (2015)
17) 辻野善夫，スギ材による空気質の改善，におい・かおり環境学会誌，**42** (1)，8-16 (2011)
18) A. Lee et al., Gas-phase products and secondary aerosol yields from the ozonolysis of ten different terpenes, *J. Geophys.Res.*, **111** (D07302), 1-18 (2006)

19) 大平辰朗,樹木精油による環境汚染物質の除去,AROMA RESEARCH, **13**(4), 308-312 (2012)
20) 岩崎みすず,八木悠介,田結庄良昭,2003年4月と9月に神戸市で採取した浮遊粒子状物質の個別粒子分析,大気環境学会誌,**42**(3), 200-207 (2007)
21) 谷晃,揮発性有機化合物の新規高速分析法,大気環境学会誌,**38**(4), A35-A46 (2003)
22) J. L. Jimenez, *et al.*, Ambient aerosol sampling using the Aerodyne Aerosol Mass Spectrometer, *J. Geophys. Res.*, **108**(D7), 8425, doi:10.1029/2001JD001213, (2003)
23) 大平辰朗,松井直之,金子俊彦,田中雄一,香り成分による二酸化窒素の捕集・除去機構 1 生成する粒子状物質の特性について,第25回におい・かおり環境学会講演要旨集,111-112 (2012)
24) 藤谷雄二ほか,二次生成有機エアロゾルの小規模チャンバーによる粒子発生法と毒性評価,第30回エアロゾル科学・技術研究討論会,29-30 (2013)

3 香り空間創造ビジネス

片岡　郷*

3.1　はじめに

　日常生活のさまざまなシーンで，アロマ（香り）に触れる機会が増えてきたことにお気づきだろうか。心地よいアロマが来場者を出迎えるショールーム，店頭に陳列した洋服にふさわしいアロマで満たされたセレクトショップ，モチベーションを上げるアロマで包み込むオフィス空間，最上級のおもてなしにふさわしい，ラグジュアリーなアロマで演出する一流ホテルのエントランスやロビー，あるいは空港のラウンジ。

　たくさんの空間や時間に刻み込まれたアロマの記憶は，私たちの生活をある時は楽しく，そしてある時は優しく，またある時は力強く彩る。個人がアロマを毎日の暮らしに取り入れ，思い思いに楽しむ習慣も，今日では私たちの毎日にすっかり定着してきた。

　安眠のためにベッドサイドで，快適な運転のために車中で，くつろぎのバスタイムのためにバスルームで…，こう考えるとアロマはもはや私たちの生活に不可欠な存在になった，そう断言してもいいほどである。

　ひと昔前にも香りがあふれていた時代があった。今から50年ほど前，1970年代のことである。当時の日本の家庭には，たくさんの香りが氾濫していた。しかし，その香りは昨今のアロマとは根本的な違いがある。

　当時，一般家庭の玄関やトイレ，靴箱などに設置されていたのは，合成香料の芳香剤や消臭剤。悪臭を別の香りでマスキングするために人工的に作られた，単調で強い香りだ。一方，今日の消費者が好み，企業が積極的に導入しようとしている香りは，より洗練された心地よく質の高い香りだ。求められているのは，「天然のアロマ」である。

　植物から抽出されたナチュラルなアロマは，心地よく，穏やかに私たちの感覚に働きかる。だからこそ，アロマが演出されている店頭や商業施設では，香りが商品と一体になり，消費者の心に，自然に企業イメージやブランドイメージを刷り込むことを可能にするのだ。これはアロマ空間デザインの最大の価値である。

　アロマのチカラは非常に多彩で，その可能性は無限である。しかし，天然アロマの多様な機能については，まだ解明しきれていない部分が多いと言われている。学習効果や安眠効果，体感温度の調節，さらにはNO_2の低減や抗菌作用など空気清浄（環境）に対する効果から，認知症の予防や治療などの体に対する効果まで，さまざまな分野での実用化に向けて実証実験が進みつつあるところだ。

---

　*　Satoshi Kataoka　アットアロマ㈱　代表取締役

第 2 章　香料分野での応用

3.2　アロマ空間デザインとは
3.2.1　空間デザインに香りの要素を取り入れる

　私たちアットアロマ株式会社は,「アロマで空間をデザインする」をコンセプトに,天然の香りがもたらす心地よい香り空間をトータルに提供するサービスカンパニーである。設立以来,商業施設やホテル,アパレルショップなど,全国約 2,000 箇所のパブリック空間で香りによるアロマ空間デザインを手がけている。

　アロマ空間デザインとは,「天然の植物から抽出されたエッセンシャルオイルの機能性を最大限に引き出し,心や体,環境への効果に配慮しながら,イメージや雰囲気に合わせた質の高い香り空間をデザインすること」。天然の香りによって,人々の感性に訴えかけ,機能する空間を創り上げていく。

　これまで,空間デザインと言えば,インテリアやカラー,照明,BGM などによるコーディネートや演出が一般的だったが,昨今では,そこに香りの演出を加えることで,よりいっそう洗練された質の高い空間作りをしようという動きが広がってきている。駅や空港,銀行や役所などの公共機関などでも積極的に香りが採用されるケースが増えている。

　このような背景には科学的な裏づけに基づく理由がある。近年の研究で,嗅覚は感覚の中でも人の記憶や感情に働きかける影響度が視覚に次いで 2 番目に大きい,重要な感覚であることが明らかになってきた（図 1）[1,2]。

　すなわち,空間に漂う香りは,そこに滞在する人の感覚に対して,多大な影響を及ぼしうる存在であるということ。そのように考えれば,昨今,多くの商業施設などで香りの空間演出が行われるようになってきたという現状も,納得できるのではないだろうか。これらのことから,私たちは香りを,空間をデザインする際の非常に重要な構成要素のひとつとして捉えている。

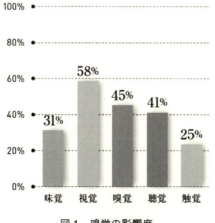

図 1　嗅覚の影響度

3.2.2 香りビジネスへの取り組み

　さて，筆者がビジネスとして香りに取り組んでからすでに15年以上が経過した。当時は，香りビジネスと言えば消臭を目的にしたものばかりで，使用されるものも合成香料がほとんどという時代にあり，天然の香りが持つ機能や働きへの理解度が非常に低かったことを考えれば，現在は隔世の感がある。

　1980年代後半のバブルの頃には，大手建設会社が建てた商業施設のエントランスホールを，化粧品メーカーが香水で空間演出したことがあった。しかし，香水は個人によって好き嫌いが真っ二つに分かれ，嫌いな人にとっては完全にアウト。結局，話題性だけは高かったものの，この取り組みはバブルを象徴するような一時的な事例で終わってしまったようだ。

　そこで筆者が事業化しようと考えたのは，香水でもない，ましてや合成の芳香剤でもない，植物から抽出した天然のアロマオイルを使った空間デザインだった。時にエモーショナルに私たちの感性に訴えかけ，時に植物の機能を効果的に発揮し，空間の特徴や個性をより魅力的に演出して空間の価値を高めていくことのできる香りである。日本にも必ずアロマ空間デザインの需要はあるはずだと筆者は確信し，日本や世界のアロマ市場の調査を開始するとともに，メーカーと交渉を開始してディフューザーを仕入れ，2001年から日本でアロマ空間のデザイン事業をスタートした。

　事業開始から15年が経ち，いまやクライアントの幅は多岐にわたっている。ホテル，自動車やOA機器のショールーム，アパレルショップ，航空会社，フィットネスクラブ。そこに共通するのは，モノではなく，時間や空間を提供している業種業態が多いこと。モノを販売してはいても，単なるモノの提供にとどまらず，そのモノを使用するシーンや時間まで提案している店舗は，香りの導入に積極的と言える。

3.2.3 伝統の中で受け継がれてきた香り文化

　こうして香りビジネスやアロマ空間デザインに対する理解度は確実に上がってきたが，これは自然な流れではないだろうか。アロマテラピーが日本に登場したのは1985年のこと。ロバート・ティスランドの著書『アロマテラピー「芳香療法」の理論と実際』の日本語翻訳書が出版されたのがきっかけだった。つまり歴史はそう長くはない，ということになる。

　しかし，「香り」自体について言えば，日本には奈良，平安時代からお香の文化があり，「香りを愛でる」長い伝統と歴史がある。例えば，奈良の正倉院には，奈良時代の香木類や香炉などの焚香（ふんこう）用具が今でも残っている。この時代，香りは仏教の儀式と密接な関係を持っており，特別な存在だったと考えていいだろう。それが平安時代になると，貴族階級の間で居住空間に香りを焚く「空薫（そらだき）」という習慣が広まっていく。現代に生きる私たちが，アロマやお香を日々の生活で楽しむのと同じように，暮らしに香りを取り入れる試みは，すでにこの頃から始まっていたようだ。つまり，日本人の香りの歴史は，実に千数百年に及んでいるというわけである。

　しかし，残念ながら明治末期の文明開化を境にその伝統は一時，途絶えてしまった。そして，

第2章　香料分野での応用

　日本伝統の香りに代わって，私たちの生活空間に登場したのが，合成の芳香剤である。トイレには強烈な匂いを放って悪臭をマスキングする消臭剤を置き，玄関には花の香りの芳香剤を設置する家庭が日本中に氾濫した。私は，こうしたケミカルな香りが，日本人が本来持っていた香りの文化を麻痺させたのではないかと考えている。合成の香りで臭いものに蓋をするという発想は，一時大流行していたヘアリキッドやヘアトニックにも共通する。

　しかしながら，高度経済成長期を経て，モノが飽和し，物質的価値から感性的価値へと人々の価値観がシフトする中，ケミカルで強烈な香りを敬遠し，無臭を求める人々が増えていった。公害問題に苦しんだ時代を経て，空気環境に対する日本人の欲求はかつてないほど高まりを見せるようになったのである。

　もはや，悪臭を別の匂いでマスキングして済ませるという発想は通用しない時代になった。汚れた水や空気を浄化したい。きれいな環境を取り戻し，その中で暮らしたい――。無臭を求める志向は，いったんマイナスに落ち込んだ環境を浄化し，ゼロの状態に戻そうという動きの一端と言えるだろう。

3.2.4　香り文化の先進国，日本

　そして今，私たちの身の回りの環境は，マイナスをゼロに戻すステージを経て，ゼロをプラスにしていく段階に突入している。私たち日本人は，もはや単なる無臭では満足できず，心身にプラスの効果をもたらす心地よい香りを求め始めているのだ。香りをアピールする商品が増え，消費者の支持を集めているのはその象徴だろう。

　わかりやすい例が化粧品だ。以前は合成の香りに抵抗感を持つ女性が多かったため，無香料の化粧品が市場を席巻していたが，それも1990年代半ばから変わり始めた。いま女性に好まれているのは，何の香りもしない無香料の化粧品ではなく，優雅に植物の香りをまとった化粧品である。化粧品を使う時に，自然の香りで癒されたいと考える女性が増えているのだ。この動きは化粧品に限ったことではない。柔軟剤，携帯電話，男性向けボディスプレーなどなど，香りを付加したことでヒットしているプロダクトは枚挙にいとまがない。

　トイレタリーマーケットも変わりつつある。かつては合成の芳香剤一辺倒だったが，最近ではそれらに加えて天然アロマ製品なども増え，豊富な選択肢が用意されている。無香料の製品もまだあるにはあるが，それは豊富な香り製品の選択肢の1つとも言える。

　アロマ空間ビジネスは必ず日本に定着する，需要があると確信していた筆者も，ここまで成熟するとは予想していなかった。もう日本は香りビジネスの後進国ではない。ケミカルな香りの氾濫で，伝統的な香り文化を見失いそうになった時期もあったが，日本人に脈々と継承されてきた文化はいま一気に花開き，成熟段階を迎えつつある。日本はいま，香り文化の先進国といっても過言ではない。

3.3 アロマ空間デザインが提供する空間の価値
3.3.1 パブリック空間における香りの活用

さて，それでは，アロマ空間デザインの基本概念について説明していく。「アロマで空間をデザインする」とは，アロマセラピーのさまざまな機能を活用し，「人々の感性に訴えかけ，機能する空間」を創ること。この時，私たちは4つの方向性を基本コンセプトに掲げている。カラダに優しい空間をつくるサプリメントエアー，快適で過ごしやすい空間をつくるクリーンエアー，感性に響く非日常的な空間をつくるエモーショナルエアー，自然そのままの空間をつくるボタニカルエアー，の4つ。これらをバランスよく組み込み，最適なアロマ空間をデザインしている。

アロマ空間をデザインする時，何よりも重要なのは目的を踏まえることだ。空間をどう演出したいのか，その空間が果たす役割とは何かを追求し，その空間で人にどう感じてもらいたいのか，人の心をどのように揺さぶりたいのか，クライアントにヒアリングした上で明確な目的を把握していかなければならない。

昨今では，香りによる空間デザインの魅力が認知され，商業施設や公共機関などで積極的に採用されるケースが増えてきた。それらのケースを，機能性とデザイン性で整理した（図2）[2]。これを見ると，ホテルやショールーム，フィットネスクラブやアパレルショップなど，滞在型の空

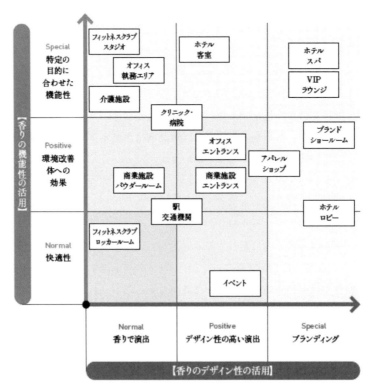

図2 パブリック空間におけるアロマ空間デザインの提供価値

第 2 章　香料分野での応用

間でアロマ空間デザインが実用化されているケースが増えていることがわかる。

　チャートの横軸は，香りによる空間デザインの演出程度（デザイン性）のレベル感を表している。このベクトルが大きくなると，単なる香り演出を超えて，空間にブランド価値を持たせることが可能になっている。

　例えば，商業スペースのパウダールームは，よい香りを広げて，消臭などの環境改善を図ることを狙いとしている。一方，同じ商業施設でも，エントランスなどのパブリック性の高いスペースや，テナントとして入るアパレルショップでは，空間コンセプトに合致したオリジナリティーのある香りでデザイン性の高い空間演出がされ，ブランドイメージの向上，集客力アップにつながっている。最もデザイン性を高めたケースとしては，高級ブランドのショールームやホテルのロビーなどが挙げられる。ここでは空間全体が高いブランド価値を持ち，上質な印象をもたらしているのだ。

　チャートの縦軸は，香りの機能の活用程度（機能性）のレベル感を表している。このベクトルが大きくなると，快適性を高めるだけでなく，その空間が抱える課題を香りで解決（環境改善）することが可能になる。

　例えば，フィットネスクラブでは，空気がこもり，汗のにおいなどが気になるロッカールームを，抗菌・抗ウイルス作用の高い香りで空気環境を整え，消臭するだけでなく，もう少し踏み込んだ香りの活用ができる。ヨガやエアロビクスなどのプログラムに合わせた香りでスタジオを演出すれば，体や脳の働きを活性化させたり，集中力を高めたりと運動効果も向上して，プログラムの効果は増すはずだ。このように，香りで空間デザインをする場合は，その空間の特性や目的に応じて，エッセンシャルオイルの持つ機能性やデザイン性を考慮しながら空間演出をする。デザイン性と機能性は相反することはないので，両方を兼ね備えた空間をつくりあげることもできる。そのためには，その空間が香りで表現したいことをしっかりと見極めることが重要である。

　これら以外にも，香りによる空間デザインを採用する施設や企業は増えており，世の中で，アロマ空間デザインが確実に認知度を高め，浸透してきていることがうかがえる。

3.3.2　アロマ空間の感性的価値

　まずは，アロマ空間のもたらす価値をデザイン的，感性的な観点からとらえていく。例えば商業施設の空間をデザインする時，デザイナーは本当の顧客を思い浮かべながら，商品の配置を決め，動線を確保し，インテリアを配置し，BGM を取り入れて空間を完成させるはずだ。この場合，本当の顧客とは店舗に足を運ぶお客様であることは言うまでもない。アロマ空間デザインのプロセスもまったく同じ。目的にかなう香りを選び，その場に合わせて演出することにより，人の心を揺さぶる空間となるのだ。

　このように考えると，アロマが果たす役割は音楽に似ていると言えるかもしれない。例えば，空間にマッチする BGM が流れる空間と無音の空間，あるいは空間にふさわしい香りに充ちた空間と無臭の空間。音や香りがある空間の方が，何倍も心に響く気がしないだろうか。その意味で，筆者は空間におけるアロマの働きを BGA，すなわちバック・グラウンド・アロマと呼んでいる。

実際，音は聴覚に，香りは嗅覚に訴えかける。特に，香りは鼻から吸い込まれると鼻の奥にある嗅上皮という粘膜に溶け込み，嗅細胞に取り込まれ，電気信号に変換された後，大脳辺縁系に直接伝達される。大脳辺縁系は，脳の中で食欲や性欲など本能に基づく行動や，喜怒哀楽といった感情を支配する器官であり，「感じる脳」と言われるところだ。視覚の情報が，直感力や言語理解，計算，分析力を受け持ち，「考える脳」と言われる大脳新皮質に届けられるのに対して，嗅覚の情報だけは「感じる脳」に伝達される。だから嗅覚は人間の感情に働きかける力がどの五感よりも強いのである。

さらに，香りは大脳辺縁系に到達した後，免疫・内分泌調整を司る器官である，視床下部や下垂体に達する。BGA（バック・グラウンド・アロマ）で満ちた空間とは，人間の本能を刺激する空間であると同時に，生命活動にも働きかける力を持つ空間だ。そして，嗅覚にダイレクトに訴えかけるアロマ空間は，企業や店舗のブランディングに大きな力を発揮する。

ある香りを嗅いだ瞬間，特定の場所や人物，過去のシーンがありありと脳裏に甦った…という経験は誰しもがあることではないだろうか。これは，香りが記憶と結びつき，思い出を喚起する力を持っているからだ。そして，これこそが香りがブランド戦略に有効なツールである所以である。香りのある空間で体験したことが楽しく，心地よいものであればあるほど，その思い出は無意識のうちに香りとともに，記憶に刷り込まれることになる。そして，再びその香りをかいだ時，過去の記憶が呼び覚まされ，より一層，その空間を提供する企業や店舗へのファン心理が形成されるのだ。

いかにターゲットとする顧客の心の中に，企業や店舗ブランドを刻み込み，その価値を上げていくか。これは現代企業にとっては至上命題の1つである。香りは，この命題を実現する計り知れない力を秘めている。

3.3.3 アロマ空間の機能的価値

次に，アロマ空間の機能的価値を考えていく。機能的価値の高いアロマ空間は，セルフメディケーション（自分自身の健康に責任を持ち，軽度な身体の不調を自分で手当てすること）の一助としての役割を持ち，人間の自然治癒力を高め，カラダに優しい空間づくりや，快適で過ごしやすい空間づくりに貢献する。

ここで手法として紹介したいのは，EBA（エビデンス・ベースド・アロマ）。医学用語のEBM（エビデンス・ベースド・メディスン）のMをアロマのAに置き換えたものだ。そもそもEBMとは，医療用語で治療法を指す言葉。臨床研究などで科学的に効果が確認された治療法を，医師の経験や技量，設備や時間などの条件を鑑みて，また患者側の固有の事情や意思も重視した上で，総合的に判断して選択していく治療法である。

EBAも考え方としては同じだ。科学的に効果が確認されたアロマを，利用者の意志や事情を踏まえながら導入していく。それがEBAなのだ。EBAの手法を導入する場合，感性的価値の高いアロマ空間とは異なり，必要な時に香りを流し，香りを嗅いでもらえるような仕組み，すなわちAOD（アロマオンデマンド）が必要になる。

第2章　香料分野での応用

　例えば感性的価値の高いアロマ空間であれば，アロマに時間的な制約はない。企業や店舗のメッセージを伝え，ブランド価値を高めることを目的とするならば，その空間では必ずアロマが演出され，心地よい空気に包まれ，それらを通して企業や店舗の意図が伝わってくるのが，BGA（バック・グラウンド・アロマ）の役割ということになる。

　しかし，機能的価値を高めたアロマ空間では，ある特定の効果効用を発揮させたいので，誰でもいつでも，というわけにはいかない。必要な時に，必要なだけ，必要とする人だけを対象に香りを演出できる仕組みが求められる。

　心地よく眠りにつくことが目的ならば就寝前に，目覚めを爽やかにしたいなら目覚めた直後に，車の運転中に集中したいなら車内で…といった具合に，それぞれの目的に添った適切な量のアロマを，適切な空間で，適切な時間に提供することが大切だ。

　機能を追い求めれば求めるほど，使用する空間は細分化し，香りの「オンデマンド」化が進んでいく。目的ごとに，あるいは空間や時間ごとに，さまざまな形が考えられるだろう。

3.4　香りが持つ無限の可能性
3.4.1　アロマの質を維持するために

　こうしたアロマ空間デザインに関しては，日本は世界屈指の先進国だ。欧米はどうかといえば，香り空間デザインは定着しているが，そこで使用している香りは合成香料が主体だ。2009年に日本上陸した外資系アパレルメーカーの店舗は，インパクトのある香りで演出されていることが非常に話題になった。あの強烈な香りは欧米マーケットの象徴ともいえる。

　なぜ欧米では合成香料が多用されるのか。理由はいくつかあるが，一つには欧米では合成香料メーカーが大きな力を持っていること。もう一つは，天然のアロマは年や産地ごとに"ぶれ"が生じ，品質が担保できないこと。それゆえ，いつも均質な品質が求められる欧米市場では天然の原料は扱いにくいということになり，合成の香りが好まれるようだ。

　しかし，このぶれこそ，まぎれもなく天然の証である。アロマがれっきとした農産物であり，大量生産が可能な工業製品とは違うという証明なのだ。私は，アロマはワインに似ていると思っている。毎年，ボジョレーヌーヴォーの解禁時期になると，「今年の出来は良い」「あまり良くなかった」という評価を耳にする。天然のアロマオイルもこれとまったく同じだ。産地によって出来は異なるし，同じ産地のものでも天候の影響を受け，年によって品質が変わるのだ。

　とはいえ，ぶれはできるだけ少なく，可能な限り高い品質を維持していきたい。私たちは，安心と品質を求めて，世界各地にすぐれた産地を求め，香りの本質を大切にしながら，機能や効果を高めるように，アロマ空間デザイナーの手でひとつひとつ丁寧にブレンドを行っている。アロマの入荷時点では，スタッフに必ず品質チェックを入れさせている。アロマ空間デザインに使えるか否か，空間をデザインするのにふさわしいレベルを維持しているのか否かを，その道のエキスパートが吟味し，ブレンドレシピを調整することもある。

　農産物ならではの持ち味である「ぶれ」を許容した上で，その範囲内で使用レベルに達してい

るアロマを見つけ，アロマオイルの品質に合わせたメンテナンスサービスにより，高い品質を保持していく。これは天然アロマを取り扱っていく以上，私たちに課せられた使命のひとつと考えている。

アットアロマのさまざまなクリエイションに一貫するのは，香りの原点は自然そのものであるという信念。そして，きめ細かな感性と丁寧な仕事により，その力を空間に活かしたいという純粋な思いである。

3.4.2　アロマ空間の広がりと可能性

法人向けにアロマサービスを展開しているのは，私たちだけではない。最近では同業者が増えてきた。今後アロマ空間は，パーソナル，モバイル，車，業務用とさらに細分化し，広がっていくことが予想される。ひと口に「家」と言っても，パーソナルな空間として見ていけば，トイレ，浴室，寝室，居間などに分かれ，それぞれがアロマ空間のマーケットとなる。

また，同じ部屋でも気分によって香りを使い分けたり，バスタイムもその日によって違う香りで演出したり，時にはアロマを使わないという選択も含めて，多様な利用形態が考えられるだろう。

香りがオンデマンド型になればなるほど，利用は個人に寄っていく。気分や目的に応じて，幅広い選択肢の中から目的に合った香りを選び取る光景が，これから当たり前のように広がっていくのではないだろうか。

例えば，タクシー車内へのアロマ導入や，公共のトイレ空間でのアロマ演出。将来的には，車輌ごとに香りが異なる電車が出現したり，オフィスの会議室にアロマを噴霧するユニットを設置しておき，議題に応じてアロマの種類を使い分けることができるようになるかもしれない。いずれはお客様を迎える応接室にも，アロマが当たり前のように導入されていくだろう。このように空間単位でマーケットを考えていくと，アロマ空間デザインの可能性はまさに無限大である。

文　　献

1) MARTIN LINDSTROM, 五感刺激のブランド戦略, p. 104, ダイヤモンド社 (2005)
2) 片岡郷, アロマ空間デザイン検定 公式テキスト, pp. 12-18, 日経BP社 (2016)

4 香料分野での特許動向

シーエムシー出版　編集部

4.1 はじめに

ここでは，テルペンの香料分野での応用の特許を検索するため，Google Patent でまず，「テルピン」と「香料分野」の2語をキーワードにして検索した。その結果，229件の特許が検索された。これらの特許では，医薬，農薬，健康食品，食品，化粧品，工業分野などに，香料添加剤としてテルペン類が使用されている。テルペン類としては，例えば，メントール，カンフル，ボルネオール，ゲラニオール，シネオール，アネトール，リモネン，オイゲノールなどがあり，これらはd体，l体またはdl体のいずれも使用されている。使用されているテルペンとしては，モノテルペンアルコールが多い。

次に，「テルペン」，「香粧品」の2語をキーワードにして検索すると，19件の特許が検索された。

また，「テルペン」，「空気浄化剤」の2語をキーワードにして検索すると14件の特許が検索された。

したがって，ここではこれらの検索された特許の中で主なものを，4.2節『香粧品』，4.3節『空気浄化剤』と分けて，その特許の概要を要約し，記載可能なものについてはその特許の「特許請求の範囲」を記載する。

4.2 香粧品への応用特許

(1) ω-メチルチオアルキルイソチオシアネートを含有する消臭剤			
公告番号	WO2010140272 A1	出願日	11 Nov 2009
公開タイプ	Application	優先日	2 Jun 2009
出願番号	PCT/JP2009/069515	発明者	市川佳伸ほか
公開日	9 Dec 2010	特許出願人	金印㈱

【要約】

体臭，口臭，ペット臭，タバコ臭，生ゴミ臭等の悪臭を強力に消臭する。また，本発明消臭剤を飲食品，香粧品，芳香剤等を併せて使用することにより，これらに存する悪臭を消臭する。6-メチルチオヘキシルイソチオシアネート等のω-メチルチオアルキルイソチオシアネートを含有する消臭剤。ω-メチルチオアルキルイソチオシアネートは化学的に合成されたものでもよく，また，アブラナ科植物，フウチョウソウ科植物，パパイア科植物，モクセイソウ科植物，ノウゼンハレン科植物等の天然植物から採取したものでもよい。

【特許請求の範囲】

1. ω-メチルチオアルキルイソチオシアネートを有効成分として含有することを特徴とする消臭剤。

(2)香料組成物			
公告番号	WO2012105430 A1	出願日	27 Jan 2012
公開タイプ	Application	優先日	31 Jan 2011
出願番号	PCT/JP2012/051759	発明者	畑野京助ほか
公開日	9 Aug 2012	特許出願人	小川香料㈱

【要約】

(1)本発明は，4,8-ジメチル-3,7-ノナジエン-2-オール，4,8-ジメチル-3,7-ノナジエン-2-イルアセテート，4,8-ジメチル-3,7-ノナジエン-2-オンの3種の化合物を4,8-ジメチル-3,7-ノナジエン-2-オールの1に対し，4,8-ジメチル-3,7-ノナジエン-2-イル アセテートを0.02～0.4，4,8-ジメチル-3,7-ノナジエン-2-オンを0.04～0.8となる割合で混合したものを含有することを特徴とする香料組成物である。

(2)さらに，本発明は，上記(1)の香料組成物を配合したことを特徴とする飲食品または香粧品である。

本発明は，食品香料，香粧品香料等として使用可能な香料組成物に関し，詳しくは4,8-ジメチル-3,7-ノナジエン-2-オール，4,8-ジメチル-3,7-ノナジエン-2-イル アセテート，4,8-ジメチル-3,7-ノナジエン-2-オンの3種の化合物を特定の割合で混合することを特徴とする香料組成物に関する。

自然な天然感とシトラール様のレモン感，フレッシュ感の付与に極めて有効な4,8-ジメチル-3,7-ノナジエン-2-オールおよび4,8-ジメチル-3,7-ノナジエン-2-イル アセテートおよび4,8-ジメチル-3,7-ノナジエン-2-オンの3種の化合物を特定の割合で混合した香料組成物，および当該香料組成物を配合した飲食品，香粧品を提供することである。本発明の香料組成物は飲食品，香粧品に配合することで，従来技術より自然で天然感のあるシトラール様のレモン感，フレッシュ感を付与することができ，かつ類似の香気特性を有するシトラールを含有した香料組成物に比べ，経時的な異臭の発生が軽減された飲食品，香粧品を製造することができる。

(3)アレルギー性疾患抑制組成物			
公告番号	WO2011077587 A1	出願日	21 Dec 2009
公開タイプ	Application	優先日	21 Dec 2009
出願番号	PCT/JP2009/071824	発明者	永井雅ほか
公開日	30 Jun 2011	特許出願人	金印㈱

【要約】

アレルギー性疾患の諸症状を抑制ないしは改善するアレルギー性疾患抑制組成物を提供する。イソチオシアネート類と香料とを有効成分として含有し，前記イソチオシアネート類がω-メチルチオアルキルイソチオシアネート，ω-メチルスルフィニルアルキルイソチオシアネート，ω-メチルスルフォニルアルキルイソチオシアネート，およびω-アルケニルイソチオシアネートの

第2章　香料分野での応用

群から選択される一種または複数種であり，前記香料がインドール類，エーテル類，エステル類，ケトン類，脂肪酸類，脂肪族高級アルコール類，脂肪族高級アルデヒド類，脂肪族高級炭化水素類，チオエーテル類，チオール類，テルペン系炭化水素類，フェノールエーテル類，フェノール類，フルフラール類，芳香族アルデヒド類，芳香族アルコール類，ラクトン類，フラン類，および天然香料の群から選択される一種または複数種であることを特徴とする。

【特許請求の範囲】

1.　イソチオシアネート類と香料とを有効成分として含有し，前記イソチオシアネート類がω-メチルチオアルキルイソチオシアネート，ω-メチルスルフィニルアルキルイソチオシアネート，ω-メチルスルフォニルアルキルイソチオシアネート，およびω-アルケニルイソチオシアネートの群から選択される一種または複数種であり，前記香料がインドール類，エーテル類，エステル類，ケトン類，脂肪酸類，脂肪族高級アルコール類，脂肪族高級アルデヒド類，脂肪族高級炭化水素類，チオエーテル類，チオール類，テルペン系炭化水素類，フェノールエーテル類，フェノール類，フルフラール類，芳香族アルデヒド類，芳香族アルコール類，ラクトン類，フラン類，および天然香料の群から選択される一種または複数種であることを特徴とするアレルギー性疾患抑制組成物。

(4)雑味の低減された清涼感持続剤			
公告番号	WO2015037648 A1	出願日	11 Sep 2014
公開タイプ	Application	優先日	13 Sep 2013
出願番号	PCT/JP2014/074030	発明者	小林宗隆ほか
公開日	19 Mar 2015	特許出願人	長谷川香料㈱

【要約】
【課題】グルタル酸モノメンチルを含有する雑味の低減された清涼感持続剤を提供する。
【解決手段】グルタル酸モノメンチルとグルタル酸ジメンチルからなる清涼感持続剤においてグルタル酸ジメンチルの含有量が5質量％以下で，グルタル酸モノメンチルを高純度で含有する組成物が開示される。このような組成物は，グルタル酸モノメンチルおよびグルタル酸ジメンチルを含み，後者が5％を超えて存在する組成物から，前者をアルカリ塩として抽出する工程を含んでなる調製方法により，効率よく取得することができる。

【特許請求の範囲】

1.　グルタル酸モノメンチル（MMG）およびグルタル酸ジメンチル（DMG）を含んでなる清涼感持続剤であって，MMGとDMGからなる混合物としてMMGが95質量％もしくはそれを超えて存在し，DMGが5質量％もしくはそれ未満存在する清涼感持続剤。

(5)香料組成物			
公告番号	WO2012173237 A1	出願日	15 Jun 2012
公開タイプ	Application	優先日	17 Jun 2011
出願番号	PCT/JP2012/065397	発明者	駒月康浩ほか
公開日	20 Dec 2012	特許出願人	高砂香料工業㈱ほか

【要約】

　本発明は，香料組成物，更に詳細には，香り立ち，残香性などの芳香特性および保留効果に優れた香料組成物，およびそれを含有する香粧品，トイレタリー製品，入浴剤，医薬部外品または医薬品等の各種製品類に関する。

　本発明は，香料組成物の芳香特性および残香性を改善させると共に，その改善効果を反映した製品類を提供することを目的とする。本発明は，アルコール誘導体を含有する香料組成物，該香料組成物を含む製品および新規化合物に関する。本発明は，香料組成物の芳香特性および残香性を改善させると共に，その改善効果を反映した製品類を提供することを目的とする。すなわち，より具体的には，ベースとなる香料組成物の香調を変えることなく，香り立ち，持続性等の，芳香特性，保留特性の高い香質改善剤，およびそれを含有する香料組成物，更に該香料組成物が配合されていて，香り立ち，持続性等の芳香特性，保留特性の良好な各種製品類を提供することを目的とする。

　本発明者らは前記課題を解消すべく鋭意検討を行った結果，特定のアルコール誘導体が香料組成物の香り立ち，残香性を著しく高めることを見出し，本発明を完成するに至った。本発明の香料組成物は，特定のアルコール誘導体を必須成分とするが，他に調香成分として公知あるいは周知のケトン類，アルデヒド類，エステル類，アルコール類，エーテル類，テルペン類，天然精油，合成ムスク等が単独であるいは適宜組み合わせて配合され，香料組成物とされる。アルコール誘導体が，4-(3-ヒドロキシ-3-メチルペンチル)フェノール，4-(3-ヒドロキシ-3-メチル-4-ペンテニル)フェノールおよび4-(3-ヒドロキシ-3-メチルヘキシル)フェノールからなる群より選ばれる少なくとも1種である。

(6)新規なカルボン酸エステル化合物およびその製造方法，並びに香料組成物			
公告番号	WO2012133189 A1	出願日	2012年3月23日
公開タイプ	出願	優先日	2011年3月25日
出願番号	PCT/JP2012/057524	発明者	北村光晴
公開日	2012年10月4日	特許出願人	三菱瓦斯化学㈱ほか

【要約】

　本発明は，香料成分として或いは調合香料素材として有用な，新規なカルボン酸エステル化合物およびその製造方法，並びに該カルボン酸エステル化合物を含有する香料組成物に関する。また，本発明は，例えば，医薬，農薬，香料，機能性樹脂，光学機能性材料および電子機能性材料

第2章 香料分野での応用

等の原料（有機合成における中間体を含む。）として有用な，2,4-ジメチル-ビシクロ[2.2.2]オクタン化合物のアシルフロライドおよびそのエステルに関する。

香料成分として或いは調合香料素材として有用な，新規なカルボン酸エステル化合物およびその製造方法，並びに該カルボン酸エステル化合物を含有する香料組成物を提供する。また，医薬，農薬，香料，機能性樹脂，光学機能性材料および電子機能性材料等の原料（有機合成における中間体を含む。）として有用な，2,4-ジメチル-ビシクロ[2.2.2]オクタン化合物のアシルフロライドおよびそのエステルを提供する。

(7)リラックス作用，集中力増強作用および抗ストレス作用を有する物質			
公告番号	WO 2010140271 A1	出願日	2009年11月11日
公開タイプ	出願	優先日	2009年6月2日
出願番号	PCT/JP2009/069511	発明者	永井雅ほか
公開日	2010年12月9日	特許出願人	金印㈱

【要約】

ヒトの大脳から生じるα脳波を増強させ，これによりリラックス作用，集中力増強作用ならびに抗ストレス作用を呈する物質を得る。イソチオシアネート類を含有し，ヒトの大脳から生じるα脳波を増強させ，これによりリラックス作用，集中力増強作用ならび抗ストレス作用を呈することを特徴とするリラックス作用，集中力増強作用ならびに抗ストレス作用のある物質。

イソチオシアネート類は主にアブラナ科の植物などに含まれている成分であり，抗菌，抗カビ作用があることなどから，食品としてはもちろん，それ以外にも抗菌剤などの日用品としても使用されている。

しかしながら，これまでにイソチオシアネート類に関して，α波増強作用は報告されておらず，リラックス作用，集中力増強作用または抗ストレス作用の報告もない。

本発明の課題は，リラックス作用，集中力増強作用および抗ストレス作用を呈する物質を提供することにある。

上記課題を解決するため，本発明の物質によれば，イソチオシアネート類を含有し，大脳から生じるα波の増強作用を有し，それによりリラックス作用，集中力増強作用および抗ストレス作用を呈することを特徴とする。

さらに上述の課題を解決するために，本発明の香料，食品，飲料，化粧品，医薬品または日用品雑貨類によれば，イソチオシアネート類を含有し，大脳から生じるα波の増強作用を有し，リラックス作用，集中力増強作用，抗ストレス作用を呈することを特徴とする。

本発明はイソチオシアネート類を含有し，大脳から生じるα波増強作用を呈するようにしたことにより，リラックス作用，集中力増強作用ならびに抗ストレス作用を発揮し得る。

【特許請求の範囲】

1. イソチオシアネート類を含有し，ヒトの大脳から生じるα波を増強させ，リラックス作用，

集中力増強作用ならびに抗ストレス作用を呈することを特徴とするリラックス作用，集中力増強作用ならびに抗ストレス作用のある物質。

(8) ジブチルヒドロキシトルエン含有製剤およびジブチルヒドロキシトルエンの安定化方法

公告番号	WO2013099861 A1	出願日	2012 年 12 月 25 日
公開タイプ	出願	優先日	2011 年 12 月 27 日
出願番号	PCT/JP2012/083458	発明者	根本夫規子ほか
公開日	2013 年 7 月 4 日	特許出願人	千寿製薬㈱ほか

【要約】
　本発明の目的は，製剤中のジブチルヒドロキシトルエンの含有量の低下を抑制し，その安定性を向上させる技術を提供することである。ジブチルヒドロキシトルエンを含有する製剤を収容する容器において，その内壁面（注出部の内部空間の壁面および／または蓋部において注出部の注出口と対向する壁面等）を構成する樹脂として，ポリブチレンテレフタレート，ポリエチレンテレフタレート，ポリスチレン，アクリロニトリルブタジエンスチレン，ポリカーボネート，ポリメタクリル酸メチル，およびエチレンビニルアルコール共重合体よりなる群から選択される少なくとも 1 種のポリマーを含むものを採用することにより，当該注出部へのジブチルヒドロキシトルエンの吸着を抑制して，製剤中のジブチルヒドロキシトルエン含量を安定に保持できる。

　本発明は，製剤中のジブチルヒドロキシトルエンの含有量の低下を抑制し，その安定性を向上させる技術を提供することを目的とする。

　本発明者は，汎用されているポリエチレン製の注出部（ノズル，中栓ノズル，穴あき中栓等）および蓋部が装着されたプラスチック製容器に，ジブチルヒドロキシトルエンを含有する製剤を収容すると，製剤中のジブチルヒドロキシトルエンは，容器内の気相（気体空間）に揮散し，それが容器の注出部に吸着・蓄積することにより，製剤中の含量低下が引き起こされていることを突き止めた。

　さらに，本発明者は，検討を重ねたところ，ジブチルヒドロキシトルエンを含有する製剤を収容する容器において，その内壁面（注出部の内部空間の壁面および／または蓋部において注出部の注出口と対向する壁面等）を構成する樹脂として，ポリブチレンテレフタレート，ポリエチレンテレフタレート，ポリスチレン，アクリロニトリルブタジエンスチレン，ポリカーボネート，ポリメタクリル酸メチル，およびエチレンビニルアルコール共重合体よりなる群から選択される少なくとも 1 種のポリマーを含むものを採用することにより，当該内壁面へのジブチルヒドロキシトルエンの吸着を抑制して，製剤中のジブチルヒドロキシトルエン含量を安定に保持できることを見出した。本発明は，このような知見に基づいて完成したものである。

【特許請求の範囲】
1. ジブチルヒドロキシトルエンの安定化方法であって，
容器の内壁を構成する領域の少なくとも一部分が，ポリブチレンテレフタレート，ポリエチレン

テレフタレート，ポリスチレン，アクリロニトリルブタジエンスチレン，ポリカーボネート，ポリメタクリル酸メチル，およびエチレンビニルアルコール共重合体よりなる群から選択される少なくとも１種のポリマーを含む樹脂によって構成されている容器に，ジブチルヒドロキシトルエンを含有する製剤を収容することを特徴とする安定化方法。

(9)外用組成物			
公告番号	WO2016002767 A1	出願日	2015年6月30日
公開タイプ	出願	優先日	2014年6月30日
出願番号	PCT/JP2015/068804	発明者	羽賀雅俊ほか
公開日	2016年1月7日	特許出願人	ロート製薬㈱ほか

【要約】
　本発明は，優れたコラーゲン産生促進効果を有し，加齢に伴うシワ，タルミ等を抑制・予防・改善することができる新しい構成の外用組成物を提供することなどを目的とする。
　第１の本発明の外用組成物は，優れたコラーゲン産生促進効果を有し，加齢に伴うシワ，タルミ等を抑制・予防・改善することができる。また，第１の本発明の外用組成物は，細胞増殖促進能にも優れ，細胞を賦活化させることにより，肌の衰えによる老化を有効に抑えることができる。このように，第１の本発明の外用組成物は，コラーゲン産生促進効果および細胞賦活効果に優れる従来にない新しい構成の抗老化用の外用組成物である。また，（Ａ）成分はゲル化剤としての作用も有するため，第１の本発明の外用組成物は，必要に応じて適切な形態とすることができる。このような特性を有するため，第１の本発明の外用組成物は，コラーゲン産生促進効果，細胞賦活化効果を有する抗老化用の外用組成物として，化粧品，医薬部外品及び／または医薬品に広く用いることができる。

4.3　空気浄化剤への応用特許

(1)高モノテルペン成分含有精油，その製造方法および当該精油を用いた環境汚染物質浄化方法			
公告番号	WO2010098440 A1	出願日	26 Feb 2010
公開タイプ	出願	優先日	26 Feb 2009
出願番号	PCT/JP2010/053068	発明者	金子俊彦ほか
公開日	2 Sep 2010	特許出願人	日本かおり研究所㈱ほか

【要約】
　木の葉の中に含まれるテルペン化合物を有効に利用する手段を見出し，間伐や枝打ちで生じる枝葉を有用資源化することを目的とし，モノテルペン成分を90％以上含有する高モノテルペン成分含有精油，針葉樹の葉を，マイクロ波水蒸気蒸留法に付し，得られた蒸留物を採取する上記高モノテルペン成分含有精油の製造方法および上記高モノテルペン成分含有精油を，環境汚染物質を含有する大気と接触させる環境汚染物質の除去方法を提供する。

本発明は，モノテルペン化合物を極めて高い濃度で含有する高モノテルペン含有精油，針葉樹の葉を原料とするその製造法および当該精油を用いる環境汚染物質の浄化方法に関する。従って，本発明の課題は，樹木の葉に含まれるテルペン化合物を，効率よく取り出し，これを特に，環境汚染物質の除去に利用する手段を開発することである。

本発明者らは，ほとんど利用されていない，間伐材を切り出す際や枝打ちの際に生じる樹木の枝葉の有効利用について鋭意研究を行ったところ，これらをある条件で蒸留することにより，特定のテルペン化合物を極めて多量に含有する精油分が得られること，そしてこのものを利用すれば，非常に効率よく環境汚染物質が除去しうることを見出し，本発明に至った。すなわち本発明は，モノテルペン成分を90％以上含有する高モノテルペン成分含有精油である。

また本発明は，針葉樹の葉を減圧下で加熱して蒸留を行い，得られた蒸留物である油性画分を採取することを特徴とする上記高モノテルペン成分含有精油の製造方法である。さらに本発明は，上記高モノテルペン成分含有精油を，環境汚染物質を含有する大気と接触させることを特徴とする環境汚染物質の除去方法である。本発明の高モノテルペン成分含有精油は，間伐材を切り出す際や枝打ちの際に生じる木の枝葉から得られ，モノテルペン成分を90％以上含み，セスキテルペン成分およびジテルペン成分の含量が極めて少ないものである。そしてこのものは，NOxやSOxなどの有害酸化物や，ホルマリンなどの環境汚染物質を有効に除去することのできるので，これらの除去剤として利用可能である。また，テルペン系香料成分の安価な原料としても有用なものである。

(2)ディーゼルエンジン用内部洗浄剤およびこれを用いた洗浄システム			
公告番号	WO2013150678 A1	出願日	8 Nov 2012
公開タイプ	出願	優先日	2 Apr 2012
出願番号	PCT/JP2012/079042	発明者	小川修
公開日	10 Oct 2013	特許出願人	小川修

【要約】
【課題】ディーゼルエンジンが掛かった状態で洗浄剤を燃焼室に取り込んでもノッキングを生じさせることなく高い洗浄効果を発揮し，かつ，その洗浄効果の持続性の大きな洗浄剤，およびこれを用いたディーゼルエンジン内部洗浄システムに関する技術提供を図る。

【解決手段】ディーゼルエンジン内部の洗浄剤または洗浄システムであって，該洗浄剤は，溶解性を発揮する発火点が238度以上の溶剤と，鉱物油等の潤滑油とを所定の割合で配合される混合液から構成され，軽油の発火特性よりも高い発火温度特性と，摂氏120度の加熱状態において2.5ccが蒸発するのに8分以上の時間を必要とする蒸発特性を有するように油脂と溶剤が選択されていることを特徴とするディーゼルエンジン用内部洗浄剤，およびこれを用いる洗浄システムとした。

第2章 香料分野での応用

【特許請求の範囲】
1. ディーゼルエンジンが掛かった状態で吸気系から噴霧して，該エンジン内部に固着したカーボンおよびスラッジを洗浄および除去する洗浄剤であって，該洗浄剤は，溶剤と，油脂とを配合した混合液から構成され，前記溶剤は，発火点が238度以上であり，固着したカーボン層に対しては付着浸透して該カーボン層の形成力を脆弱化させ，スラッジに対しては溶解性を発揮する特性を備えた少なくとも一種類以上から成る液体の溶解性物質であり，前記油脂は，前記溶剤の付着性と付着時間を向上させるために用いるエンジンオイルとしての性状を有する鉱物油，化学合成油，部分合成油，および植物油のいずれか，またはこれらの組合せから成る潤滑油であり，前記混合液は，軽油の発火特性よりも高い温度で発火し，その発火タイミングと火炎伝播速度の関係から燃料噴射タイミング前における圧縮工程末期のノッキング現象とならない特性を有し，かつ，摂氏120度の加熱状態において，2.5ccが蒸発するのに要する時間を8分以上必要とする蒸発特性を有するように選択される前記油脂と前記溶剤との配合から成り，該配合割合が，重量比において溶剤99：油脂1～溶剤80：油脂20の範囲内であることを特徴とするディーゼルエンジン用内部洗浄剤。

(3)有害酸化物の除去剤および当該除去剤を利用する有害酸化物の除去方法			
公告番号	WO2012077635 A1	出願日	5 Dec 2011
公開タイプ	出願	優先日	10 Dec 2010
出願番号	PCT/JP2011/078072	発明者	金子俊彦ほか
公開日	14 Jun 2012	特許出願人	日本かおり研究所㈱ほか

【要約】
容易にかつ効率よく窒素酸化物および硫黄酸化物を除去できる天然成分を見出し，これを利用する有害酸化物の除去剤および有害酸化物の除去方法を提供することを課題とする。当該有害酸化物除去剤は，β-フェランドレンおよびオシメンよりなる群から選ばれる1種若しくは2種の化合物を有効成分とするものであり，これを有害酸化物を含有する大気と接触させることにより大気中の有害酸化物を除去することができる。

本発明は，有害酸化物の除去剤に関し，さらに詳細には，各種の排煙，排気ガス中に含まれる窒素酸化物や硫黄酸化物を除去することのできる有害酸化物の除去剤およびこれを利用する有害酸化物の除去方法に関する。

【特許請求の範囲】
1. β-フェランドレンおよびオシメンよりなる群から選ばれる1種若しくは2種の化合物を有効成分として含有する有害酸化物除去剤。
2. さらに，α-ピネン，β-ピネン，リモネン，テルピネン，テルピノーレン，ミルセン，アロオシメン，イソプレン，ピロネン，クリプトテネン，2,4 (8) -p-メンタジエン，メノゲレン，セスキシトロネン，ジンギベレン，イソカジネン，3,8 (9) -p-メンタジエン，テルピネン-4-オー

ル，シトロネラール，ボルニルアセテート，カジネン，サビネン，α-テルピネオール，δ-3-カレン，γ-テルピネン，1,4-シネオール，1,8-シネオール，ヒノキ葉精油，スギ葉精油，トドマツ葉精油，モミ葉精油，ユーカリ葉精油，コウヤマキ葉精油およびヒバ葉精油よりなる群から選ばれる1種若しくは2種以上の成分を含有する請求項1記載の有害酸化物除去剤。

(4)有害酸化物の除去剤および当該除去剤を利用する有害酸化物の除去方法			
公告番号	WO2010098439 A1	出願日	26 Feb 2010
公開タイプ	出願	優先日	26 Feb 2009
出願番号	PCT/JP2010/053067	発明者	金子俊彦ほか
公開日	2 Sep 2010	特許出願人	日本かおり研究所㈱ほか

【要約】
　容易にかつ効率よく窒素酸化物や硫黄酸化物を除去できる天然成分を見出し，これを利用する有害酸化物除去剤を提供することを目的とし，ヒノキ科ヒノキ属，ヒノキ科スギ属，マツ科モミ属，フトモモ科ユーカリ属，コウヤマキ科コウヤマキ属，ヒノキ科アスナロ属よりなる群から選ばれた樹木の1種または2種以上の木質部および／または葉の精油を有効成分とする有害酸化物除去剤および当該有害酸化物除去剤を，有害酸化物を含有する大気と接触させる大気中の有害酸化物の除去方法を提供する。
　本発明は，有害酸化物の除去剤に関し，さらに詳細には，各種の排煙，排気ガス中に含まれる窒素酸化物や，硫黄酸化物を浄化することのできる有害酸化物の除去剤およびこれを用いる有害酸化物の除去方法に関する。

【特許請求の範囲】
1. ヒノキ科ヒノキ属，ヒノキ科スギ属，マツ科モミ属，フトモモ科ユーカリ属，コウヤマキ科コウヤマキ属およびヒノキ科アスナロ属よりなる群から選ばれた樹木の1種または2種以上の木質部および／または葉の精油を有効成分とする有害酸化物除去剤。

(5)薬剤揮散体			
公告番号	WO2014065150 A1	出願日	15 Oct 2013
公開タイプ	出願	優先日	22 Oct 2012
出願番号	PCT/JP2013/077915	発明者	鹿島誠一ほか
公開日	1 May 2014	特許出願人	大日本除蟲菊㈱ほか

【要約】
　薬剤揮散体に雨がかかった場合においても，揮散性能を保持する薬剤揮散体を提供する。常温揮散性ピレスロイド系防虫成分を含有する繊維状物からなるメッシュを有する構造体からなる薬剤揮散体において，繊維状物は，樹脂フィラメントからなり，構造体の重量に対する，前記構造体が保水し得る量である保水比が，0.005以上0.5以下であることを特徴とする。

第2章　香料分野での応用

　本発明は，蚊，ブユ等の飛翔害虫を駆除および忌避するための薬剤揮散体に係り，さらに詳しくは，繊維状物からなり，常温揮散性ピレスロイド系防虫成分を含有するメッシュを構成した薬剤揮散体に関するものである。本発明は，常温揮散性ピレスロイド系防虫成分を樹脂担体に練り込み成形して得られる樹脂フィラメントをメッシュに構成した薬剤揮散体，もしくは予め樹脂フィラメントを撚り合わせてメッシュを構成した立体構造体に常温揮散性ピレスロイド系防虫成分を含浸させた薬剤揮散体において，この薬剤揮散体に雨がかかった場合においても，揮散性能を保持する薬剤揮散体を提供することを目的とする。

【特許請求の範囲】
1. 常温揮散性ピレスロイド系防虫成分を含有する繊維状物からなるメッシュを有する構造体からなる薬剤揮散体において，前記繊維状物は，樹脂フィラメントからなり，前記構造体の重量に対する，前記構造体が保水し得る量である保水比が，0.005以上0.5以下であることを特徴とする薬剤揮散体。

(6)抗アレルゲン剤			
公告番号	WO2012050156 A1	出願日	13 Oct 2011
公開タイプ	出願	優先日	14 Oct 2010
出願番号	PCT/JP2011/073508	発明者	山田喜直
公開日	19 Apr 2012	特許出願人	東亞合成㈱

【要約】
【課題】ダニや花粉などのアレルゲンを不活性化できる抗アレルゲン剤として，従来タンニン酸やポリフェノール系の抗アレルゲン剤が知られていたが，耐熱性に劣り，着色や変色，溶出の問題があった。本発明の抗アレルゲン剤は耐熱性に優れ着色がなく，耐水性および加工性に優れる抗アレルゲン剤を提供することを目的とする。
【解決手段】pKaが4.8以下の酸点の数量を酸点濃度として定義し，酸点濃度が高い無機物質を用いることにより，高い抗アレルゲン効果を発揮し，かつ，耐熱性，耐水性に優れ，着色性が少なく，加工性に優れる抗アレルゲン剤が実現できることを見出した。

　本発明は，特定の酸点濃度を有する無機粉体からなる抗アレルゲン剤およびその抗アレルゲン剤を含有する抗アレルゲン組成物並びに製品に関するものである。抗アレルゲン剤は衣類，寝具，マスクなどの繊維製品，空気清浄機やエアコンなどに用いられるフィルター，カーテン，カーペット，家具などのインテリア製品，自動車内装材などに噴霧加工，塗装加工，あるいは壁紙，フローリング材などの建築材料の表面層に固定することでダニや花粉などによるアレルギー原因物質を低減する効果を付与することができる。

　本発明の抗アレルゲン剤を，固着剤（バインダー）を含むコーティング組成物として用いることである。このコーティング組成物にはバインダーの他に添加剤を加えても良く，また，コーティング組成物を各種形状の製品に加工する前に溶剤や水で希釈することもできる。本発明の

コーティング組成物における,抗アレルゲン剤／バインダー固形分の重量比は大きいほど効果を発現し易い一方で,バインダー固形分の重量比が大きいほど抗アレルゲン剤がしっかり固定されて粉落ちし難く好ましい面もある。従って抗アレゲン剤含むコーティング組成物における,抗アレルゲン剤／バインダー固形分の重量比は90/10～30/70が好ましく,80/20～50/50がより好ましい。発明のコーティング組成物に用いるバインダーとしては,以下のものがある。すなわち,天然樹脂,天然樹脂誘導体,フェノール樹脂,キシレン樹脂,尿素樹脂,メラミン樹脂,ケトン樹脂,クマロン・インデン樹脂,石油樹脂,テルペン樹脂,環化ゴム,塩化ゴム,アルキド樹脂,ポリアミド樹脂,ポリ塩化ビニル,アクリル樹脂,塩化ビニル・酢酸ビニル共重合樹脂,ポリ酢酸ビニル,ポリビニルアルコール,ポリビニルブチラール,塩素化ポリプロピレン,スチレン樹脂,エポキシ樹脂,ウレタンおよびセルロース誘導体等である。このうち,好ましいものはアクリル樹脂,ポリ塩化ビニル,塩化ビニル・酢酸ビニル共重合樹脂であり,中でもエマルション型の樹脂は低公害で取り扱い易いので好ましい。

【特許請求の範囲】

1. pKaが4.8以下の酸点の酸点濃度が,0.001 mmol/g以上10 mmol/g以下の無機粉体からなる抗アレルゲン剤。

(7)消臭フィルター			
公告番号	WO2015056486 A1	出願日	28 Aug 2014
公開タイプ	出願	優先日	17 Oct 2013
出願番号	PCT/JP2014/072655	発明者	山田喜直
公開日	23 Apr 2015	特許出願人	東亞合成㈱

【要約】

本発明は,通気性に優れるとともに,不快な悪臭ガスに対する消臭性能に優れる消臭フィルターに関する。本発明の消臭フィルターは,繊維と,該繊維の表面に接合された化学吸着型消臭剤とを含む消臭繊維層を備え,消臭繊維層を挟んで,フィルターの1面側から他面側に通気性を有するフィルターである。

本発明の消臭フィルター1は,繊維11と,該繊維11の表面に接合された化学吸着型消臭剤13とを含む消臭繊維層10を備え,消臭繊維層10の厚さは0.3 mm以上であり,消臭繊維層10の目付量は30～100 g/m^{2}であり,フラジール形法に基づく通気量は50～350 cm^3/(cm^2・s)である。

【特許請求の範囲】

1. 繊維と,該繊維の表面に接合された化学吸着型消臭剤とを含む消臭繊維層を備える消臭フィルターであって,前記消臭繊維層の厚さは0.3 mm以上であり,前記消臭繊維層の目付量は30～

第 2 章　香料分野での応用

$100\ \mathrm{g/m^2}$ であり，前記消臭フィルターのフラジール形法に基づく通気量は $50\sim350\ \mathrm{cm^3/(cm^2\cdot s)}$ であることを特徴とする消臭フィルター。

(8)ポリウレタン繊維			
公告番号	WO2014112588 A1	出願日	17 Jan 2014
公開タイプ	出願	優先日	18 Jan 2013
出願番号	PCT/JP2014/050817	発明者	田中利宏ほか
公開日	24 Jul 2014	特許出願人	東レ・オペロンテックス㈱ほか

【要約】
　香料成分を吸収後，長時間が経っても香気が持続する残香性繊維を提供する。香料成分の吸収から 48 時間後における香料成分の総放散量が $0.1\ \mu\mathrm{g/g\cdot h}$ 以上 $1000\ \mu\mathrm{g/g\cdot h}$ 以下であることを特徴とする残香性ポリウレタン系繊維である。

【特許請求の範囲】
1. 香料成分の吸収から 48 時間後における香料成分の総放散量が $0.1\ \mu\mathrm{g/g\cdot h}$ 以上 $1000\ \mu\mathrm{g/g\cdot h}$ 以下であることを特徴とする残香性ポリウレタン系繊維。

第3章　電子分野での応用

1　エレクトロニクス用厚膜ペースト溶剤

山本雅之[*]

1.1　厚膜ペーストとは
1.1.1　厚膜ペーストと歴史

　厚膜ペーストとは，エレクトロニクス回路を描くために用いる「インク」である。最先端の電子機器の製造に，古くからある植物由来の「パインオイル」が溶剤として使用されることは，非常に興味深い。さらには，厚膜ペーストの用途であり，エレクトロニクス回路を描くためのスクリーン印刷（screen printing）も，日本の伝統工芸である友禅の技法に倣ったと言われている。日本で発祥した友禅染・型染の型紙からヒントを得て欧米でスクリーン印刷となり，形を変えて日本に還ってきたとも思える。このため，スクリーン印刷などの技術を用いて作られる精密機器の開発は，日本人には向いていたのかもしれない。

1.1.2　厚膜ペーストの組成

　厚膜ペーストの構成要素をみると，パインオイル等の溶剤の他，高分子（ポリマーバインダー），機能性素材（金属や硝子等）からなる。この時，溶剤に高分子を溶解させたものをビヒクル（vehicle）と呼び，ビヒクルに機能性素材を分散させたものをペースト（paste）と呼ぶ。

　古くから，ポリマーとしてエチルセルロースが汎用されており，これと相性の良い溶剤としてパインオイルが使用されている。エチルセルロースは天然から採取されたセルロースをエチルエーテル化したものであり，天然由来素材を用いていることはパインオイル同様である。

　天然由来原料を使用すると，まったく同じものを量産するのが難しいため，製造ロット間で特性が左右されかねない。この点，パインオイルについては主成分であるターピネオールを用いたり，またその誘導体を合成し精製する等，成分の純度をコントロールすることで同等の特性を提供できるようになっている。一方，エチルセルロースについても，重合度をコントロールすることにより，ロット間の優位差を少なくしている。しかしながら，モノマーよりポリマーの方が制御は難しいのが現状であろう。

1.2　厚膜ペーストの用途
1.2.1　使用用途

　先述のとおり，電子材料を作る際の回路パターンを印刷する際のインクとして用いられる。今日，印刷方法としては，①凸版印刷，②平版印刷，③凹判印刷，④孔版印刷，⑤スクリーン

　　＊　Masayuki Yamamoto　日本香料薬品㈱　研究所　課長

印刷，⑥インクジェット印刷，⑦スタンピング印刷など[1]が知られている。

この中でも，回路基板の印刷等に最も用いられている手法がスクリーン印刷である。電子機器を小型化するために回路パターンは複雑なものとなり，その回路についてファインラインを描くために適切な条件を設定する。

1.2.2 スクリーン印刷に求められる特性

スクリーン印刷は，ゴム製のスキージを用いてスクリーン版のメッシュ開口部からインクを押し出し，印刷する方法である。

スクリーン印刷を行う際，①印刷条件，②スクリーン版，③ペースト条件，の3つの条件により左右されるとされている[2]。

しかしながら，これらを個々に考えることはできず，ある条件を良くすることは他の条件にとって悪化させる場合もある。したがって，溶剤の観点から適切なペーストを考え出すため，スクリーン印刷を4つの工程（図1）に分けて考察してみる。

1.2.3 スクリーン印刷工程とペースト条件

スクリーン印刷の印刷工程を分類した，4つの工程を図1に示す[3]。
① ローリング：スキージを動かすことで，ペーストがスクリーン版に沿って回転する
② 充填：スクリーン版の開口部に，ペーストが押し出される
③ 版離れ：押し出されたペーストがスクリーン版上に転写され，スクリーン版と離れる
④ レベリング：転写されたインクがダレる等，形状変化を起こす

ここで，各工程で起こっているペーストの変化を考える。

(1) ①ローリング→②充填の工程

友禅の型染めの場合には，熟練職人が染料をつけた刷毛を熟練の技で摺り込んで染色できるため，一点一点丁寧に，鮮やかな印刷を行い得る。

一方，スクリーン印刷の場合には効率化のために改良されており，自動化に適した技法になっている。これは，真上からインクが摺り込まれるのと異なり，適度な角度を付けたスキージにより，開口部に充填される。このため，サラサラした液体（ニュートン流動を示すような液体）であればスクリーン版上をペーストが流れていくだけとなり，適切な充填は行われない。逆に，粘度が高いペーストであると，細かいスクリーン版開口部を通過するのが難しい。

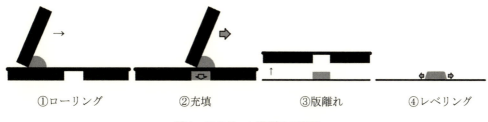

①ローリング　②充填　③版離れ　④レベリング

図1　スクリーン印刷の工程図

これら両方の条件を満たし得る，適切な粘度と弾力性（粘弾性）が必要となる。

(2) ②充填→③版離れの工程

開口部から吐出されたペーストが基板上に印刷される際の力の釣り合いを考えると，印刷面に引っ張られる力と，スクリーン版に引っ張られる力の双方の力が働く。この時，スクリーン版に引き戻される力が高いと，適切な印刷が行われない。

ところが，充填の際にペーストは細かなスクリーン版開口部を通過している。この時，分子の挙動という観点からは，粘弾性を示す複雑な三次元構造が，通過しやすい構造に変化を受けていると考えられる。こうして，粘弾性が低下した状態での版離れ工程が行われる。

このように粘弾性が低下していることから，充填されたペーストが版に残ろうとする力は幾分軽視できるため，化学的に「基盤と相性の良い溶剤」を考える方が印刷効率は良いと考える。

(3) ③版離れ→④レベリング

レベリング（leveling）とは，転写されたインクが転写面に広がり，平らになる現象を言う。レベリング性が良い場合，印刷の光沢が良くなるが，ファインラインを描き難く再現性に劣る。

ペーストがスクリーン版開口部を通過している点を考慮すると，ペーストは粘弾性が低下した状態で基板上に転写される。そうして，基板上に乗ったペーストが，時間の経過とともにダレてしまう。このため，粘弾性が回復する性質，すなわちチキソトロピー（thixotropy）が考慮される。

比較的チキソ性が良いとされる溶剤は，時間とともに樹脂の三次元構造は元の複雑な立体構造に戻り，この戻る時間が早ければペーストのダレも小さくなる。こうして，厚盛り性にも優れる。

要約すると，チキソ性の良いペーストであれば印刷ダレは起こらないが，レベリング性は悪くなる。

1.3 溶解度とSP値

厚膜ペーストを開発する際，樹脂の溶解性を考慮して設計することとなる。

この時，溶解の指標とされるSP値（Solubility Parameter）について述べる。ここでは，算出のための数式の紹介に留めるが，詳細は成書を参照されたい。また，比重値や屈折率など，既知の値から導き出せるものだけを選定したことも付記する。

1.3.1 溶質の性質

厚膜ペーストとは樹脂，機能性素材を有機溶剤に溶解させてなるものである。ここで，樹脂としては一般的にエチルセルロースが多用される。

図2に記すとおり，セルロースを構成する各単糖のヒドロキシル基をエチルエーテルとしたものである。親水性に関与するヒドロキシル基がなくなり，疎水性を示すエチルエーテルとなったため，エチルセルロースは通常，疎水性となる。これら樹脂の溶解性を比較するため，SP値を使用することがある。

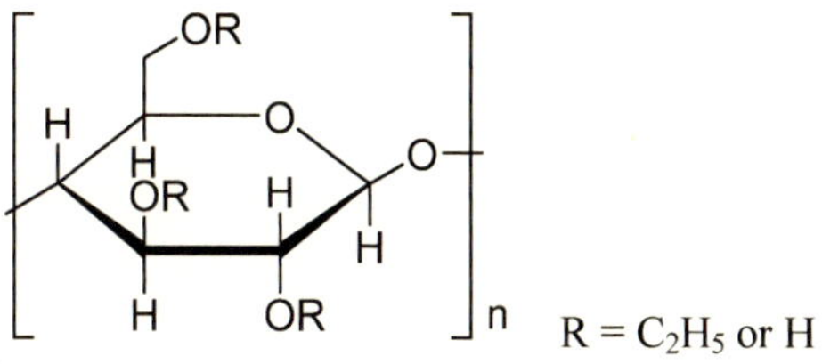

第3章 電子分野での応用

図2 エチルセルロースの構造式 (R = C_2H_5 or H)

1.3.2 SP値の計算

HildebrandとScottが提唱し始めたとされ，下記式により定義される。

$$\sigma = (E/V)^{1/2} \qquad (1)$$

　σ：SP値
　E：蒸発エネルギー（凝集エネルギー）
　V：容積（溶媒のモル容積）

ここで，蒸発エネルギーEやモル容積Vについて，沸点や比重，分子量などの身近な値から算出しようとすると下記式が導き出される[4]。

$$\sigma = \{[21 \times (273+T_b) \times \{1+0.175 \times (T_b-25)/100\} - 596] \times D_{25}/M_w\}^{1/2} + H_y$$

　T_b：沸点
　D_{25}：比重
　M_w：分子量
　H_y：ヒドロキシル基の数

一方，屈折率のみしかわからない場合には，以下の式もある。しかし，ほとんどの場合，実際のSP値と異なる値となる。

$$\sigma = -2.24 + 53d - 58d^2 + 22d^3 \qquad (2)$$

　$d = (n^2-1)/(n^2+2)$
　n：屈折率

上記の式は，物性の測定値が知られている場合には使えるが，実際の値との差があることなどから，昨今では構造式から算出する方法が主流のようである。なかでもFedor'sの推算法は有名であるが，わざわざ構造式を数値に置き換える手間を考えれば，構造式をみた方がはるかに有用である。その説明は後述する。

(1) **樹脂に対する溶解度**

有機化学の基礎として「似たもの同士は良く混ざり合う」法則がある。この「似たもの」とは，

化学構造のことを指し，構造式をみれば明らかである。つまり，対象となる樹脂の構造式と溶剤の構造式が似ていれば溶解することとなる。

一方，SP 値に置き換えて考えるのであれば，まず樹脂の SP 値を調べる必要がある。例えば，エチルセルロースの SP 値は 10～19 であり，ポリビニルアルコールの SP 値は 21～32 である[5]。この樹脂の SP 値と，溶剤の SP 値が近ければ，溶剤は樹脂を溶解できる。

(2) 適切な溶剤の選定

先述のとおり，SP 値が近似していれば良く溶かすとされ，SP 値がかけ離れていれば難溶，さらには不溶となる。単に溶剤に樹脂を溶解させたいだけ，あるいは 2 種以上の溶剤の適切な混合比を考える場合には，SP 値はその指標として有用であると言える。

しかし，前項で述べたとおり，SP 値は樹脂を溶解するための指標であって，樹脂溶解後のビヒクルあるいはペーストとなった状態での物理的な性状を考えることはできず，何らの示唆も与えない。具体的な特性の 1 つとして，ペーストに求められる条件の 1 つに粘度がある。

例えば，①式で求められる SP 値のうち「イソボルニルアセテート (8.31)」と「ブチルカルビトールアセテート (8.34)」はそれぞれ近い値となっている。これらの溶剤はエチルセルロース (10.3) を溶解し得るものと考えることは可能である。(値は後掲の表 1 より)

しかしながら，エチルセルロース溶解後のビヒクルの粘度はそれぞれ，「イソボルニルアセテート (2,947 mPa·s)」と「ブチルカルビトールアセテート (1,012 mPa·s)」であり，3 倍近い差が生ずる。SP 値によると，この挙動は推測できなくしてしまうのである。

一方，構造式で捉える場合，この挙動は納得できるものとなる。

エチルセルロースのセルロース骨格は 6 員環であり，イソボルニルアセテートと同様の構造式を有する。一方，ブチルカルビトールアセテートはこのような環状構造を有しない。図 3 に示すとおり，イソボルニルアセテートの場合，溶解した時の溶媒・溶質の分子間の重なりがより多く生ずる。これにより，分子間力がより強く働くこととなり，イソボルニルアセテートの方がブチルカルビトールアセテートに比して高粘度となると想像し得る。

厚膜ペースト用溶剤にパインオイルが多用されるのは，おおむねこのような原理に基づく。

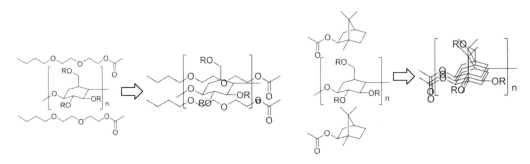

図 3　溶剤と樹脂の分子の重なり

第3章 電子分野での応用

1.4 ペースト溶剤としてのパインオイル

前項で印刷工程を説明し，それによってペーストに求められる特性を考察した。厚膜ペースト用溶剤として，有名なところではパインオイルの他にBCA（ブチルカルビトールアセテート，ブチルジグリコールアセテート）やテキサノールが使用される。

古くは，1930年代にはすでにエチルセルロースの溶剤にはパインオイルが良いと言われていたようである。パインオイルの成分はメバロン酸経路から生合成されるいわゆるテルペノイドであるので，このテルペノイドを分類して，誘導体なども含め厚膜ペースト用溶剤としてこれらの溶剤が多用されていることを考えたい。

なお，スクリーン印刷に使用される代表的な溶剤を，表1にまとめた。

(1) モノテルペン類

ガムターペンティンやテレピン油，これを精製したピネン等はエチルセルロースに対して少し変わった溶解の仕方を示す。α-ピネン，β-ピネン，リモネンに対し5%エチルセルロースを溶解させた後の様子を写真1に紹介する。分離の様子をみやすくするため，十分な時間静置した後，横倒しにして撮影した。

これらの溶剤は一旦，エチルセルロースを溶解するものの，室温にて放置すると分離してゲル様の挙動を示す。状態が悪いのは然ることながら，継時変化も起こるので，厚膜ペースト用溶剤としては使い難いと言える。

(2) テルペンアルコール類

より厳密には「モノテルペンアルコール」と呼ぶべきであろう。パインオイルの主成分であるターピネオール等，炭素数10の炭化水素に水酸基を1つ有する。

①ターピネオール

無色～淡黄色透明の液体で，ライラック様の特異な香気を持つ。α-，β-，γ-の異性体を有し，α体単一のものは常温で個体となる。

ターピネオールは，エチルセルロースとの相性が知られてからスタンダードとなった溶剤である。1990年代後半に普及した携帯電話の回路基板はじめ，蛍光表示管などあらゆる分野に向けた厚膜ペースト用溶剤として使用される。2000年頃から数年にわたり，プラズマディスプレイパネル（PDP）を形成するためのガラスペーストとして非常に多用された[7]。

α-ピネン　　　　　　β-ピネン　　　　　　リモネン

写真1　モノテルペン類使用時溶解後の様子

表1 スクリーン印刷に使用される溶剤と各データ[6]

名前	構造式／化学名	比重	屈折率	EC5%溶解時粘度	SP値(①式)	SP値(②式)
日香パインオイル No.10	モノテルペン類≒35% モノテルペンアルコール類≒65%	0.909	1.478	1155	9.29	8.64
日香パインオイル No.300	モノテルペン類≒67.5% モノテルペンアルコール類≒32.5%	0.883	1.473	766	8.83	8.58
日香パインオイル No.500	モノテルペン類≒10% モノテルペンアルコール類≒90%	0.927	1.482	3471	9.66	8.70
ターピネオール		0.934	1.484	6092	9.87	8.72
ジヒドロテルピネオール（メンタノール）		0.909	1.465	7170	9.49	8.47
ターピニルアセテート		0.958	1.466	2290	8.06	8.49
ジヒドロテルピニルアセテート（メンタノールアセテート）		0.937	1.450	2298	7.93	8.27
イソボルニルアセテート		0.986	1.464	2947	8.31	8.46
ブチルカルビトールアセテート（ブチルジグリコールアセテート）		0.976	1.426	1012	8.34	7.93
テキサノール（日香 NG-120）		0.946	1.442	3751	9.06	8.16

②ジヒドロターピネオール（日本香料薬品㈱製：メンタノール）

　ターピネオールを水素添加還元反応により，その2重結合を飽和したものである。液体自体の粘度も，エチルセルロース溶解後の粘度もターピネオールより高粘度となる。

　2重結合を還元したことにより，ビヒクルあるいはペースト状態での安定性は比較的良くなっており，積層セラミックスコンデンサ（MLCC）等，比較的広く用いられる。

(3) テルペンエステル類

　表1に掲載した中では①ターピニルアセテート[8]，②ジヒドロターピニルアセテート（日本香料薬品㈱製：メンタノールアセテート）[9]，③イソボルニルアセテート等がここに分類される。

　MLCCへの使用について鑑みると，ターピネオールの欠点として，セラミックグリーンシートに含まれるバインダ成分としてのポリビニルブチラール（PVB）が溶解される事が挙げられる。

　そこで，PVBの溶解性が低い溶剤として，これらのエステル類が用いられるようになった[10]。

(4) その他

　パインオイルやそれから派生する溶剤について述べてきた。しかしながらスクリーン印刷は石化製品から合成された溶剤なども使用される。これらの溶剤について，簡単な紹介をする。

①鎖式炭化水素系溶剤

　スクリーン印刷に使用され，テルペン系以外の溶剤としては古くから使用されてきたものに，BCA（日本香料薬品㈱製：ブチルジグリコールアセテート）やテキサノール（日本香料薬品㈱製：日香NG-120）が挙げられる。

　ターピネオールが使用される分野とほとんど変わりがないが，ターピネオールと異なり，分子内に環状構造を持たない溶剤であるため，ビヒクルの特性や印刷時のペーストの挙動などは異なる点もある。

②グリコールエーテル系溶剤

　表面張力が高いが，印刷時の濡れ性が良いとされ，レベリングを考慮する場合に使用される。その結果，ムラの無い綺麗な印刷が得られる。また，アクリル樹脂を溶解する際にも使用される。

③多価アルコール溶剤

　樹脂を用いる目的の一つに，ペーストを高粘度にすることが挙げられる。しかし，近年は樹脂の含有量を減らしたり，まったく使用しないというペーストの開発も進められている。

　この時，分子内にヒドロキシル基を2～3個有する溶剤が使用される。

④樹脂溶解性に着目した溶剤

　MLCCに求められる特性についてはモノテルペンアルコールのエステル類と同様あるが，これに限らず，厚膜ペースト用溶剤の開発にあたり，ある樹脂は溶解させたいが，別の特定の樹脂は溶解させたくないという要望がある。

　最も多い要望としては，エチルセルロースを溶解しつつ，PVBを溶解しないという溶剤特性であり，これを満たす溶剤の特許もいくつか出願されている[11]。

1.5 おわりに

電子材料の小型化が進んでいく中で印刷方法も改良され，それに追随する形でスクリーン印刷に使用する厚膜ペースト溶剤も進化している。最初にパインオイルが使用され，これが単一物質に近いテルペンアルコール類となり，さらに精密機器などにエステル類が使用されるようになった。

今後は，使用する樹脂を考慮したり，金属分散性に優れたビヒクルの設計なども，溶剤の開発に求められると考える。どちらかというと無機化学の産業と思われがちな電子材料分野であるが，こうした有機化学の専門知識も軽視できない状況にある。

各々の用途に適応する種々溶剤を選定する必要があり，新たな溶剤開発も求められるため，有機化学の研究者，パインオイルの化学者の今後のさらなる活躍を願う。

文　　献

1) 朝倉研史『よくわかるプリンタブルエレクトロニクスのできるまで』日刊工業新聞社（2009年1月30日　第一版）
2) 佐野康『プリンテッドエレクトロニクス』P.39　印刷学会出版部（2011年3月8日　初版）
3) 佐野康『スクリーン印刷のススメ』P.50　イー・エクスプレス（2003年7月15日）
4) 山本秀樹『SP値　基礎・応用と計算方法』P.53　情報機構（2008年11月13日　第6版），http://www.sekiyu-gakkai.or.jp/jp/dictionary/petdicsolvent.html#solubility2（2016年4月30日閲覧）
5) 味の素ファインテクノ㈱「プレンアクト®」資料，再表 2013/157293
6) 日本香料薬品㈱製品資料より一部抜粋
7) 特開平 11-66957，特開平 11-246236，特開平 11-96911 等
8) 特開 2005-158563
9) 特開 2005-026217
10) 特開 2003-249121
11) 特開 2012-036141，特開 2012-204817，特開 2009-147359，特開 2008-156244

2 機能性化学品への誘導を指向したテルペンのエポキシ化反応

今　喜裕[*1]，笹川巨樹[*2]，内匠　清[*3]

2.1 はじめに

　本稿では，テルペンをそのまま販売するのではなく，電子材料原料として高い価値を付与する観点の下で開発された酸化反応について紹介する。具体的には，機能性化学品に分類されるテルペンオキシドをターゲットとして選定し，テルペンからテルペンオキシドを製造する酸化反応について述べる。特に，封止剤やレジストなどの電子部品を被覆する電子材料用途への展開が期待されるα-ピネンオキシドを高選択的に製造するためのα-ピネンの高選択的酸化技術について詳述する。

　松脂は，古来よりすべり止め，香料やせき止め薬などの使用がなされている身近なバイオマスのひとつであり，近年では，松脂を蒸留して分離されるテレビン油（低沸点物）とロジン（高沸点物），それぞれに分離したのち，さらに応用展開が模索されている。ロジンについてはすでにさまざまな化学反応による高付加価値化が多角的に実施されており，種々の誘導体を通して合成ゴム用乳化剤，オフセットインキ，製紙用サイズ剤，塗料，食品添加物，粘着性付与剤，出版グラビアインキ，はんだフラックスなど，生活に身近なところで幅広く使われている[1]。しかし，低沸点物のテレビン油については，香料や溶剤などへの使用例があるだけであり，植物由来原料を利用した高付加価値を持つ機能性化学品へ展開の可能性が期待されている。

　テレビン油の成分は松の生産地域や品種等で多少のばらつきはあるものの，大抵の場合α-ピネンが圧倒的に成分量として多く，おおよそ全体の6～8割程度を占める。その他に，β-ピネン，リモネン，ミルセン，カンフェン，カリオフィレンなど種々のテルペンがテレビン油には含まれている。α-ピネンは，脂肪族の環が二つ組み合わさった二環式の構造で，環の一部にアルキルが三置換した形式で炭素–炭素二重結合（オレフィン）が組み込まれた構造をしている。オレフィン部分をエポキシに変換することで，非フェノールでありながら剛直な環状構造を持つエポキシ樹脂として，透明封止剤などの用途展開が可能になるものと期待される（図1）。しかし，これまでα-ピネンオキシドを安定的かつ高選択的高効率にα-ピネンから製造する酸化技術がなかったため，骨格として有効と考えられながらも電子材料へと展開することが困難であった。

　ここでは，種々の酸化剤を用いてα-ピネンからα-ピネンオキシドを製造する方法を解説したのち，環境負荷の低い過酸化水素酸化技術や酸素酸化技術の最近の報告例を紹介する。さらに，過酸化水素を酸化剤とし，有機溶媒を使用せずに，高効率にα-ピネンからα-ピネンオキシドを製造するタングステン触媒技術について紹介する。さらにタングステン触媒技術のα-ピネン以外の種々テルペンの酸化反応への適用についても記載する。

[*1]　Yoshihiro Kon　産業技術総合研究所　触媒化学融合研究センター　主任研究員
[*2]　Naoki Sasagawa　荒川化学工業㈱　研究開発本部　コーポレート開発部　主査
[*3]　Kiyoshi Takumi　荒川化学工業㈱　研究開発本部　開発推進部　主査

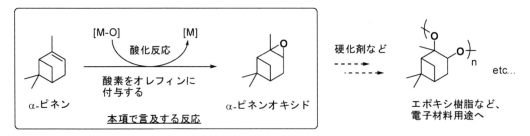

図1 α-ピネンからα-ピネンオキシドへの酸化反応，さらに機能性化学品への展開

2.2 種々酸化剤によるα-ピネンの酸化反応

　一般的にα-ピネンをエポキシ化する方法として，有機過酸化物を酸化剤に用いる方法が良く知られている。実験室レベルのスケールではメタ-クロロ過安息香酸（m-CPBA）を用いて，極めて高効率にα-ピネンオキシドを得る方法が知られている。しかし，反応後にメタ-クロロ安息香酸が副生物として目的物と同量生成し，またm-CPBAが高価なため大量製造には適さない（式1）。工業レベルでは，比較的酸化剤コストの安い過酢酸[2]を有機過酸化物として用いる酸化反応がよく使用されるが，過酢酸は爆発性が高く，反応に有機溶媒を使用するうえ，反応後にも副生する酢酸とエポキシ化合物を分離するために，追加で有機溶媒を大量に使用する（式2）。このように，過酢酸の爆発危険性，副生する酢酸の処理，排水の大量発生，有機溶媒使用など製造時の環境負荷が高い面が特に改善すべき問題点として指摘されており，製造に使用するには装置，プロセスの精査が必要である。

　酸化剤が比較的安全かつ安価で，酸化剤由来の副生物が後処理工程に手間暇をかけない方法として，過酸化水素を酸化剤に用いる方法が知られている。過酸化水素は酸化反応で酸素を1分子α-ピネンに与えると，水が唯一の副生物として排出される。水はα-ピネンオキシドと分離するため，精製操作が比較的簡便になる。しかし，過酸化水素は酸化力が低いため，反応を行うためには触媒による活性化が必要である。これまでに開発された方法は主に錯体触媒を用いたバッチ反応であり，所定の触媒，α-ピネン，有機溶媒および過酸化水素水を混合し指定された温度で一定の時間撹拌することで目的とするα-ピネンオキシドを得る。用いる錯体触媒としてはタングステン酸塩がよく知られている。通常，金属触媒は過酸化水素を激しく分解し酸素を発生させるが，タングステンは金属自体が酸化還元されにくく，過酸化水素を分解しにくい。一方で過酸化水素を酸化反応に有効に活用するためには，タングステン触媒の構造を工夫し，タングステンと過酸化水素を複合させて反応が進みやすい形に誘導する必要（触媒活性化）がある。目的とする反応に応じて最適なタングステン酸と添加剤との組み合わせ，反応温度，時間，撹拌方法はすべて異なり，このどれ一つ欠けても目的物を得ることはできないため[3~6]，α-ピネンオキシドに有効な組み合わせを見つけ出すことが大切である。1999年に，Jacobsらはタングステン酸ナトリウムにホスホン酸と4級アンモニウム塩を添加してタングステン酸の錯体をあらかじめ調製し

第3章 電子分野での応用

たところにα-ピネンを加え，ベンゼン溶媒中で反応させることでα-ピネンオキシドを転化率83％，選択率92％で合成する方法を報告している（式3）[7]。Jacobsらの方法は，タングステン触媒を直接α-ピネンオキシドの製造に用いたものであり，環境に有害なベンゼン使用の低減ないしは代替，およびα-ピネンオキシドの製造効率を改善することで実用性高い技術へ転換できる。しかし，有機溶媒を使用せずに反応を行うと，α-ピネンオキシドが生成すると同時に共存する酸性の水によって生成したα-ピネンオキシドが加水分解してしまう[8]。さらにα-ピネンオキシドの構造が立体的に歪んでいるため，この反応系では骨格転位による副反応も進行する。このようにα-ピネンオキシドは一般的なオキサイドに比べて易加水分解性オキシドであり，有機溶剤を使用しない反応系での合成は困難であった。

次節では，有機溶媒を使用しない反応条件下で，α-ピネンオキシドを製造するタングステン触媒技術の工夫について，2種類のアプローチを紹介する。

（式(1)）α-ピネン + m-CPBA → 酸化反応・ジクロロメタンなど溶媒に使用 → α-ピネンオキシド ほぼ定量的 + 副生成物

（式(2)）α-ピネン + 60％過酸化水素水 → 酸化反応・ベンゼンを有機溶媒に使用・タングステン酸塩，ホスホン酸，4級アンモニウム塩を触媒に使用 → α-ピネンオキシド 転化率83％ 選択率92％ + H₂O 副生成物

（式(3)）α-ピネン + 過酢酸 → 酸化反応・ジクロロメタンなど溶媒に使用 → α-ピネンオキシド ほぼ定量的 + 副生成物

2.3　有機溶媒を使用しない条件下でのα-ピネンの酸化反応

タングステン酸塩をそのまま触媒に使用して反応すると，反応系中の水層のpHは2から3程度の酸性になり，この酸性の水がα-ピネンオキシドを加水分解してしまう。水溶液が酸性，ないしは塩基性の時に加水分解が進行するため，水層のpHを6程度の弱酸性に保ったままα-ピネンを酸化する反応が報告されている[9,10]。この反応では，60％過酸化水素水溶液を用い，タングステン酸ナトリウム，フェニルホスホン酸，4級アンモニウム塩を組み合わせることでα-ピネンオキシドを転化率91％，選択率95％で製造できる（式4）。一方で，触媒量をα-ピネンに対し0.08当量と多めに使用する点や過酸化水素水の濃度が高く爆発危険性が高い点などが大量

製造する際には課題として残る。

　有機溶媒を使用せず，かつ過酸化水素を使用してα-ピネンオキシドを高効率に製造するもう一つの興味深いアプローチとして，無機塩を投入する方法が報告されている。タングステン酸ナトリウム，フェニルホスホン酸，4級アンモニウム塩の組み合わせに30％過酸化水素水溶液を加えたのち，硫酸ナトリウムを添加剤としてα-ピネンに対し0.3当量添加する手法で，α-ピネンオキシドを転化率89％，選択率＞99％で合成できる（式5）[11〜13]。この方法は系中のpHが3程度と酸性のままであるにもかかわらず，生成したα-ピネンオキシドの加水分解を完全に抑制できているところが特徴であり，タングステン触媒による酸化反応自体は阻害しないため，触媒量も少なくてすむ。特に，有機溶媒を使用しないことによる反応容器の縮小化，スケールメリットと，有機溶剤，酸化剤由来副生物と目的物を分離する後処理工程において，有機溶剤を一切使用しておらず，酸化剤由来副生物が水のみという本技術は，後処理工程での簡略化によるコスト削減に大きく寄与すると期待される。

　開発した触媒はα-ピネンに限らず，種々テルペンのエポキシ化に適用可能であり，それぞれの反応に応じた最適触媒条件に硫酸ナトリウムを添加するだけで，触媒活性を損なわず高効率に反応を進めることができる（図2）[11〜13]。さらに反応条件や装置を最適化することで原料の転化率および選択率を向上させることが期待される。

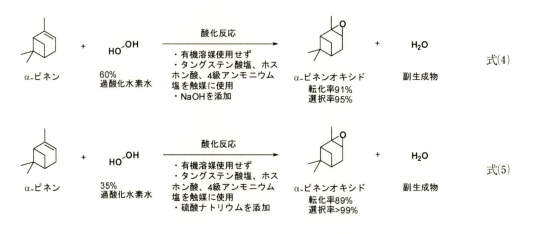

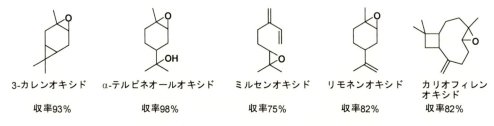

図2　種々テルペンオキシドの製造（収率＝転化率×選択率/100）

2.4 α-ピネンの酸化反応における最近の進捗

近年,過酸化水素よりもよりも酸化剤コストが安い空気や酸素による酸化反応の検討例が報告されている。例えば,Xia らは,コバルトをゼオライト内に導入した固体触媒を用いて,回収再使用可能な触媒によるα-ピネンの酸化反応を報告している[14]。ここでは空気を反応容器中に導入し,N,N-ジメチルホルムアミド溶液中で基質α-ピネンに対し 0.1 当量の t-ブチルヒドロペルオキシドを開始剤に使用して反応を行い,α-ピネンの転化率 86%,α-ピネンオキシドの選択率 82% で目的物が得られている。また,Wang らは,Metal organic framework (MOF) を回収再使用可能な触媒として使用し,酸素を酸化剤に用いたα-ピネンの酸化反応を報告している[15]。この反応ではトリメチルアセトアルデヒドをα-ピネンの 2 倍導入し,アセトニトリル溶液中で反応を進行させ,α-ピネンオキシドを転化率＞99%,選択率＞99% で合成している。いずれの反応も,大量の有機溶媒を使用するなど,実用化プロセスに結びつけるには多くの課題が残されているが,空気や酸素を酸化剤とし,固体触媒を用い回収再使用を行うことで触媒コストを抑えた低環境負荷プロセスを目指したものであり,現在も活発にα-ピネンオキシドを製造する方法が模索されていることがうかがえる。

2.5 おわりに

本稿では,新規な塩析効果を利用したタングステン触媒反応によるα-ピネンオキシドを,過酸化水素酸化剤から有機溶媒を一切使わず高効率かつ高選択的に製造する方法について詳述した。また,本方法はα-ピネンに限らず,種々の加水分解しやすいテルペンオキシドを確実かつ安全に製造することが可能である。この他にも,従来法として有機過酸化物を用いる酸化方法や,近年中国を中心に活発に研究されている空気や酸素を酸化剤に用いるα-ピネンオキシドの製造方法にも触れた。それぞれの酸化剤を用いる方法については,一長一短があり,目的に応じて使い分けることが必要である。今後もさまざまな触媒が開発され,より簡便かつ安全にテルペンオキシドを製造する方法が見出されることにより,バイオマスから機能性化学品用途へと展開可能な新素材の開発がますます加速するものと期待する。

文献

1) たとえば,荒川化学工業㈱ホームページ,
   http://www.arakawachem.co.jp/jp/technology/catalog/02.html
2) Daicel Co., Ltd., Jpn. Kokai Tokkyo Koho JP2002-80557 (2002)
3) C. Venturello et al., *J. Org. Chem.*, **48**, 3831 (1983)
4) Y. Ishii et al., *J. Org. Chem.*, **53**, 3587 (1988)

5) R. Noyori *et al.*, *Chem. Commun.*, 2003 (1977)
6) K. Sato *et al.*, *J. Org. Chem.*, **61**, 8310 (1996)
7) A. L. Villa de P. *et al.*, *J. Org. Chem.*, **64**, 7267 (1999)
8) K. Sato *et al.*, *Bull. Chem. Soc. Jpn.*, **70**, 905 (1997)
9) Y. Kon *et al.*, *Synlett*, 1095 (2009)
10) Y. Kon *et al.*, *Synthesis*, 1092 (2011)
11) H. Hachiya *et al.*, *Synlett*, 2819 (2011)
12) H. Hachiya *et al.*, *Synthesis*, **44**, 1672 (2012)
13) Arakawa Chemical Inductries, Ltd., National Institute of Advanced Industrial Science and Technology (AIST), PCT, JP2010-062085 (2010)
14) D. Zhou *et al.*, *Catal. Commun.*, **45**, 124 (2014)
15) Y. Qi *et al.*, *Chem. Eur. J.*, **21**, 1589 (2015)

3 電子分野での特許動向

シーエムシー出版　編集部

3.1 テルペンの電子分野への応用特許

ここでは，テルペンの電子分野での応用の特許を検索するため，Google Patent でまず，「テルピン」と「電子分野」の2語をキーワードにして検索を行った。その結果，約 1,130 件の特許が検索された。これらの最初の 10 件の出願特許の名称等は表 1 の通りである。

3.2 エレクトロニクス用圧膜ペースト溶剤への応用特許

次に，「テルペン」，「圧膜ペースト溶剤」の2語をキーワードにして特許検索を行うと，約 413 件の特許が検出された。その中の 20 件の特許の概要は以下の通りである。

(1)蛍光体ペースト			
公告番号	WO2009081490 A1	出願日	2007 年 12 月 26 日
公開タイプ	出願	優先日	2007 年 12 月 26 日
出願番号	PCT/JP2007/074916	発明者	Takashi Kouzuma ほか
公開日	2009 年 7 月 2 日	特許出願人	Hitachi, Ltd ほか

【要約】

高粘度溶剤（第1有機化合物）(2)と，高粘度溶剤(2)中に分散される蛍光体粒子(5)とを有する蛍光体ペースト(1)であって，高粘度溶剤(2)は，テルペン骨格を有し，25°Cでの粘度が 10,000～1,000,000mPa・s とする。高粘度溶剤(2)を用いることにより，構成成分としてポリマーを含まない蛍光体ペースト(1)が得られる。このため，蛍光体ペーストを用いる製品（例えばプラズマディスプレイパネルなど）の製造効率を向上させることができる。

【特許請求の範囲】

第1有機化合物と，
前記第1有機化合物中に分散される蛍光体粒子と，を有し，
前記第1有機化合物は，
テルペン骨格を有し，25℃での粘度が 10,000～1,000,000mPa・s であることを特徴とする蛍光体ペースト。

表1 電子分野におけるテルペン関連の主な応用特許

	公告番号	名称	出願日	発行日	発明者	特許出願人
1	WO2011158659A1	金属ナノ粒子ペースト，並びに金属ナノ粒子ペーストを用いた電子部品接合体，ledモジュールおよびプリント配線板の回路形成方法	2011年6月2日	2011年12月22日	Isao Nakatani	National Institute For Materials Science
2	WO2013077238A1	樹脂組成物，そのペレットおよび成形品	2012年11月15日	2013年5月30日	Mitsunari Sotokawa	Toray Industries, Inc.
3	WO2010084832A1	表面保護フィルム	2010年1月18日	2010年7月29日	Kazunori Kobashi	Dic Corporation
4	WO2013024740A1	被覆酸化マグネシウム粒子，その製造方法，放熱性フィラーおよび樹脂組成物	2012年8月7日	2013年2月21日	Masahiro Suzuki	Sakai Chemical Industry Co., Ltd.
5	WO2015083748A1	フェノール樹脂，エポキシ樹脂，エポキシ樹脂組成物，およびその硬化物	2014年12月3日	2015年6月11日	木村昌照	日本化薬㈱
6	WO2015083620A1	樹脂組成物，熱伝導性硬化物，ケイ素化合物，シランカップリング剤組成物および担持体	2014年11月27日	2015年6月11日	野田和幸	㈱Adeka
7	WO2014073536A1	多価フェニレンエーテルノボラック樹脂，エポキシ樹脂組成物およびその硬化物	2013年11月5日	2014年5月15日	Masataka Nakanishi	Nipponkayaku Kabushikikaisha
8	WO2015060307A1	フェノール樹脂，エポキシ樹脂，エポキシ樹脂組成物，プリプレグ，およびその硬化物	2014年10月21日	2015年4月30日	長谷川篤彦	日本化薬㈱
9	WO2013183736A1	エポキシ樹脂組成物，およびその硬化物，並びに，硬化性樹脂組成物	2013年6月6日	2013年12月12日	Masataka Nakanishi	Nipponkayaku Kabushikikaisha
10	WO2013035808A1	エポキシ樹脂，エポキシ樹脂組成物，およびその硬化物	2012年9月6日	2013年3月14日	Masataka Nakanishi	Nipponkayaku Kabushikikaisha

すべて出願済み

第3章　電子分野での応用

(2)導電性ペースト組成物			
公告番号	WO2014073530 A1	出願日	2013年11月5日
公開タイプ	出願	優先日	2012年11月6日
出願番号	PCT/JP2013/079896	発明者	平尾和久ほか
公開日	2014年5月15日	特許出願人	㈱ノリタケカンパニーリミテドほか

【要約】
　ここに開示される発明は，高い印刷精度が得られるとともに，極めて薄いセラミックグリーンシートに対してもシートアタックの抑制された導電性ペースト組成物を提供する。かかる導電性ペースト組成物は，導電性粉末と，バインダと，有機溶剤とを含む導電性ペースト組成物であって，有機溶剤は，主溶剤としてイソボルニルアセテートと，副溶剤としてイソボルニルアセテートよりもハンセンの溶解度パラメータが低い溶剤と，を含む。

【特許請求の範囲】
1. 導電性粉末と，バインダと，有機溶剤とを含む導電性ペースト組成物であって，前記有機溶剤は，主溶剤としてイソボルニルアセテートと，副溶剤として前記イソボルニルアセテートよりもハンセンの溶解度パラメータが低い溶剤と，を含む，導電性ペースト組成物。

(3)プラズマディスプレイパネル用電極ペーストおよびプラズマディスプレイパネルの製造方法			
公告番号	WO2012017632 A1	出願日	2011年7月29日
公開タイプ	出願	優先日	2010年8月4日
出願番号	PCT/JP2011/004310	発明者	筒井靖貴ほか
公開日	2012年2月9日	特許出願人	パナソニック㈱ほか

【要約】
　プラズマディスプレイパネルの製造方法は，15体積％以上25体積％以下の導電性粒子と，10体積％以上25体積％以下の有機樹脂と，10体積％以上20体積％以下のモノマーと，を備え，有機樹脂は，アクリル系ポリマーおよびセルロース系ポリマーを含む電極ペーストを前面ガラス基板に塗布することにより，電極ペースト層を形成する。次に電極ペースト層を形状加工することにより，少なくとも有機樹脂が残存した電極パターンを形成する。次に前面ガラス基板に誘電体ペーストを塗布することにより，電極パターンを被覆する誘電体ペースト膜を形成する。次に電極パターンと誘電体ペースト膜とを同時に焼成することにより，表示電極と誘電体層とを形成する。

(4)酸化チタンペースト			
公告番号	WO2013146791 A1	出願日	2013年3月26日
公開タイプ	出願	優先日	2012年3月30日
出願番号	PCT/JP2013/058816	発明者	佐々木拓ほか
公開日	2013年10月3日	特許出願人	積水化学工業㈱ほか

【要約】

本発明は，印刷性に優れ，低温焼成でも空孔率が高く表面の不純物が少ない多孔質酸化チタン層を製造することが可能な酸化チタンペースト，および，該酸化チタンペーストを用いた多孔質酸化チタン積層体の製造方法，および，色素増感太陽電池を提供することを目的とする。本発明は，酸化チタン微粒子と，（メタ）アクリル樹脂と，有機溶媒とを含有する酸化チタンペーストであって，粘度が15～50 Pa・s，チキソ比が2以上であり，かつ，大気雰囲気下において25℃から300℃まで10℃/分の昇温速度で加熱した後の（メタ）アクリル樹脂および有機溶媒の含有量が1重量％以下である酸化チタンペーストである。

【特許請求の範囲】

1. 酸化チタン微粒子と，（メタ）アクリル樹脂と，有機溶媒とを含有する酸化チタンペーストであって，粘度が15～50 Pa・s，チキソ比が2以上であり，かつ，大気雰囲気下において25℃から300℃まで10℃/分の昇温速度で加熱した後の（メタ）アクリル樹脂および有機溶媒の含有量が1重量％以下であることを特徴とする酸化チタンペースト。

(5)半導体素子接合用の貴金属ペースト			
公告番号	WO2012046641 A1	出願日	2011年9月30日
公開タイプ	出願	優先日	2010年10月8日
出願番号	PCT/JP2011/072512	発明者	宮入正幸ほか
公開日	2012年4月12日	特許出願人	田中貴金属工業㈱ほか

【要約】

部材汚染を生じることなく，接合部材に対し均一に塗布可能としつつ，接合後の状態も良好となる貴金属ペーストを提供する。本発明は，貴金属粉と有機溶剤とから構成される貴金属ペーストにおいて，貴金属粉は純度99.9質量％以上，平均粒径0.1～0.5μm，有機溶剤は沸点200～350℃であり，回転粘度計による23℃におけるシェアレート40/sの粘度に対する4/sの粘度の測定値から算出されるチクソトロピー指数（TI）値が6.0以上である半導体素子接合用の貴金属ペーストに関する。

【特許請求の範囲】

1. 貴金属粉と有機溶剤とから構成される貴金属ペーストにおいて，

貴金属粉は純度99.9質量％以上，平均粒径0.1～0.5μm，

有機溶剤は沸点200～350℃であり，

貴金属ペーストは，回転粘度計による23℃におけるシェアレート40/sの粘度に対する4/sの粘度の測定値から算出されるチクソトロピー指数（TI）値が6.0以上である半導体素子接合用の貴金属ペースト。

第3章　電子分野での応用

(6)電極用ペースト組成物，太陽電池素子および太陽電池			
公告番号	WO2013073478 A1	出願日	2012年11月9日
公開タイプ	出願	優先日	2011年11月14日
出願番号	PCT/JP2012/079157	発明者	足立修一郎ほか
公開日	2013年5月23日	特許出願人	日立化成㈱ほか

【要約】

　本発明は，リン含有銅合金粒子と，錫含有粒子と，ニッケル含有粒子と，ガラス粒子と，溶剤と，樹脂と，を含む電極用ペースト組成物を提供する。

【特許請求の範囲】

1. リン含有銅合金粒子と，錫含有粒子と，ニッケル含有粒子と，ガラス粒子と，溶剤と，樹脂と，を含む電極用ペースト組成物。

(7)酸素供給源含有複合ナノ金属ペーストおよび接合方法			
公告番号	WO2013125604 A1	出願日	2013年2月20日
公開タイプ	出願	優先日	2012年2月20日
出願番号	PCT/JP2013/054239	発明者	小松晃雄
公開日	2013年8月29日	特許出願人	㈱応用ナノ粒子研究所ほか

【要約】

　本発明は，焼成による接合や不活性ガス中の焼成などにおいて，複合ナノ金属粒子の有機被覆層をより高効率に熱分解して除去し，複合ナノ金属ペーストの接合強度や電気伝導度を向上させることを目的とする。本発明は，サブミクロン以下の銀核の周囲に有機被覆層を形成した複合ナノ金属粒子と，前記有機被覆層が熱分解する熱分解温度域で前記熱分解に寄与する酸素を供給する酸素供給源とを少なくとも含み，前記酸素供給源が酸素含有金属化合物からなり，前記酸素供給源に含まれる酸素成分の質量が前記複合ナノ金属粒子100 mass％に対して0.01 mass％～2 mass％の範囲にある酸素供給源含有複合ナノ金属ペーストおよびこれを用いた接合方法である。

【特許請求の範囲】

1. サブミクロン以下の銀核の周囲に有機被覆層を形成した複合ナノ金属粒子と，前記有機被覆層が熱分解する熱分解温度域で前記熱分解に寄与する酸素を供給する酸素供給源とを少なくとも含み，前記酸素供給源が酸素含有金属化合物からなり，前記酸素供給源に含まれる酸素成分の質量が前記複合ナノ金属粒子100 mass％に対して0.01 mass％～2 mass％の範囲にあることを特徴とする酸素供給源含有複合ナノ金属ペースト。

(8) 電極用ペースト組成物および太陽電池

公告番号	WO2012137688 A1	出願日	2012年3月30日
公開タイプ	出願	優先日	2011年4月7日
出願番号	PCT/JP2012/058680	発明者	足立修一郎ほか
公開日	2012年10月11日	特許出願人	日立化成工業㈱ほか

【要約】

電極用ペースト組成物を，リン含有率が6質量％以上8質量％以下であるリン含有銅合金粒子と，ガラス粒子と，溶剤と，樹脂と，を含んで構成する．また，該電極用ペースト組成物を用いて形成された電極を有する太陽電池である．

【特許請求の範囲】

1. リン含有率が6質量％以上8質量％以下であるリン含有銅合金粒子と，ガラス粒子と，溶剤と，樹脂と，を含む電極用ペースト組成物．

(9) 電極用ペースト組成物，太陽電池素子および太陽電池

公告番号	WO2012140786 A1	出願日	2011年4月28日
公開タイプ	出願	優先日	2011年4月14日
出願番号	PCT/JP2011/060471	発明者	足立修一郎ほか
公開日	2012年10月18日	特許出願人	日立化成工業㈱ほか

【要約】

電極用ペースト組成物を，リン含有銅合金粒子と，錫含有粒子と，ガラス粒子と，溶剤と，樹脂とを含んで構成する．また，該電極用ペースト組成物を用いて形成された電極を有する太陽電池素子および太陽電池である．

【特許請求の範囲】

1. リン含有銅合金粒子と，錫含有粒子と，ガラス粒子と，溶剤と，樹脂と，を含む電極用ペースト組成物．

(10) 電極用ペースト組成物および太陽電池

公告番号	WO2011090212 A1	出願日	2011年1月25日
公開タイプ	出願	優先日	2010年1月25日
出願番号	PCT/JP2011/051362	発明者	足立修一郎ほか
公開日	2011年7月28日	特許出願人	日立化成工業㈱ほか

【要約】

電極用ペースト組成物を，銅を主成分とする金属粒子と，五酸化二リンおよび五酸化二バナジウムを含むとともに前記五酸化二バナジウムの含有率が1質量％以上であるガラス粒子と，溶剤と，樹脂と，を含んで構成する．また，該電極用ペースト組成物を用いて形成された電極を有す

第3章　電子分野での応用

る太陽電池である。

【特許請求の範囲】

1. 銅を主成分とする金属粒子と，五酸化二リンおよび五酸化二バナジウムを含むとともに前記五酸化二バナジウムの含有率が1質量％以上であるガラス粒子と，溶剤と，樹脂と，を含む電極用ペースト組成物。

(11)電気デバイス製造用溶剤組成物			
公告番号	WO2014057846 A1	出願日	2013年10月2日
公開タイプ	出願	優先日	2012年10月11日
出願番号	PCT/JP2013/076792	発明者	鈴木陽二ほか
公開日	2014年4月17日	特許出願人	㈱ダイセル

【要約】

　印刷法により被塗布面部材に塗布することにより電子デバイスの配線または塗膜形成を行うペースト組成物の原料となる溶剤組成物であって，電気特性の低下，配線・塗膜形成の不良，およびデラミネーションの発生を抑制することができる溶剤組成物を提供する。本発明の電子デバイス製造用溶剤組成物は，印刷法により電子デバイスを製造するための溶剤組成物であって，溶剤と下記式(1)　R_1-CH_2-R_2　(1)（式中，R_1はモノヒドロキシアルキル基を示し，R_2はカルボキシル基（C(=O)OH）またはアミド基（C(=O)NH_2）を示す）で表される化合物（ただし，モノヒドロキシステアリン酸を除く）を含む。

【特許請求の範囲】

1. 印刷法により電子デバイスを製造するための溶剤組成物であって，溶剤と下記式(1)

$$R_1\text{-}CH_2\text{-}R_2 \tag{1}$$

（式中，R_1はモノヒドロキシアルキル基を示し，R_2はカルボキシル基（C(=O)OH）またはアミド基（C(=O)NH_2）を示す）

で表される化合物（ただし，モノヒドロキシステアリン酸を除く）を含む電子デバイス製造用溶剤組成物。

(12)レーザーエッチング加工用導電性ペースト，導電性薄膜および導電性積層体			
公告番号	WO2014013899 A1	出願日	2013年7月8日
公開タイプ	出願	優先日	2012年7月20日
出願番号	PCT/JP2013/068613	発明者	浜崎亮ほか
公開日	2014年1月23日	特許出願人	東洋紡㈱

【要約】

【課題】従来のスクリーン印刷法では対応困難とされているL/Sが50/50μm以下の高密度電極

回路配線を，低コストかつ低い環境負荷で製造することができるレーザーエッチング加工に適したレーザーエッチング加工用導電性ペーストを提供する。

【解決手段】熱可塑性樹脂からなるバインダ樹脂（A），金属粉（B）および有機溶剤（C）を含有するレーザーエッチング加工用導電性ペースト，左記導電性ペーストを用いて形成された導電性薄膜，導電性積層体，電気回路およびタッチパネル。

【特許請求の範囲】

1. 熱可塑性樹脂からなるバインダ樹脂（A），金属粉（B）および有機溶剤（C）を含有するレーザーエッチング加工用導電性ペースト。

⒀金属ナノ粒子ペースト，ならびに金属ナノ粒子ペーストを用いた電子部品接合体，ledモジュールおよびプリント配線板の回路形成方法			
公告番号	WO2011158659 A1	出願日	2011年6月2日
公開タイプ	出願	優先日	2010年6月16日
出願番号	PCT/JP2011/062687	発明者	中谷功ほか
公開日	2011年12月22日	特許出願人	物質・材料研究機構ほか

【要約】

　金属ナノ粒子の低温焼結特性を用いて，簡易に，導電性および機械的強度に優れた金属的接合を得，また導通性に優れた配線パターンを形成できる金属ナノ粒子ペーストを提供する。（A）金属ナノ粒子と，（B）前記金属ナノ粒子の表面を被覆する保護膜と，（C）カルボン酸類と，（D）分散媒とを含むことを特徴とする金属ナノ粒子ペーストである。

【特許請求の範囲】

1. （A）金属ナノ粒子と，（B）前記金属ナノ粒子の表面を被覆する保護膜と，（C）カルボン酸類と，（D）分散媒とを含むことを特徴とする金属ナノ粒子ペースト。

⒁電極用ペースト組成物および太陽電池			
公告番号	WO2011090213 A1	出願日	2011年1月25日
公開タイプ	出願	優先日	2010年1月25日
出願番号	PCT/JP2011/051363	発明者	足立修一郎ほか
公開日	2011年7月28日	特許出願人	日立化成工業㈱ほか

【要約】

　本発明によれば，銀の使用量を低減しかつ抵抗率の上昇が抑えられた電極を形成可能な電極用ペースト組成物，および，該電極用ペースト組成物を用いて形成された電極を有する太陽電池を提供することができる。本発明は，銀合金粒子，ガラス粒子，樹脂，および溶剤を含む電極用ペースト組成物である。

第3章　電子分野での応用

【特許請求の範囲】
　銀合金粒子，ガラス粒子，樹脂，および溶剤を含む電極用ペースト組成物。

⒂導体ペーストおよびそれを用いたセラミック基板			
公告番号	WO2014054671 A1	出願日	2013年10月2日
公開タイプ	出願	優先日	2012年10月3日
出願番号	PCT/JP2013/076778	発明者	佐藤稔ほか
公開日	2014年4月10日	特許出願人	Tdk㈱ほか

【要約】
【課題】めっき耐性に優れ，めっき処理後もセラミック基板およびめっき膜に対する良好な密着性を有し，また，同時焼成する場合に焼成後の拘束層を表面導体上に残存させずに除去することができる，拘束焼成用の導体ペーストおよびそれを用いたセラミック基板を提供する。
【解決手段】ペースト組成物中の含有率が60〜95質量％のAg粉末，Ag粉末の質量に対し0.5〜5質量％のホウケイ酸系ガラス粉末，残部が白金族金属添加剤および有機ビヒクルであり前記白金族金属添加剤は，少なくともRuおよびRhの2種の金属を含有し，該白金族金属添加剤のRuおよびRhの各含有量は，前記Ag粉末の質量に対し，金属分換算で0.05〜5質量％のRuおよび0.001〜0.1質量％のRhである導体ペーストとする。

【特許得請求の範囲】
1．ペースト組成物中の含有率が60〜95質量％のAg粉末，Ag粉末の質量に対し0.5〜5質量％のホウケイ酸系ガラス粉末，残部が白金族金属添加剤および有機ビヒクルである，低温焼成セラミックグリーンシート積層体上に印刷され拘束焼成により表面導体を形成するための導体ペーストであって，

　前記白金族金属添加剤は，少なくともRuおよびRhの2種の金属を含有し，該白金族金属添加剤のRuおよびRhの各含有量は，前記Ag粉末の質量に対し，金属分換算で0.05〜5質量％のRuおよび0.001〜0.1質量％のRhであることを特徴とする導体ペースト。

⒃電極用ペースト組成物および太陽電池			
公告番号	WO2011090214 A1	出願日	2011年1月25日
公開タイプ	出願	優先日	2010年1月25日
出願番号	PCT/JP2011/051364	発明者	野尻剛ほか
公開日	2011年7月28日	特許出願人	日立化成工業㈱

【要約】
　本発明は，焼成時における銅の酸化膜の形成を抑制し，抵抗率の低い電極を形成可能な電極用ペースト組成物，および，該電極用ペースト組成物を用いて作成された電極を有する太陽電池を提供する。本発明に係る電極用ペースト組成物は，銅を主成分とする金属粒子と，フラックスと，

ガラス粒子と，溶剤と，樹脂と，を含む。また，本発明の太陽電池セルは，上記電極用ペースト組成物を用いて形成された電極を有する。

【特許請求の範囲】

1. 銅を主成分とする金属粒子と，フラックスと，ガラス粒子と，溶剤と，樹脂と，を含む電極用ペースト組成物。

(17)素子および太陽電池			
公告番号	WO2013015285 A1	出願日	2012年7月24日
公開タイプ	出願	優先日	2011年7月25日
出願番号	PCT/JP2012/068721	発明者	栗原祥晃ほか
公開日	2013年1月31日	特許出願人	日立化成工業㈱ほか

【要約】

本発明の素子は，シリコン基板と，前記シリコン基板上に設けられ，リン含有銅合金粒子とガラス粒子と溶剤と樹脂とを含む電極用ペースト組成物の焼成物である電極と，前記電極上に設けられた，フラックスを含有するはんだ層と，を有する。

【特許請求の範囲】

1. シリコン基板と，

  前記シリコン基板上に設けられた，リン含有銅合金粒子とガラス粒子と溶剤と樹脂とを含む電極用ペースト組成物の焼成物である電極と，

  前記電極上に設けられた，フラックスを含有するはんだ層と，

  を有する素子。

(18)多孔質酸化チタン積層体の製造方法			
公告番号	WO2014083884 A1	出願日	2013年7月12日
公開タイプ	出願	優先日	2012年11月27日
出願番号	PCT/JP2013/069158	発明者	佐々木拓ほか
公開日	2014年6月5日	特許出願人	積水化学工業㈱ほか

【要約】

本発明は，低温焼成でも空孔率が高く不純物が少ない多孔質酸化チタン層を製造することが可能な多孔質酸化チタン積層体の製造方法，および，該多孔質酸化チタン積層体を用いた色素増感太陽電池を提供することを目的とする。本発明は，酸化チタン微粒子と，(メタ)アクリル樹脂と，有機溶媒とを含有する酸化チタンペーストを基材上に印刷し，該基材上に酸化チタンペースト層を形成する工程と，前記酸化チタンペースト層を焼成する工程と，前記焼成後の酸化チタンペースト層に紫外線を照射する工程とを有する多孔質酸化チタン積層体の製造方法であって，前記酸化チタン微粒子は，平均粒子径が5～50 nmであり，前記焼成後の酸化チタンペースト層に紫外

第3章　電子分野での応用

線を照射する工程において，紫外線照射の積算光量を100J/cm^{2}以上とする多孔質酸化チタン積層体の製造方法である。

【特許請求の範囲】

1. 酸化チタン微粒子と，（メタ）アクリル樹脂と，有機溶媒とを含有する酸化チタンペーストを基材上に印刷し，該基材上に酸化チタンペースト層を形成する工程と，前記酸化チタンペースト層を焼成する工程と，前記焼成後の酸化チタンペースト層に紫外線を照射する工程とを有する多孔質酸化チタン積層体の製造方法であって，前記酸化チタン微粒子は，平均粒子径が5～50nmであり，前記焼成後の酸化チタンペースト層に紫外線を照射する工程において，紫外線照射の積算光量を100J/cm^{2}以上とすることを特徴とする多孔質酸化チタン積層体の製造方法。

⑲ガラス組成物およびそれを用いた導電性ペースト組成物，電極配線部材と電子部品			
公告番号	WO2010109905 A1	出願日	2010年3月26日
公開タイプ	出願	優先日	2009年3月27日
出願番号	PCT/JP2010/002188	発明者	立薗信一ほか
公開日	2010年9月30日	特許出願人	日立粉末冶金㈱ほか

【要約】

　本発明に係るガラス組成物は，遷移金属とリンとを含み，前記遷移金属がタングステン，鉄，マンガンのうちのいずれか1種以上とバナジウムであるガラス組成物であって，前記ガラス組成物は，JIG調査対象物質のレベルAおよびレベルBに挙げられている物質を含有せず，軟化点が550℃以下であることを特徴とする。

【特許請求の範囲】

　遷移金属とリンとを含み，前記遷移金属がタングステン，鉄，マンガンのうちのいずれか1種以上とバナジウムであるガラス組成物であって，前記ガラス組成物は，JIG調査対象物質のレベルAおよびレベルBに挙げられている物質を含有せず，軟化点が550℃以下であることを特徴とするガラス組成物。

⑳エッチング材			
公告番号	WO2014061245 A1	出願日	2013年10月11日
公開タイプ	出願	優先日	2012年10月16日
出願番号	PCT/JP2013/006074	発明者	中子偉夫ほか
公開日	2014年4月24日	特許出願人	日立化成㈱ほか

【要約】

　ホウ素および該ホウ素と結合したハロゲンとを構造中に含むルイス酸，上記ルイス酸の塩，並びに上記ルイス酸を発生する化合物から選択される少なくとも1つのホウ素化合物を含有するエッチング材。

3.3 テルペンのエポキシ化と電子材料原料

「エポキシ化テルペン」と「電子材料原料」の2語をキーワードにして特許検索を行った。その結果,約1970件の特許が検索された。そのうちの6件の特許の概要は以下の通りである。

(1)エポキシ化合物の製造方法および炭素-炭素二重結合のエポキシ化方法			
公告番号	WO2011010614 A1	出願日	2010年7月16日
公開タイプ	出願	優先日	2009年7月24日
出願番号	PCT/JP2010/062085	発明者	内匠清ほか
公開日	2011年1月27日	特許出願人	荒川化学工業㈱ほか

【要約】

本発明は,炭素-炭素二重結合を有する有機化合物を,タングステン化合物(a),リン酸類,ホスホン酸類およびこれらの塩からなる群より選ばれる少なくとも1種のリン化合物(b)および界面活性剤(c)の組み合わせである触媒,並びに中性無機塩の存在下に,過酸化水素によって,該二重結合を酸化させることを特徴とするエポキシ化合物の製造方法,並びに,上記触媒および中性無機塩の存在下に,過酸化水素によって,炭素-炭素二重結合を酸化させることを特徴とするエポキシ化方法を提供するものである。

【特許請求の範囲】

1. 炭素-炭素二重結合を有する有機化合物を,タングステン化合物(a),リン酸類,ホスホン酸類およびこれらの塩からなる群より選ばれる少なくとも1種のリン化合物(b)および界面活性剤(c)の組み合わせである触媒,並びに中性無機塩の存在下に,過酸化水素によって,該二重結合を酸化させることを特徴とするエポキシ化合物の製造方法。

(2)オレフィン樹脂,エポキシ樹脂,硬化性樹脂組成物およびその硬化物			
公告番号	WO2010119960 A1	出願日	2010年4月16日
公開タイプ	出願	優先日	2009年4月17日
出願番号	PCT/JP2010/056869	発明者	中西政隆ほか
公開日	2010年10月21日	特許出願人	日本化薬㈱ほか

【要約】

本発明の目的は,硬化性に優れるとともに,耐熱性や耐光性にも優れた透明性の高い硬化物を与える新規な脂環エポキシ樹脂を提供することにある。本発明の脂環式エポキシ樹脂は,オレフィン樹脂を原料とし,これをエポキシ化することにより得られる。

オレフィン樹脂は少なくともその主成分は4官能のオレフィンを有するテトラシクロヘキセン体であり,その純度は80面積%(ゲルパーミエーションクロマトグラフィー以下,GPC)以上であることが好ましく,より好ましくは90面積%以上,特に好ましくは95面積%以上である。

本発明のオレフィン樹脂は酸化することで本発明のエポキシ樹脂とすることができる。酸化の

第3章 電子分野での応用

手法としては過酢酸等の過酸で酸化する方法，過酸化水素水で酸化する方法，空気（酸素）で酸化する方法などが挙げられるが，これらに限らない。

(3)ジオレフィン化合物，エポキシ樹脂，硬化性樹脂組成物およびその硬化物			
公告番号	WO2011145733 A1	出願日	2011年5月20日
公開タイプ	出願	優先日	2010年5月21日
出願番号	PCT/JP2011/061678	発明者	中西政隆ほか
公開日	2011年11月24日	特許出願人	日本化薬㈱ほか

【要約】
　本発明の目的は，耐熱性，光学特性，強靭性に優れる硬化物を与える新規な脂環式エポキシ樹脂を提供することである。本発明におけるエポキシ樹脂は，ジオレフィン化合物を原料とし，これをエポキシ化することにより得られる。ジオレフィン化合物はシクロヘキセンメタノール誘導体とデカヒドロナフタレンジカルボン酸誘導体との反応によって得られる。シクロヘキセンメタノール誘導体としてはヒドロキシメチル基を有するシクロヘキセンであれば特に限定されず，好ましくは3-シクロヘキセンメタノール，3-メチル-3-シクロヘキセンメタノール，4-メチル-3-シクロヘキセンメタノール，2-メチル-3-シクロヘキセンメタノールなどが挙げられ，特に好ましくは，3-シクロヘキセンメタノールが挙げられるが，これらに限定されるものではない。これらは単独で用いてもよく，2種以上併用してもよい。

(4)エポキシ樹脂，エポキシ樹脂組成物および硬化物			
公告番号	WO2013183735 A1	出願日	2013年6月6日
公開タイプ	出願	優先日	2012年6月7日
出願番号	PCT/JP2013/065755	発明者	中西政隆
公開日	2013年12月12日	特許出願人	日本化薬㈱ほか

【要約】
　本発明は耐熱性が要求される電気電子材料用途に好適なエポキシ樹脂，エポキシ樹脂組成物，およびその硬化物に関する。
　主成分として，特定の化合物を70～95％（ゲルパーミエーションクロマトグラフィー　面積％）含有するエポキシ樹脂であり，該エポキシ樹脂と硬化剤または硬化触媒とを含有する硬化性のエポキシ樹脂組成物とすることができる。本発明のエポキシ樹脂は，フェノールフタレイン骨格誘導体構造を有するエポキシ樹脂に関する。本発明のエポキシ樹脂の基礎骨格はイギリス特許1158606号公報（特許文献1）にて開示されている。
　本発明のエポキシ樹脂は透明性（色相）に優れる。ガードナー比色法（目視　40％MEK（メチルエチルケトン）溶液）で2以下が好ましく，より好ましくは1.5以下である。特に光学材料への展開はもちろん，通常のPCB基板等においても基板の色に影響するため，着色の少ないも

のが求められる。

　また本発明のエポキシ樹脂は高い屈折率を有する。好ましくは1.61以上であり，より好ましくは1.62以上，特に好ましくは1.62～1.65である。特に屈折率調整が必要な分野においては，屈折率が高ければ用いる組成物の芳香環量を低減することができ，耐光特性の向上に貢献できる。また，レンズ等の用途においては高屈折率ほどより歪みの小さなレンズを作成する事ができ，好ましい。

(5)エポキシ化触媒，エポキシ化触媒の製造方法，エポキシ化合物の製造方法，硬化性樹脂組成物およびその硬化物			
公告番号	WO2009088087 A1	出願日	2009年1月9日
公開タイプ	出願	優先日	2008年1月10日
出願番号	PCT/JP2009/050253	発明者	Masataka Nakanishi ほか
公開日	2009年7月16日	特許出願人	Nipponkayaku Kabushikikaisha

【要約】
　本発明は，高活性でしかも目的物の選択性に優れたエポキシ化触媒を提供することを課題とする。本発明は，多価アルケンを酸化してエポキシ化合物を製造するために有用なエポキシ化触媒を提供する。かかる本発明のエポキシ化触媒は，タングステン酸類から誘導される過酸化物体であり，かつ，赤外線吸収スペクトルにおいて815-825カイザーに特性吸収を有することを特徴とする。

【特許請求の範囲】
1. 多価アルケンを酸化してエポキシ化合物を製造するためのエポキシ化触媒であって，
　タングステン酸類から誘導される過酸化物体であり，かつ，赤外線吸収スペクトルにおいて815-825カイザーに特性吸収を有することを特徴とするエポキシ化触媒。

(6)一液型シアネート－エポキシ複合樹脂組成物			
公告番号	WO2009157147 A1	出願日	2009年6月12日
公開タイプ	出願	優先日	2008年6月27日
出願番号	PCT/JP2009/002681	発明者	小川亮ほか
公開日	2009年12月30日	特許出願人	㈱Adeka

【要約】
　本発明は，(A) シアネートエステル樹脂，(B) エポキシ樹脂および (C) 潜在性硬化剤を含有してなる，貯蔵安定性および迅速硬化性に優れると共に，高い耐熱性を有する一液型シアネート－エポキシ複合樹脂組成物であり，特に，前記潜在性硬化剤が，1個以上の3級アミノ基並びに1個以上の1級および／または2級アミノ基を有するアミン化合物から選ばれる少なくとも1種 (a-1) と，エポキシ化合物 (a-2) とを反応させてなる変性アミン化合物 (a)，およびフェノー

ル樹脂（b）を含有してなる点に特徴がある。（B）成分であるエポキシ樹脂成分の使用量は，（A）成分であるシアネートエステル樹脂成分100質量部に対して1～10000質量部であることが好ましく，（C）成分である潜在性硬化剤の使用量は，（A）成分および（B）成分の合計量100質量部に対して1～100質量部であることが好ましい。

【特許請求の範囲】

1. シアネートエステル樹脂（A），エポキシ樹脂（B）および潜在性硬化剤（C）を含有してなる一液型シアネート-エポキシ複合樹脂組成物であって，前記潜在性硬化剤（C）が，1個以上の3級アミノ基並びに1個以上の1級および／または2級アミノ基を有するアミン化合物から選ばれる少なくとも1種（a-1）と，エポキシ化合物（a-2）とを反応させてなる変性アミン化合物（a）およびフェノール樹脂（b）を含有してなることを特徴とする，一液型シアネート-エポキシ複合樹脂組成物。

第4章　医農薬，ライフサイエンス分野での応用

1　医薬品・医薬中間体として用いられるテルペン化合物

川崎郁勇*

1.1　はじめに

　医薬品として用いられるテルペン化合物の歴史は古く，植物の草根木皮を病気の治療に用いていた時代から，人類が知らず知らずのうちに利用していたことになる。例えば，滋養，強壮の目的で用いられることが多く，補中益気湯，十全大補湯，清心蓮子飲，加味帰脾湯等様々な漢方処方に配合されるなど代表的な生薬の一つである人参は，オタネニンジン［*Panax ginseng*（ウコギ科 Araliaceae）］の根を使用する。人参には，トリテルペンサポニンであるギンセノシド類（**1**）などが含まれ，これらがその作用の本体であることが知られている[1]。また，多くの漢方薬に用いられるのみならず西洋でも古くから薬用に供されている生薬の甘草は，カンゾウ［*Glycyrrhiza uralensis, G. glabra*（マメ科 Leguminosae）など］の根およびストロンを使用するが，その成分のトリテルペンであるグリチルリチン酸（**2**）には抗炎症作用が知られている[2]。神農本草経で中薬とされている芍薬は，鎮静，鎮痙作用を有し[3]，葛根湯，当帰芍薬散など多くの漢方に配合されるが，基原植物であるシャクヤク［*Paeonia lactiflora*（ボタン科 Paeoniaceae）］の根皮には，モノテルペン配糖体であるペオニフロリン（**3**）が含まれている。これら生薬成分として知られるテルペン化合物 **1**～**3** の構造を図1に示した。

　このように，古来用いられている生薬にも，テルペン化合物が作用の本体として含まれていることが多く，人類は古くからこれらテルペン化合物を医薬品として利用していたと言える。

1.2　医薬品として用いられるテルペン化合物

　日本国内で医療に供する重要な医薬品の性状および品質の適性をはかるための公定書である第16改正日本薬局方に収載されている化合物のうち，テルペン化合物に分類されるものは4品目あり，それらの医薬品名は，*l*-メントール（**4**）[4]，チモール（**5**）[5]，*d*-カンフル（**6**）[6]およびサントニン（**7**）[7]である。それらの構造を図2に示す。

　これらのうち，*l*-メントールはハッカ［*Mentha arvensis var. piperascens*（シソ科 Labiatae）］の精油成分であり，健胃薬とされる他，鎮痒，鎮痛，抗炎症作用があるため外用の塗付薬として用いられる。また，飴やガムなどの菓子，歯磨き粉の香料など，極めて広い用途で用いられ，合成メントールも同様に用いられる。*l*-メントールと同様 *p*-menthane 骨格を有するチモールはタチジャコウソウ［*Thymus vulgaris*（シソ科 Labiatae）］の精油に含まれ，殺菌作用が強く歯科

---

*　Ikuo Kawasaki　武庫川女子大学　薬学部　薬化学Ⅰ講座　教授

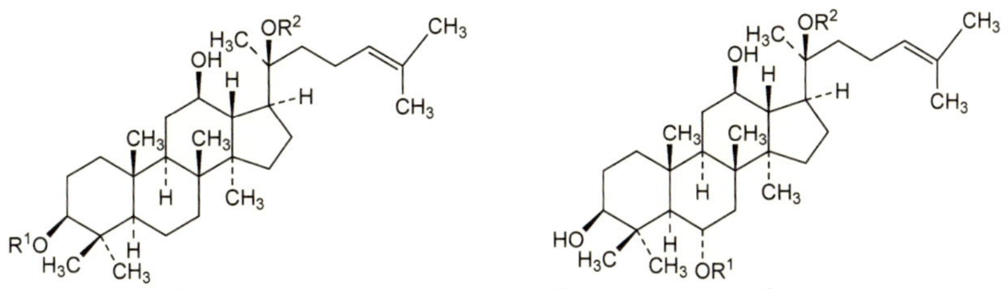

第4章　医農薬，ライフサイエンス分野での応用

R¹=Glc-(1→2)-Glc-, R²=Glc-(1→6)-Glc-: ginsenoside Rb1
R¹=Glc-(1→2)-Glc-, R²=Glc-(1→6)-Ara-: ginsenoside Rc
R¹=Glc-(1→2)-Glc-, R²=Glc-: ginsenoside Rd

R¹=Rha-(1→2)-Glc-, R²=Glc-: ginsenoside Re
R¹=Glc-, R²=Glc-: ginsenoside Rg1
R¹=Glc-(1→2)-Glc-, R²=H-: ginsenoside Rf

1

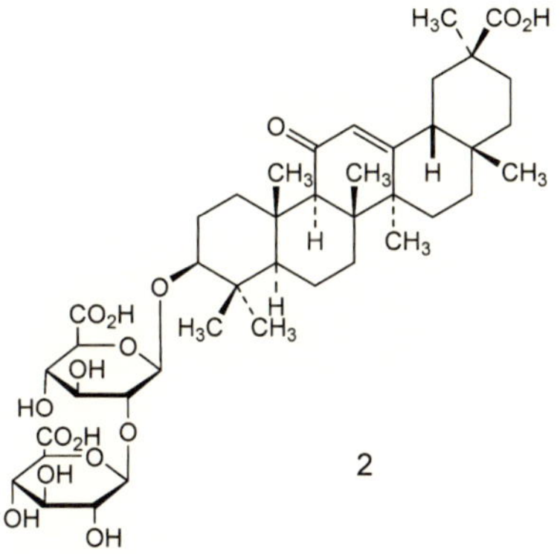

2

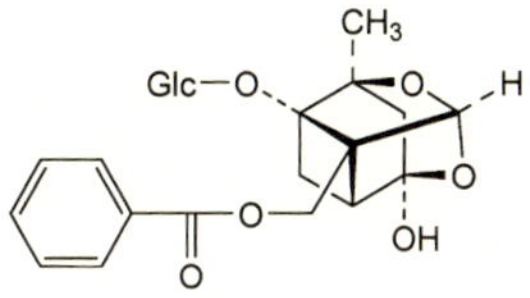

3

図1　生薬成分として知られるテルペン化合物

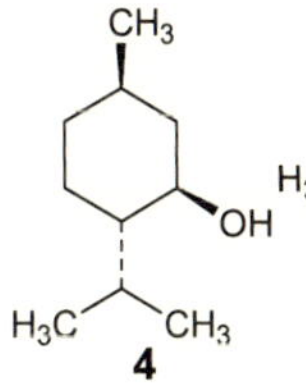

4 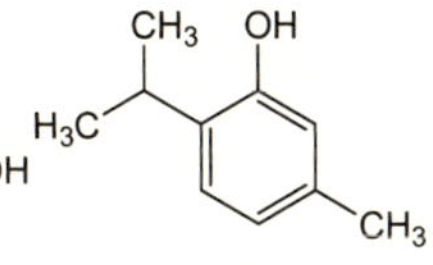　5 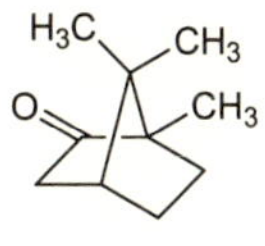　6 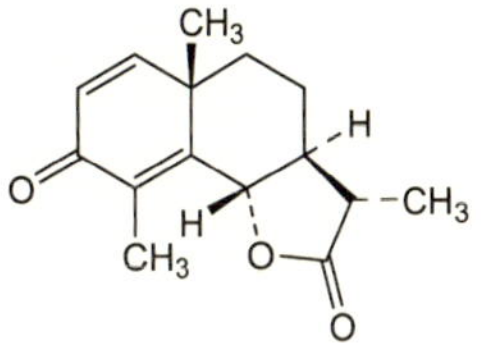　7

図2　日本薬局方収載のテルペン化合物

用殺菌薬とされる他製剤原料にも用いられる。d-カンフルはクスノキ［*Cinnamomum camphora*（クスノキ科 Lauraceae）］各部の水蒸気蒸留で得られる結晶性化合物であり，局所刺激，局所消炎，鎮痒薬とされる。合成カンフルも同様に用いられる。サントニンはミブヨモギ［*Artemisia maritima*（キク科 Compositae）］，シナ（*A. cina*）などの蕾などに含有され，駆虫作用が強く回虫駆除薬とされる。

　構造上の特徴から，l-メントールおよびチモールは炭素数10個からなる p-menthane 骨格を有する単環性モノテルペンに，d-カンフルは双環性モノテルペンに，サントニンは炭素数15個

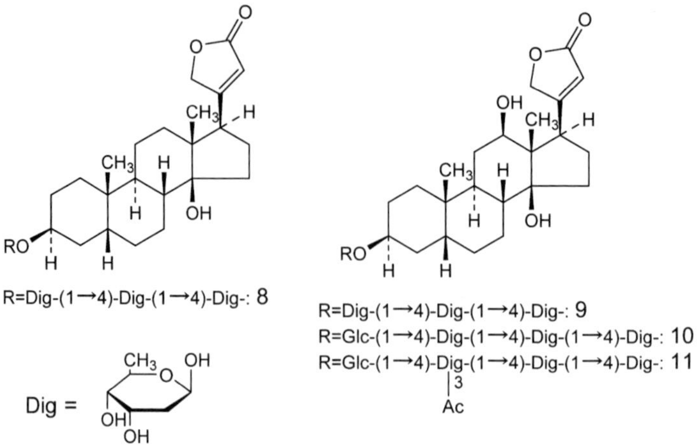

図3 日本薬局方収載のステロイド配糖体

でありオイデスマン型セスキテルペンにそれぞれ分類される。

　他にも第16改正日本薬局方には，ステロイド配糖体に分類されるが生合成前駆体がトリテルペンである強心配糖体も医薬品として収載されている。ジギタリス［*Digitalis purpurea*（ゴマノハグサ科 Scrophulariaceae）］の葉に含有されるジギトキシン（8）[8]や，近縁のケジギタリス（*D. lanata*）の葉から得られるジゴキシン（9）[9]，デスラノシド（10）[10]，ラナトシドC（11）[11]は強心薬として使用されている。それらの構造を図3に示した。

1.3　医薬中間体として用いられるテルペン化合物

　タイヘイヨウイチイ［*Taxus brevifolia*（イチイ科 Taxaceae）］の樹皮から発見されたパクリタキセル（12）は，卵巣がん，乳がん，胃がん，非小細胞肺がんなどの治療に抗悪性腫瘍剤として用いられる。その基本骨格は，タキサン系ジテルペンに分類される。天然から得られるパクリタキセルはわずかであるため，通常医薬品として臨床使用されているものは，イチイの針葉や小枝から抽出できる10-デアセチルバッカチンⅢ（13）を中間体として合成されている[12]。パクリタキセルの溶解性などの物性を改善し，治療効果をより高めようと開発されたのがドセタキセル（14）である。ドセタキセルも，ジテルペンの10-デアセチルバッカチンⅢから半合成される抗悪性腫瘍剤である。八員環を中心部分に含む三環性テルペン化合物である12～14の構造を図4に示した。

　インドール酢酸構造を有するインドメタシン（15）は，強力な抗炎症作用および解熱鎮痛作用を有するが，胃腸障害の副作用を起こしやすい。そこで，副作用の軽減を目的としたプロドラッグがいくつか開発されており，インドメタシンファルネシル（16）はその一つである。インドメタシンファルネシルは，ローズ油やシトロネラ油に含まれる鎖状セスキテルペンのファルネソール（17）とインドメタシンとのエステルである[13]。これら15～17の構造は図5に示すとおりで

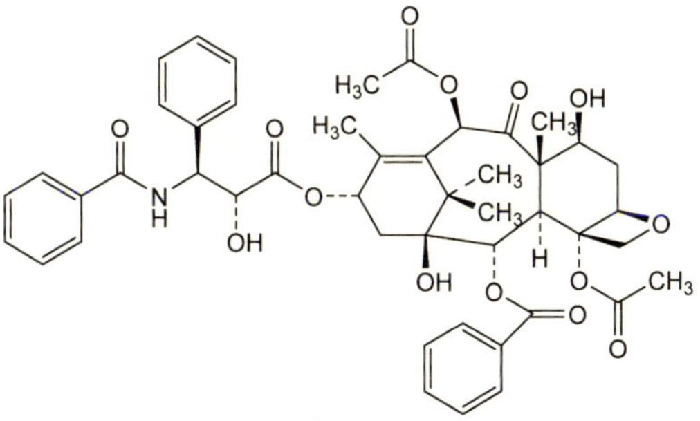

第4章 医農薬，ライフサイエンス分野での応用

12

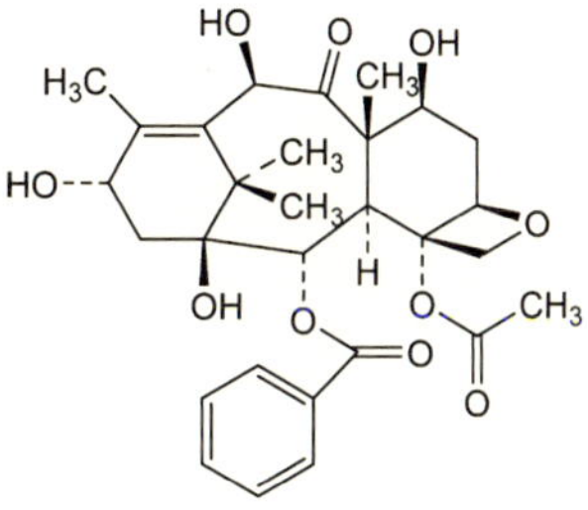

13

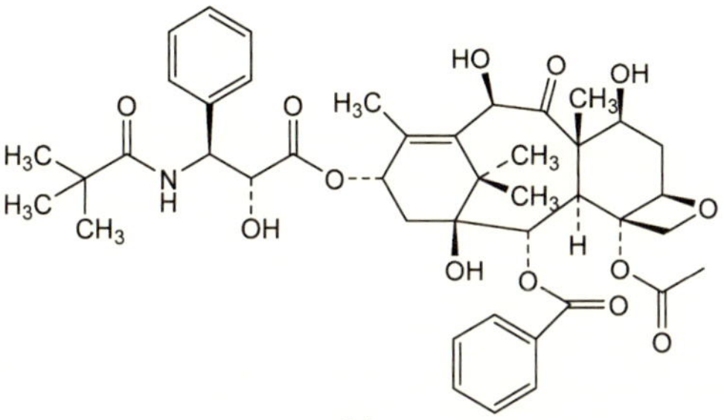

14

図4 パクリタキセル、10-デアセチルバッカチンⅢ およびドセタキセル

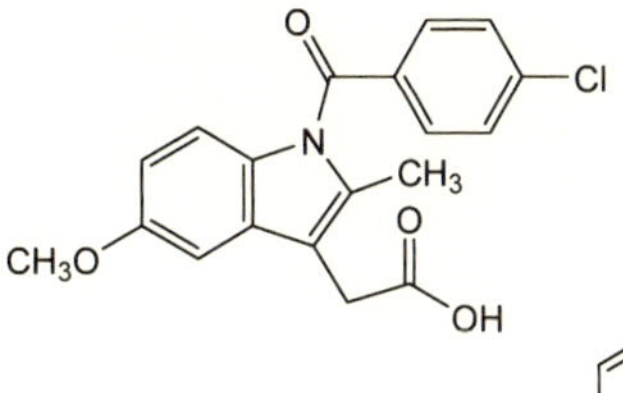

15

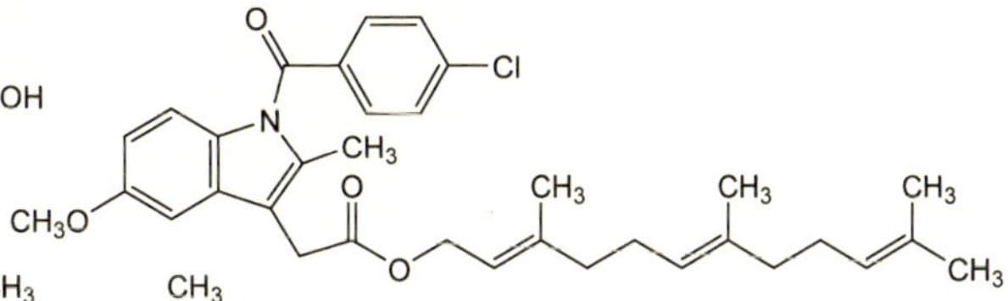

16

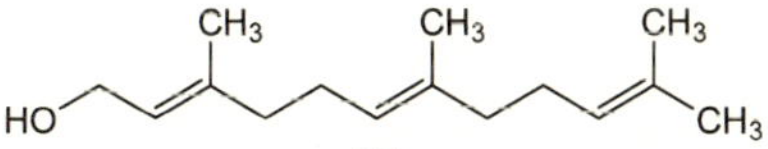

17

図5 インドメタシン、インドメタシンファルネシルおよびファルネソール

ある．テルペン化合物であるファルネソールは，優れた医薬品であるインドメタシンの副作用軽減を目的に開発されたインドメタシンファルネシルの合成に用いられ，その構造の一部に組み込まれている．

1.4 おわりに

これまでに医薬品やその合成中間体あるいは医薬品の一部として用いられているテルペン化合物について述べた。紹介したものの他にもテルペン化合物の生合成に関連する医薬品としてプラバスタチン (18) があり，プラバスタチンナトリウムとして第16改正日本薬局方に収載されており[14]，高脂血症や動脈硬化症の予防治療薬として用いられている（図6）。

コレステロールは細胞膜の構成成分であり，重要な生体成分であるが，過剰なコレステロールは人体に好ましくない影響を与えるため，適度なコレステロール量を保つ必要がある。ヒトのコレステロールは，摂食と体内での生合成に依存しているが，ヒトの体内ではメバロン酸経路によるテルペン化合物を経て生合成される（図7）。メバロン酸経路では，3-hydroxy-3-methylglutaryl-CoA (HMG-CoA) からメバロン酸に変換されたあと，イソプレンの単位であるイソペンテニル二リン酸 (IPP) やジメチルアリル二リン酸 (DMAPP) になり，各種のテルペン化合物やコレステロールなどのステロイド化合物が生合成されている。このメバロン酸経路

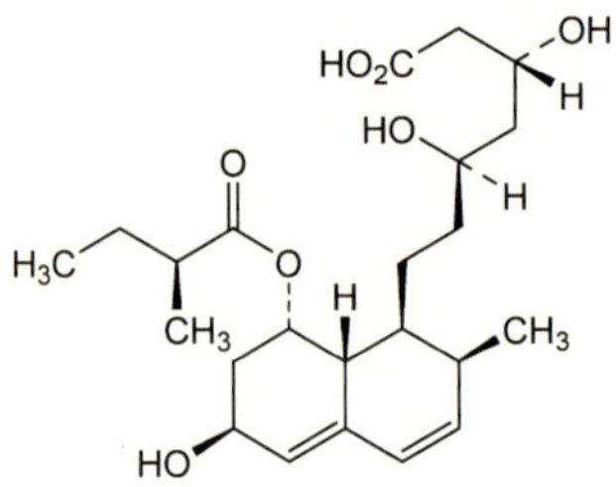

図6　プラバスタチン

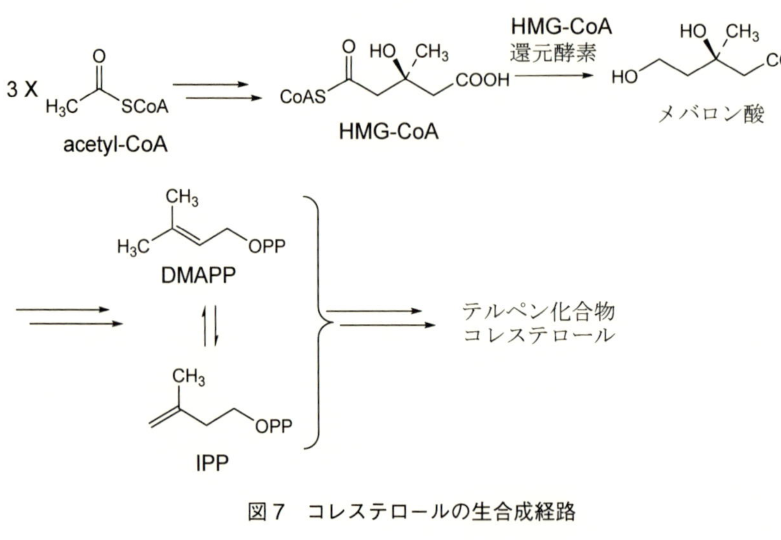

図7　コレステロールの生合成経路

第4章 医農薬,ライフサイエンス分野での応用

の律速となる反応は,HMG-CoA からメバロン酸に変換する部分であり,ここでは HMG-CoA 還元酵素がはたらいている。プラバスタチンなどのスタチン系化合物は,HMG-CoA 還元酵素を阻害することにより体内のコレステロール生合成を抑制し,総コレステロール量を低下させる。

　以上,古くより用いられている生薬に含有されるテルペン化合物から,テルペン化合物そのものが現在治療薬として用いられるもの,あるいは医薬品の合成中間体として利用されるもの,およびテルペン関連化合物の生合成阻害が主な薬理作用である医薬品について述べた。ここで述べたように,テルペン化合物やそのテルペンに関連した化合物は,古来,治療に用いられている伝統的な漢方医学から,現在の臨床における最新の治療法に至るまで,医薬品としての歴史は古く,かつ広く利用されている。

文　　献

1) I. I. Brekhman, I. V. Dardymov, *Lloydia*, **32**, 46 (1969)
2) K. K. Tangri, P. K. Seth, S. S. Parmar, K. P. Bhargava, *Biochem. Pharmacol.*, **14**, 1277 (1965)
3) 高木敬次郎,原田正敏,薬誌,89, 879, 887, 893 (1969)
4) 第16改正日本薬局方　医薬品各条,pp.1552 (2012)
5) 第16改正日本薬局方　医薬品各条,pp.888 (2012)
6) 第16改正日本薬局方　医薬品各条,pp.547 (2012)
7) 第16改正日本薬局方　医薬品各条,pp.670 (2012)
8) 第16改正日本薬局方　医薬品各条,pp.676 (2012)
9) 第16改正日本薬局方　医薬品各条,pp.684 (2012)
10) 第16改正日本薬局方　医薬品各条,pp.903 (2012)
11) 第16改正日本薬局方　医薬品各条,pp.1377 (2012)
12) J. K. Thottathil, I. D. Trifunovich, D. J. Kucera, W.-S. Li, *Eur. Pat. Appl.*, 617018 (1994)
13) I. Yamatsu, S. Abe, Y. Inai, T. Suzuki, K. Kinoshita, M. Mishima, Y. Katoh, S. Kobayashi, M. Murakami, K. Yamada, *Ger. Offen.*, 3226687 (1983)
14) 第16改正日本薬局方　医薬品各条,pp.1152 (2012)

2 アレロケミカル由来の天然テルペン類と農薬への利用

藤井義晴*

2.1 アレロパシーとアレロケミカル

アレロパシー（Allelopathy）は，原義は「植物が放出する化学物質が他の植物・微生物に阻害的あるいは促進的な何らかの作用を及ぼす現象」[1]であるが，その対象は昆虫や線虫・小動物にも拡張され，沼田真によって「他感作用」と翻訳された[2]。作用する物質を他感物質（Allelochemicals，アレロケミカル）と呼ぶ。阻害作用が顕著に現れることが多いが，促進作用も含む概念である[3,4]。

特定の植物にのみ特異的に存在し，生命維持には直接関与しないテルペン類やアルカロイドなどの物質は「二次代謝物質」と呼ばれてきた。これらの物質は，従来，「老廃物」もしくは「貯蔵物質」と考えられ，植物自身にとっての機能は不明であった。近年，このような物質の役割として「植物の進化の過程で偶然に生成し，他の生物から身を守ったり，何らかの交信や情報伝達を行う手段として有利に働いた場合に，その物質を含む植物が生き残った」とする「アレロパシー仮説」が提唱されている[3,4]。アレロケミカルは植物特有の二次代謝物質からなるが，近年，テルペノイドから活性が極めて強い成分が発見されているので，まずアレロケミカルとして報告のあるテルペン類について簡単に紹介する。

2.2 モノテルペン類

2.2.1 サルビア現象と 1,8-シネオール

カリフォルニア大学のミューラーらは，サルビア属の灌木 *Salvia leucophylla* の周囲には他の植物が生えない生育阻止帯ができ，次第に草原を蚕食してゆくというサルビア現象を研究し，アレロケミカルが，サルビア属植物の葉から放出される 1,8-シネオール（1,8-cineole）（図1）のようなテルペン類によるものであると報告している[5]。しかし，その後，バーソロミュー[6]は，サルビア現象は齧歯類の動物による食害で説明できるという反論を出した。彼らの試験では，動物による食害を受けないように，網でサルビア周辺の裸地を覆ったところ草が生えたという。ミューラーらが提示しているサルビア周辺の植物生育阻止領域は抗生物質による生育阻止円のようにくっきりしており，動物による現象と考えるよりもサルビア由来成分による現象と考えた方が自然であり，サルビア現象はアメリカ合衆国の生物学の教科書にアレロパシー現象の例として写真が載せられている。

2.2.2 シネオール類と除草剤シンメチリン

天然物としては，多くの植物に 1,8-シネオールが多量に含まれるが，ユーカリや月桂樹，ビャクシンなどには 1,4-シネオール（図1）も存在する。シネオール類は体細胞分裂（有糸分裂）を阻害する[7]。1,4-シネオールは細胞分裂の前期のみを阻害するが，1,8-シネオールは細胞分裂の全

---

* Yoshiharu Fujii　東京農工大学　国際生物資源学研究室　教授

第4章 医農薬, ライフサイエンス分野での応用

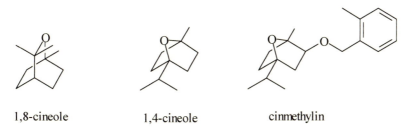

図1 シネオール類と除草剤シンメチリン

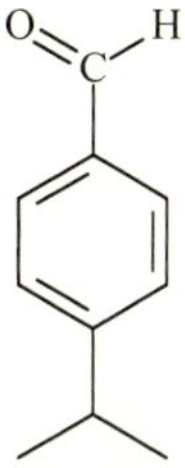

図2 クミンアルデヒド

てを阻害することが報告されている[8]。1,4-シネオールには光合成阻害作用もある。これに対し, 1,8-シネオールは発芽阻害活性が強く, 体細胞分裂阻害活性も強いことが報告されている。

シェルケミカル社 (Shell Chemical) は1972年に天然物1,4-シネオールに注目し, その誘導体として除草剤のシンメチリン (cinmethylin) (図1) を開発した[9]。シンメチリンは15〜100 g a.i./ha と低薬量で有効であり, 人畜への毒性が低く, 土壌中で速やかに代謝される[10]。一切の金属やハロゲンを含まず環境に対する安全性が高いので優れた除草剤といえる。とくに水田除草剤として有効であり, 水田における強害雑草であるイヌビエ類, カヤツリグサ類, コナギを強く除草し, アブノメ, キカシグサ, ミゾハコベ, マツバイ, ホタルイも抑制する。しかし, アゼナ, ウリカワ, 藻類には効果が少ない[10]。1,8-シネオールは, 根の成長に関与する遺伝子を阻害するとの報告もある[11]。

2.2.3 クミンアルデヒド

著者らのグループは, ハーブ類が植物や微生物の生育に及ぼすアレロパシーを調べた結果, イラン原産のハーブであるブラックジーラ (*Bunium persicum*) が放出するクミンアルデヒド (cuminaldehyde) (図2) に強い活性があることを報告した[12]。本研究では病原性のカビ類であるフザリウムを用いて検索した。クミンアルデヒドのチオセミカルバゾン誘導体には抗ウイルス活性も知られている。ハーブのクミンシードにも含まれる成分で毒性が低いことから, 本物質から安全性の高い抗カビ, 抗ウイルス剤が開発される可能性がある。

2.3 ノルセスキテルペン類

2.3.1 イオノン類

著者らのグループは，ナギナタガヤ（*Vulpia myuros*）のアレロパシー活性が強いことを報告した[13]。ナギナタガヤは西日本のミカン園を中心に，果樹園の草生管理法として導入され，除草剤を用いない雑草管理法として果樹農家に広まっている。著者らは香川大の加藤らと共同でナギナタガヤに含まれるアレロケミカルを分析した結果，(−)-3-ヒドロキシ-β-イオノン（(−)-3-hydroxy-β-ionone）と(+)-3-オキソ-α-イオノール（(+)-3-oxo-α-ionol）というイオノン型テルペン（図3）が本体であることを明らかにした[14]。これらの化合物のレタス，クレス，アルファルファに対する EC_{50}(50%生育阻害濃度）は3〜10 μM，イネ科のチモシー，メヒシバ，ネズミムギへの阻害活性は15〜30 μM であり，天然物としては，植物ホルモンとして知られているアブシジン酸に匹敵する強い生育阻害活性を持っている。

2.3.2 アヌイオノン類

スペインのカジス大学のマシアスらは，ヒマワリから単離したイオノン型テルペンのアヌイオノン（annuionone）A〜C（図4）を合成し，その発芽・生育阻害を報告している。低濃度では根の伸長促進活性があるが高濃度では阻害作用があることを報告している[15]。

(-)-3-hydroxy-beta-ionone　(+)-3-oxo-alpha-ionol

図3　イオノン類

annuionone A　annuionone B　annuionone C

図4　アヌイオノン類

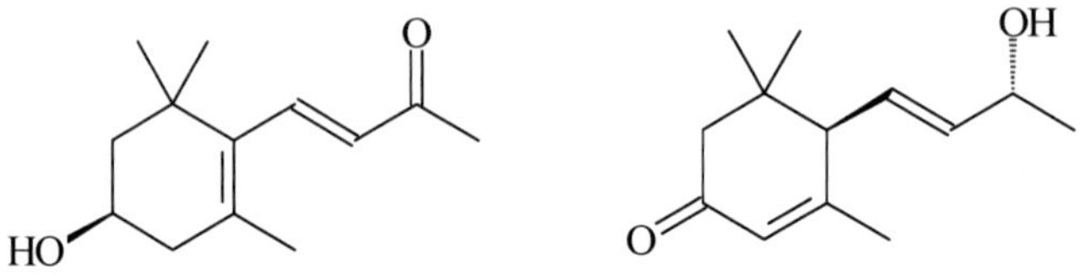

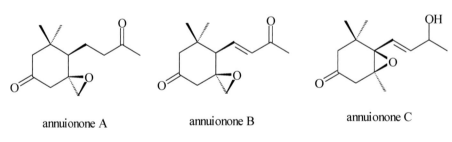

第4章　医農薬,ライフサイエンス分野での応用

2.4　セスキテルペン類
2.4.1　ヨモギ類に含まれるアルテミシニン類

　ヨモギ類のクソニンジン（*Artemisia annua*）には,セスキテルペンエンドパーオキサイドラクトンであるアルテミシニン（artemisinin）とその誘導体のアルテエーテル（arteether）（図5）が存在しており,強い植物生育阻害活性を持っている[16]。アルテミシニンは,根の伸長阻害,クロロフィル含有量減少,細胞分裂阻害活性を持つと報告されている[17]。また,プラスチドを持つ原虫類にも強い阻害作用があり,マラリアの治療薬としてキニーネよりも優れているという報告があり注目されている。

　2015年度のノーベル医学生理学賞は,アルテミシニンを最初に発見した中国の女性研究者,屠呦呦に与えられた。屠は中国の漢方薬からマラリアの薬を見つけようと200種以上の漢方薬を試した結果,雲南省などで古くから利用されてきたクソニンジンに活性を見出しアルテミシニンを発見した。アルテミシニンは環状のエンドペルオキシド構造を持つ珍しい化合物であり,過酸化物であるため構造が不安定で医薬品としての実用化は困難であったが,その誘導体や類縁体が開発され,アルテミシニン系抗マラリア剤として実用化された。アルテミシニンはこれまで使われてきたマラリアの特効薬キニーネ（これもキナノキに含まれる天然成分である）に対して耐性をもつ蚊にも効果があるため,アフリカ諸国で利用され,多くの命を救った。この成分は,クソニンジンが昆虫から身を守るために生産しているアレロケミカルであり,アレロケミカルの研究がノーベル賞を得た珍しい例であるといえる。

2.4.2　ヒマワリ由来のセスキテルペンラクトン類

　スペインのマシアスらは,ヒマワリから低濃度で強い阻害活性を持つ多くのセスキテルペンラクトン類を単離・同定しており[15]（図6）,ヒマワリのアレロパシーに重要な役割を果たしていると報告している。ヨーロッパでは,アレロケミカルに範をとった新たな農薬の開発に研究投資され,現在これらの物質を出発物質として,新たな除草剤の開発が進められている。

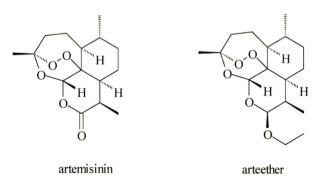

図5　アルテミシニン類

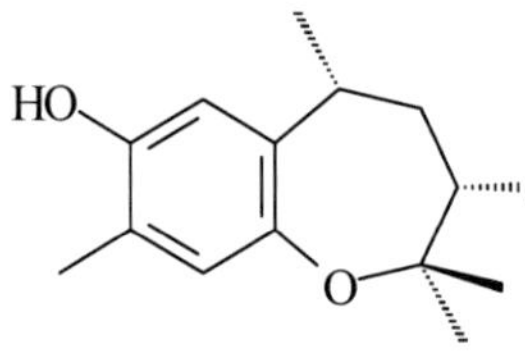

heliannuol A

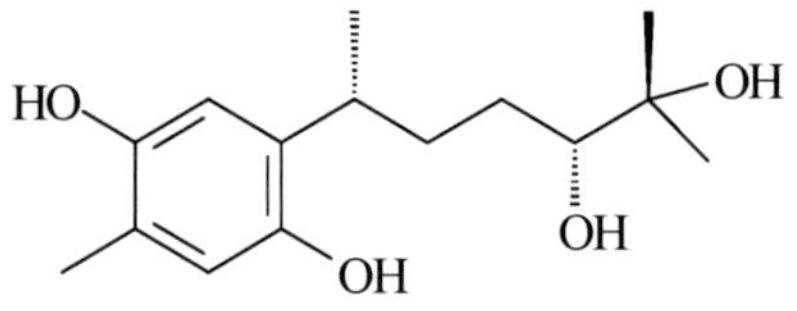

helibisabonol A

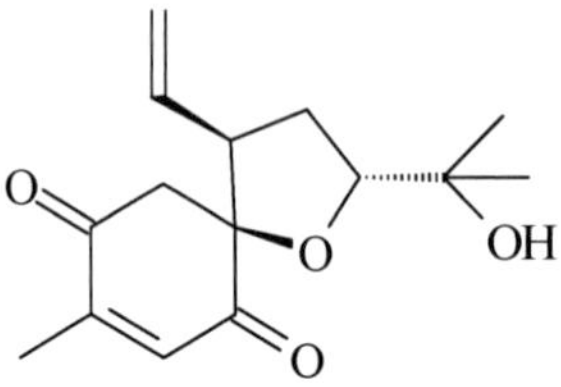

helispiron A

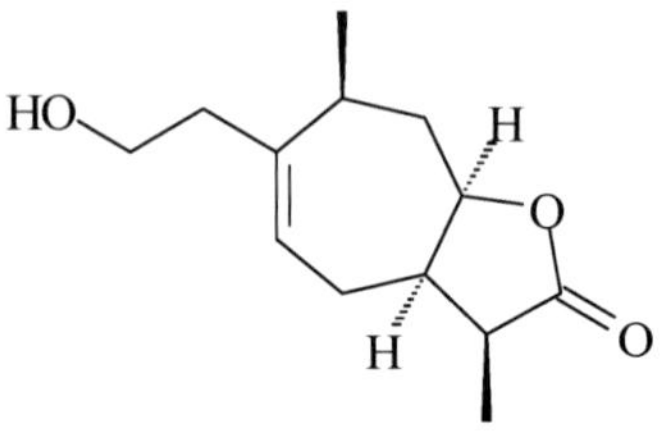

sundiversifolide

図6 ヒマワリに含まれるセスキテルペンラクトン類

2.4.3 ストリゴラクトンとカリッキン

アフリカやアメリカでイネ科作物に寄生して収量を下げる雑草であるストリガの発芽は，宿主であるトウモロコシなどの根から分泌される物質ストリゴール（strigol）（図7）によって10-10〜10-15 mol/l という低濃度で促進されることが明らかにされている[18,19]。ナンバンギセルとススキの間でも同様の物質オロバンコール（orobanchol）（図7）が作用していることが宇都宮大学の竹内と米山らによって解明されている[20]。これらは宿主と寄生植物間の促進的なアレロパシーとして興味深い。2005年に大阪府立大学の秋山らは，5-デオキシストリゴールが，アーバスキュラー菌根菌の菌糸分裂を誘導する活性を持つことを報告し，AM菌と宿主植物間のシグナル伝達物質であることを明らかにした。2008年に，フランスのツールーズ大学のグループ[21]と，理化学研究所のグループ[22]は，ほぼ同時に，ストリゴラクトン類が植物の枝分かれを阻害する新たな植物ホルモンであることを報告した。アレロパシー研究から新たな植物ホルモンの発見に役立った事例といえる。

オーストラリアの研究者らは，オーストラリアの山焼きで発生した煙が植物の発芽を促進する現象に注目し，植物のセルロースに由来する煙の中にストリゴラクトンと構造の類似したブテノライドを同定し，オーストラリア原住民の煙を意味する言葉からカリッキン（karrikin）（図7）と名付けて報告している[23,24]。これらの物質はジベレリンの生合成経路に影響を及ぼすと報告されている。この物質の発見により，種子の発芽を制御するテルペン系の内生植物ホルモンが存在するとの仮説が提唱されている[25]。

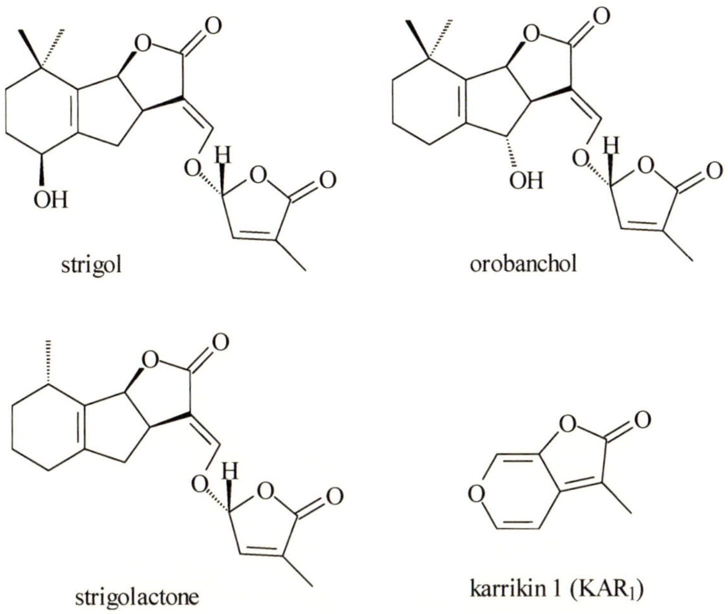

第 4 章　医農薬，ライフサイエンス分野での応用

strigol

orobanchol

strigolactone

karrikin 1 (KAR₁)

図7　ストリゴラクトン類とカリッキン

2.4.4　ベータトリケトンから新たな除草剤の開発

　オーストラリア原産の金宝樹（ブラシノキ）（*Callistemon* spp.）やマヌーカ（*Leptospermum scoparium*）の樹下には草が少ないことから，これらのアレロケミカルが探索され，水蒸気蒸留した精油成分からセスキテルペンであるレプトスペルモン（leptospermone）（図8）のような天然のベータトリケトン（β-triketones）が発見された[26, 27]。これらの物質は大量に含まれており，樹下の他の植物に影響する濃度に達し，クロロフィルやカロテノイドの合成が阻害され白化現象を引き起こすこともあるという。これらのアレロケミカルの作用点は，パラヒドロキシフェニルピルビン酸ジオキシゲナーゼ（*p*-hydroxyphenylpyruvate dioxygenase：HPPD）の阻害であることが解明され，その構造を改変した合成除草剤として，シンジェンタ社は，メソトリオン（mesotrione）（図8）などを作出している。本除草剤はスルホニルウレア抵抗性のコナギやイヌホタルイなどの水田雑草に効果があるとして販売が開始され現在最も新しい除草剤のひとつである。

2.5　ジテルペン

2.5.1　イネのアレロケミカルとしてのモミラクトン

　東北大学の加藤らは，イネのもみ殻に含まれる植物生育阻害物質として，ノルジテルペンラクトンであるモミラクトン（momilactone）AとB（図9）を発見した[28]。環内に酸素架橋を持つモミラクトンBの活性が強い。東京大学の山根らは，モミラクトン類はイネに「いもち病菌」

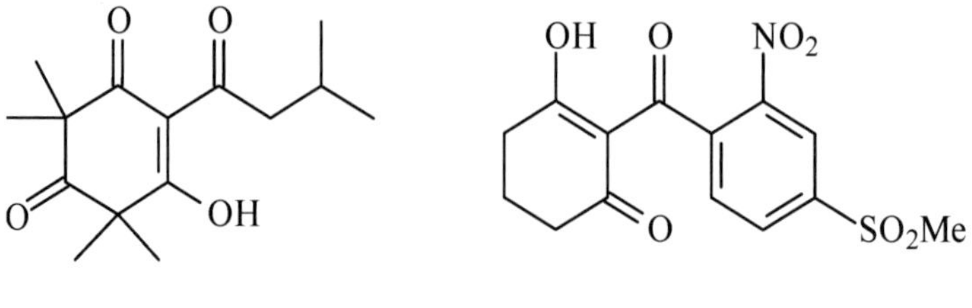

図8 レプトスペルモンとメソトリオン

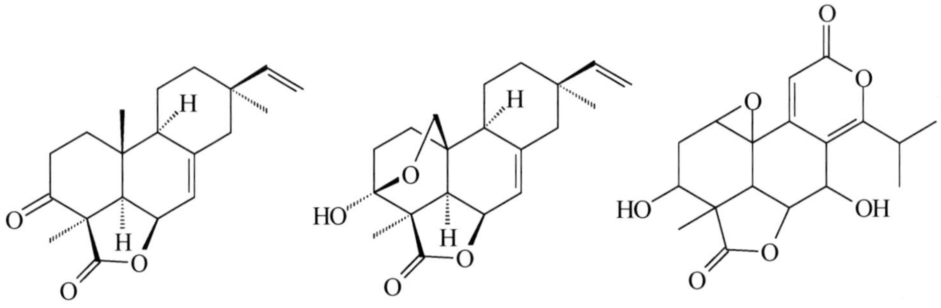

図9 モミラクトンA，Bとナギラクトン C

などの病害が感染したときに生成するファイトアレキシンであり，感染に応答してイネの第4番染色体に隣接して存在するジテルペン環化酵素遺伝子により合成されることを報告している[29]。さらに山根らは，モミラクトン B がイネの根で合成されて根から放出されることを報告している[30]。モミラクトン B は人間の結腸癌に効果のある抗ガン剤になるとの報告もある[31]。モミラクトン類はイネが病原菌から身を守るために生産しているアレロケミカルであると思われる。

2.5.2 マキ属植物に含まれるナギラクトン

日本の奈良県春日大社を北限とするナギ（*Podocarpus nagi*）は，下草に他の植生の極めて少ない純林を作ることから，アレロパシーの関与が考えられている。大阪市立大学の目（さかん）らの研究室では，そのアレロケミカルとしてナギラクトン類（nagilactone）（図9）を報告している[32]。ナギラクトンはノルジテルペンジラクトンであり，モミラクトンと類似した構造を持っている。その後，大阪府立大学の山倉らの研究室では，ナギの純林におけるナギラクトンの動態を研究し，1ヘクタールあたり3.9 kg生産され，降雨によって林冠から林床に移動することを報告している[33]。しかし，土壌中ではこれらの物質がアレロケミカルとして作用しているか不明であるとも報告されている[34]。シカはナギを食べないとの観察があり，この現象にもナギラクトンが関与している可能性がある。春日大社のナギの純林現象については，アレロパシーによる下草抑制ではなく，シカの食害を受けないためにナギが生き残り純林になったという説もあるが，シ

第4章 医農薬,ライフサイエンス分野での応用

カに対する食害防止効果もアレロパシー現象であると考えられる。

2.6 トリテルペン類

農業環境技術研究所の平舘らはクマツヅラ科の小灌木タイワンレンギョウ（*Duranta repens*）から，新規トリテルペノイドサポニンを単離し，デュランタニン（durantanin）（図10）と命名した一群の新規物質を同定した[35]。これらの物質は比活性が強い上に，植物体内での存在量も多い。また，土壌中で活性を失いにくく，アレロケミカルとして生育環境中でも作用している可能性が高い。これらの物質は比較的安定であるが，分子量が1000～1500もあるので，農薬として利用するには合成が困難であり，活性部位を明らかにして活性本体を明らかにする必要がある。

2.7 テルペン類のアレロケミカルを用いた農薬の将来展望

テルペン類のアレロケミカルは，シンメチリンのように除草剤として既に利用されているもののリード化合物になったものがあり，ストリゴラクトンやカリッキン，イオノン型テルペンなど，新たな植物ホルモンと想定されるものが見つかっており，次世代の除草剤や植物化学調節剤となる可能性がある。なお，植物ホルモンとして知られているアブシジン酸もセスキテルペンであり，種子発芽阻害物質としてアレロパシーに関与しているとの報告もある[1]。このような植物のアレロケミカルの研究から，新たな作用機構をもち，より安全性の高い生理活性物質が発見される可能性がある[36,37]。今後，アレロケミカルに関する体系的な研究が行われ，安全性の高い次世代の農薬が開発され，安全で持続的な農業に役立つことが期待される。

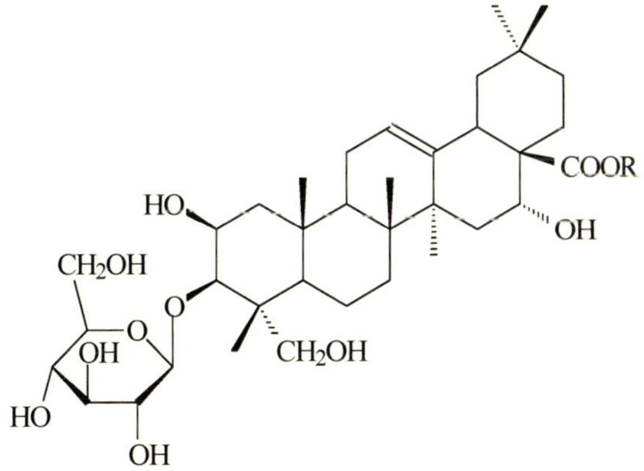

R＝α-L-Rha-(1→3')-β-D-Api-(1→4)-α-L-Rha-(1→2)-β-L-Ara　　(**durantanin I**)

R＝α-L-Rha-(1→3)-β-D-Xyl-[β-D-Api(1→3)]-α-L-Rha-(1→2)-β-L-Ara　　(**durantanin II**)

R＝α-L-Rha-(1→3)-β-D-Xyl-(1→4)-α-L-Rha-(1→2)-β-L-Ara　　(**durantanin III**)

図10　デュランタニン類

テルペン利用の新展開

文　献

1) E. L. ライス著，八巻敏雄・安田環・藤井義晴訳，「アレロパシー」，p.488，学会出版センター (1991)
2) 沼田真，化学と生物，**15**, 412 (1977)
3) 藤井義晴，化学と生物，**28**, 471 (1990)
4) 藤井義晴，アレロパシー-他感物質の作用と利用，p.230，農文協 (2000)
5) C. H. Muller *et al., Science*, **143**, 471 (1964)
6) B. Bartholomew, *Science*, **170**, 1210 (1970)
7) S. F. Vaughn and G. F. Spencer, *Weed Sci.*, **41**, 114 (1993)
8) J. G. Romagni *et al., J. Chem. Ecol.*, **26** (1), 303 (2000)
9) 海山望，雑草研究，**31** (別), 18 (1992)
10) 井上孝晴，雑草研究，**39** (3), 198 (1994)
11) R. Koitabashi, *et al., Journal of Plant Research*, **110** (1), 1 (1997)
12) T. Sekine *et al., J. Chem. Ecol.*, **33** (11), 2123 (2007)
13) 藤井義晴，雑草研究，**55** (別), 34 (2000)
14) H. Kato *et al., Plant Growth Regulation*, **60**, 127 (2010)
15) F. A. Macias *et al.,* Biologically Active Natural Products: Agrochemicals, P15, CRC Press (1999)
16) G. D. Baguchi *et al., Phytochemistry*, **45**, 1131 (1997)
17) S. O. Duke *et al., Weed Sci.*, **35**, 499 (1987)
18) C. E. Cook *et al. Science*, **154**, 1189 (1966)
19) C. E. Cook *et al. J. Am. Chem. Soc.*, **94**, 6198 (1972)
20) Yoneyama, K., *et al. Pest Manag. Sci.*, **65**, 467-470 (2009)
21) V. Gomez-Roldan *et al. Nature*, **455**, 189 (2008)
22) M. Umehara *et al. Nature*, **455**, 195 (2008)
23) G. R. Flematti *et al., Science*, **305**. 977 (2004)
24) D. C. Nelson *et al., Plant Physiology*, **149**, 863 (2009)
25) S. D. S. Chiwocha, *et al., Plant Science*, **177** (4), 252 (2009)
26) M. H. Douglas *et al. Phytochemistry*, **65**, 1255 (2004)
27) R. O. Hellyer, *Australian J. Chem.* **21**, 2825 (1968)
28) T. Kato *et al., Tetrahedron Letters*, **14** (39), 3861 (1973)
29) K. Shimura *et al., J. Biol Chem.*, **282**, 34013 (2007)
30) T. Toyomasu *et al., Biosci., Biotech. Biochem.*, **72**, 562 (2008)
31) S, Kim *et al., J. Agr. Food Chem*, **55** (5),1702 (2007)
32) Y. Hayashi *et al., Tetrehedron Lett.*, **17**, 2071 (1968)
33) Y. Ohmae *et al., J. Chem. Ecol.*, **22**, 477 (1996)
34) Y. Ohmae *et al., J. Chem. Ecol.*, **25**, 969 (1999)
35) S. Hiradate *et al. Phytochemistry*, **52**, 1223 (1999)
36) 藤井義晴，天然物の動向，山本出監修，「農薬からアグロバイオレギュレーターへの展開-

第4章　医農薬，ライフサイエンス分野での応用

　　　病害虫雑草制御の現状と将来-」，シーエムシー出版，p.217 (2009)
37)　藤井義晴，アレロケミカルとしてのテルペン，月刊ファインケミカル，シーエムシー出版，**40** (4), 22 (2011)

3 体臭の抑制と植物成分

染矢慶太[*]

3.1 はじめに

体臭はさまざまな成分の複合体で，年齢，性差，生活環境等も含め個人によって多種，多様な臭気性状を示す。臭気評価者によるその主観的な表現としては，"ヤギ様"，"子羊様"，"アンモニア臭"，"酸臭"，"尿臭"，"こげ臭"，"クマリン臭"，"ムスク臭"などさまざまな例が挙げられ，その多面性を物語っている[1]。一方，体臭は一般的に"不快感"の象徴のごとく捉えられるが，生理周期の同調や，不安，怒り等のネガティブな感情の抑制といった生理，心理的な作用も報告されている[2〜6]。

体臭に関与する成分として，イソ吉草酸，3-メチル-2-ヘキセン酸などの低級脂肪酸類やカプリル酸，カプリン酸などの中鎖脂肪酸類，ノネナールなどのアルデヒド類，ジアセチルなどのケトン類，5-アンドロステ-16-エン-3-オン（アンドロステノン）といった揮発性ステロイド類が同定され，いずれも臭気に対する寄与度の高さが確認されている[7〜12]。体臭の発生には，皮膚由来の分泌物，老廃物，さらにそれらの変性，分解，代謝といった皮膚の総合的な生理状態が関係しており，特に皮膚常在菌の関与が大きいと言われている[13〜17]。

体臭の抑制，制御に関しては，マグネシア・シリカによる臭気の化学的中和や物理的吸着，もしくはハロゲン類に代表される化学系殺菌剤による皮膚常在菌の減少などを主たる方策として挙げることができるが[18,19]，筆者らは植物の有する種々の生理作用に着目し，その成分を活用した体臭コントロール技術の開発に取り組んできた。テルペンはイソプレン骨格を基本とした化合物であり，詳細に関しては本書の基礎編をご参照いただきたいが，植物中の主要な成分のひとつである。また，フェニルプロパン骨格を基本とするフラボノイドも主要な植物成分であるが，フラボノイドの中でもイソプレン側鎖を有する複合体が存在する。そのようなイソプレン側鎖を有する複合体は体臭の発生抑制に関して有効であり，本稿では筆者らの研究内容および他の研究者の論文を参考にして，他の化合物の例も含めてその体臭抑制効果に関して論述する。

3.2 体臭中のビニルケトン類とクワ（桑白皮）抽出物によるその制御

一般に感じられる代表的な体臭として「ツンと鼻をさす」刺激的な臭気が挙げられる。体臭におけるこのような刺激臭は，上述の低級脂肪酸類が原因成分とこれまで考えられてきた。飯田ら[20]は，66名の男性被験者にガーゼを24時間腋に密着させ，その後ガーゼからの抽出物のGC/MS/Olfactory分析を行った。その結果，抽出物中には低級脂肪酸に加えて1-octen-3-on（OEO），cis-1,5-octadien-3-one（ODO）といったビニルケトン類が存在することを見出した（図1）。これらOEO，ODOは金属様の刺激臭を有し，その閾値はOEOで0.05 μg/kg，ODOでは0.0012 μg/kgと極めて低いものであった（表1）。

---

[*] Keita Someya ライオン㈱ 学術情報部 主任部員

第4章 医農薬, ライフサイエンス分野での応用

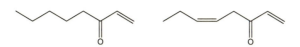

1-octen-3-on (OEO)　　　　cis-1,5-octadien-3-one (ODO)

図1　ODO, OEO の化学構造[20]

表1　ODO, OEO の臭気特徴と閾値[20]

	OEO	ODO
臭気特徴	メタリック, マッシュルーム様	メタリック, カビ様
閾値（μg/kg）	0.05	0.0012

　この刺激臭に関しては，バター脂肪と遷移金属に由来する食品中のオフフレーバーにて言及されている[21,22]。そこで腋臭症患者における腋臭と遷移金属との関係を調べてみたところ，腋臭症患者においてはアポクリン線中の鉄含量が多いという報告が確認された[23,24]。さらに健常男性3名に関して，汗中の鉄分をICP発光分析装置にて実際に解析したところ，約10 ppbの鉄分が検出された。

　これらの情報に基づき，続いてOEO, ODOの発生モデルに関して検討を行った。その結果，2価の鉄イオン存在下でリノール酸を作用させるとOEOが，リノレン酸を作用させるとODOが発生することがGC/MS, GC/Olfactory分析にて確認された。本反応における不飽和脂肪酸と鉄イオンの量比に関してさらに詳細に調べたところ，OEO, ODOの発生には2価鉄イオン量よりも不飽和脂肪酸量の影響の方が大きく，2価鉄イオンは触媒的な作用をしているものと推察された。

　生体内で鉄はフェリチンやヘモジデリンという水溶性タンパクに結合する形で貯蔵されているが，ここから解離してきた鉄イオンが汗中で検出され，皮脂中の脂肪酸類と相互作用を及ぼすものと考えられる。OEO, ODOの発生機構の解明には，鉄以外の生体触媒の関与や皮膚常在微生物の関与の有無等，さらに詳細な検討が必要ではあるが，上述のごとくその発生には不飽和脂肪酸の酸化的な反応が深く関与しているものと推察される。Choら[25]は高度不飽和脂肪酸を酸化した際に，一般的な生成物である過酸化脂質に加え，多様な分解，重合物が発生することを報告しており，OEO, ODOもその1種である可能性が考えられる。

　上記のごとくOEO, ODOの発生には2価鉄イオンを触媒とした脂肪酸の酸化反応が関与していると考えられるが，筆者らは本仮説をさらに明確化すべく，抗酸化活性を有する植物抽出物のOEO発生抑制効果を調べた。試験は，上述したリノール酸と2価鉄イオンを用いたモデル系で行った。代表的な結果を図2に示したが，クワ（*Morus alba*），ドクダミ（*Houttuynia cordata*），ワレモコウ（*Sanguisorba officinalis*）等の植物成分に酢酸トコフェロールよりも高いOEO抑制効果が見られ，特にクワの根皮（桑白皮）由来の抽出物の効果が高かった。本結果からも体臭中

の新たな刺激臭であるビニルケトン類の発生には脂質の酸化的反応が関与することが示唆され，さらにその抑制にはクワ（桑白皮）由来の抽出物が有効であることが判明した。

クワ根皮中にはフラボノイド類が含まれ，本化合物が抗酸化作用を示しているものと考えられる。クワに含まれる代表的なフラボノイドを図3に示したが，その特徴はイソプレン単位で構成される長短さまざまなプレニル基を有している点である[26]。このプレニル基が脂肪酸との親和性を示し，その酸化的変性を効果的に抑制している可能性が考えられる。

本検討にて，体臭中の新たな臭気成分として閾値が極めて低く金属的な刺激臭を有するビニルケトン類が見出された。本成分の発生には2価の鉄イオンを介した脂肪酸の酸化的な反応が関与しており，その抑制にはクワ由来の抽出物が効果的であった。このクワ抽出物の活性成分はプレ

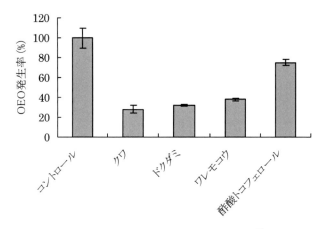

図2　植物抽出物によるOEO発生の抑制[20]
植物抽出物無添加のものをコントロールとし，その発生率を100％として表した。（n＝3）

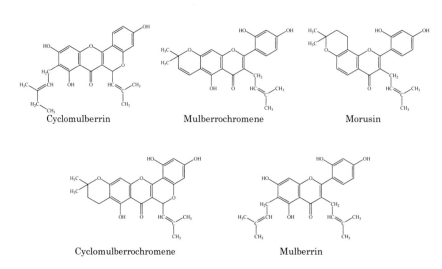

図3　クワ（桑白皮）抽出物中のフラボノイド[26]

第4章 医農薬,ライフサイエンス分野での応用

ニル基を有する抗酸化フラボノイドであると推測された。

3.3 皮膚常在菌によるイソ吉草酸発生とクララ抽出物によるその抑制

体臭中の特徴的な臭気としては,3.1節で挙げた低級脂肪酸類由来の「酸っぱいニオイ」が挙げられ,なかでも代表的な臭気成分がイソ吉草酸である。イソ吉草酸の発生機構と関与する皮膚常在菌に関してはさまざまな報告があり,議論の多いところである。竹中ら[27]は,分岐アミノ酸からの低級脂肪酸発生経路に着目し,代表的な皮膚常在菌として *Staphylococcus epidermidis* (*S. epidermidis*), *Micrococcus luteus* (*M. luteus*), *Staphylococcus aureus* (*S. aureus*), *Corynebacterium xerosis* (*C. xerosis*), の4種を取り上げ,そのイソ吉草酸発生能を調べた。各微生物を含んだリン酸バッファーに分岐アミノ酸であるロイシンを添加し,37℃にて6時間インキュベーションした後に発生したイソ吉草酸をGCにて解析した。その結果を図4に示したが,4菌種の中で *C. xerosis* が最も高いイソ吉草酸発生能を示し,本経路による体臭発生に *Corynebacterium* 属の関与が大きいことが示唆された。

皮膚常在菌の中でグラム陽性菌と体臭発生の報告に関しては上述したとおりであるが[1],さらにSawanoら[28]は,人から採取した汗を基質とした場合 *Corynebacterium* 属の細菌からイソ吉草酸が特異的に発生することを報告している。一方,Jamesら[29,30]は *Corynebacterium* 属の低級脂肪酸発生には分岐アミノ酸ではなく,中,長鎖脂肪酸の代謝が関与しており,分岐アミノ酸の代謝には *Staphylococcus* 属が関与すると報告している。筆者らの検討結果も含め,これらの結果の食い違いは,おそらく微生物種の違いに起因すると考えられる。すなわち,皮膚上には種々の微生物種が存在し,同じ *Corynebacterium* 属でも複数の種類が存在する[17,31]。これら同属の微生物はその種によって栄養要求性や醗酵特性が異なるため[31],その臭気発生の代謝経路も異なることが予想される。特に *Corynebacterium* 属は,その分類の定義が不明確な部分があり,実験に用いた微生物種の違いが臭気発生の代謝経路に関する複数の説を引き起こしているのではなかろうかと思われる。

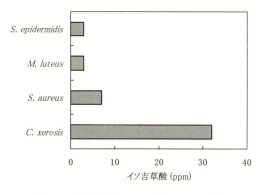

図4 皮膚常在菌のイソ吉草酸発生能[27]

上記のごとく複数の経路が存在する可能性は否めないが，筆者らは C. xerosis による分岐アミノ酸からのイソ吉草酸発生というひとつの経路を確認した。そこで本発生系を用いて，体臭発生を抑制しうる植物抽出物のスクリーニングを行った。スクリーニングに当たっては，微生物による低級脂肪酸の発生経路が複雑であることを考慮して，微生物の増殖抑制に焦点を当て，抗菌活性を有する植物種を中心に検討を行った。図5にイソ吉草酸の発生量を，図6に C. xerosis に対する抗菌効果を示したが，クララ（Sophora flavescence）に高い効果が認められ，陽性対象の塩化ベンザルコニウムとほぼ同等の作用を本評価系で示した。

C. xerosis に対するクララ抽出物の抗菌成分を明らかにすべく，抽出物を順相 TLC にてクロロホルム：メタノール＝5：1の条件で展開後，C. xerosis の生育阻止円を確認した（バイオオートグラフィー法）。その結果，Rf 値 0.5 を中心に C. xerosis の生育阻止円が得られた（図7）。本 Rf 値に加え三塩化アンチモンやジアゾ化スルファニル酸の呈色より，本化合物はフラボノイドであることが推測された。これまでクララに含まれるフラボノイドとしては，奇しくもクワのフラボノイドの近縁のイソプレン単位を有する Sophoraflavanone G（図8）が確認されているが，その後 Kuroyanagi ら[32]によって本画分からその類縁化合物や trifolizin などの化合物が新たに確認さ

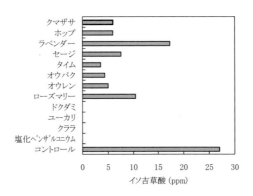

図5　植物抽出物のイソ吉草酸発生抑制能[27]

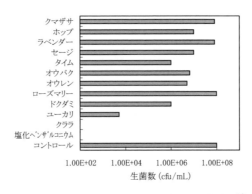

図6　植物抽出物の C. xerosis に対する抗菌効果[27]

第4章　医農薬，ライフサイエンス分野での応用

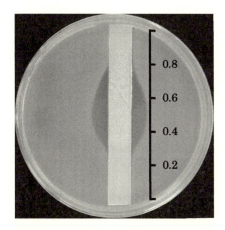

図7　バイオオートグラフィーによるクララ抽出物の *C. xerosis* に対する生育阻止円[27]
図中の数字は RF 値を表す。

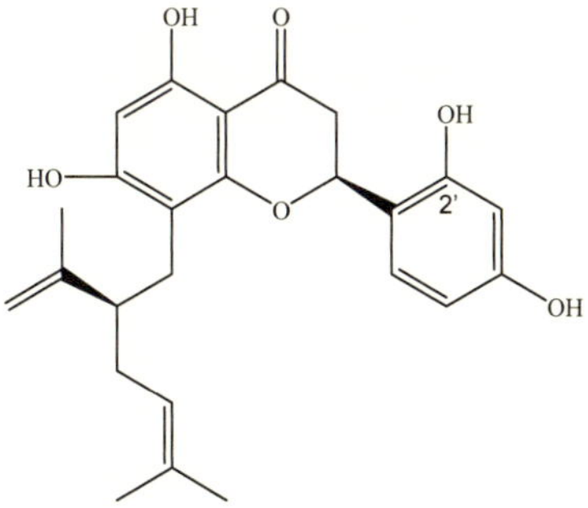

図8　Sophoraflavanone G

れている。

また，クララ抽出物は *C. xerosis* に対してのみならず，比較的広範囲の抗菌活性を示した（表2）。微生物の表層は脂質膜で構成されているが，本脂質膜とイソプレン側鎖との親和性が広範囲な抗菌スペクトルにつながっている可能性が考えられる。通常フラボノイドは配糖体の形で存在し，比較的高極性の化合物であるが，脂溶性物質を対象とした反応においては，クワやクララのフラボノイドに見られる低極性のプレニル基が重要な役割を果たしているのかもしれない。

これまではクララ抽出物の抗菌活性を中心に論じてきたが，さらに筆者らはロイシンからイソ吉草酸への変換の鍵酵素と考えられるロイシンデヒドロゲナーゼに対するクララ抽出物の影響を調べてみた。その結果を図9に示すが，合成殺菌剤であるイソプロピルメチルフェノールやトリクロサンが本酵素に対してほとんど阻害活性を示さないのに対して，クララ抽出物は同酵素に対する明確な阻害活性を示した。すなわち，クララ抽出物の体臭抑制作用は，単なる皮膚常在菌の殺菌効果だけではなく，イソ吉草酸発生系そのものに対する阻害作用にも起因していると考えら

247

表2 皮膚常在菌に対するクララ抽出物の最少発育阻止濃度（MIC）[27]

サンプル	MIC（μg/mL）			
	C. xerosis	S. epidermidis	M. luteus	S. aureus
クララ抽出物	31.3	31.3	62.5	62.5
イソプロピルメチルフェノール	500	250	500	500
塩化ベンザルコニウム	7.8	3.9	<1	3.9

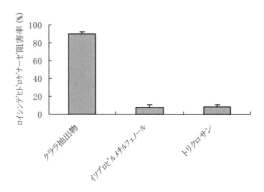

図9 ロイシンデヒドロゲナーゼに対する阻害活性[27]
コントロール（サンプル無添加）に対する活性の割合を100％から減じて算出

れた。

　本検討にて、筆者らは C. xerosis による分岐アミノ酸からのイソ吉草酸発生を確認した。さらにその発生抑制にはクララ抽出物が有効であった。クララ抽出物の活性成分はプレニルフラボノイド類であり、皮膚常在菌に対する幅広い抗菌活性を示した。さらにクララ抽出物はイソ吉草酸発生の鍵酵素であるロイシンデヒドロゲナーゼに対する阻害活性も有していることが確認された。

3.4　殺菌後も継続する臭気発生とローズマリー抽出物等の植物成分の酵素不活化によるその抑制

　3.1節でも触れたが、制汗・デオドラント剤による体臭の抑制、制御に関しては、マグネシア・シリカによる臭気の化学的中和や物理的吸着、もしくはハロゲン類に代表される化学系殺菌剤による皮膚常在菌の減少が主たる方策として挙げられ[18,19]、特に微生物活動の制御に関しては殺菌剤の応用が大半と言えるであろう。

　また、これまでの節で述べたように、体臭の発生には皮膚由来の分泌物や老廃物の微生物による代謝が大きく関与しており、その代謝活性の中心を担うのが生体触媒の酵素である。この酵素は、微生物個体を中心に考えると個体の中で作用する菌体内酵素と外で作用する菌体外酵素に大別され、いずれも臭気発生の代謝系に関与すると考えられる。しかしながら、すでに分泌されて

第4章　医農薬，ライフサイエンス分野での応用

しまった菌体外酵素の触媒活性と微生物個体の生存とは必ずしも連動しないケースが存在する。アミラーゼ等に代表される増殖非連動型の加水分解酵素はその代表例で，酵素タンパクコンフォメーションの安定性等に基づき，菌体濃度が低下しても培地中に酵素活性が残存する現象を観察することができる。

体臭発生に微生物由来の酵素反応が関与するのであれば，化学薬剤を用いて微生物を完全に殺菌した後でも臭気が発生し続ける場合があることが考えられ，その典型的な例が以下に述べる *Propionibacterium acnes*（*P. acnes*）由来のリパーゼによる脂質代謝である。

御子柴ら[33]は殺菌剤であるイソプロピルメチルフェノール（IPMP）500 ppm を用いて *P. acnes* を完全に殺菌処理した後に脂質モデルとしてトリカプロインを添加したところ，無処理のコントロールと比較して約半分量のカプロン酸が継続して発生し続けていることを確認した（図10）。また，培養菌体を超音波処理にて破砕し，培養上清とともに遠心分離で調製した粗酵素液のリパーゼ活性を上記と同様のトリグリセリドの分解反応で調べたところ，500 ppm の IPMP 処理では全体のリパーゼ活性の20％程度しか阻害していなかった。すなわち代表的な殺菌剤である IPMP は菌体の生育は抑えることができても，菌体外に分泌もしくは漏出されたリパーゼ活性を抑える効果が低く，殺菌処理後においても系内に脂質代謝活性が残存してしまうと推測される。本系は殺菌処理を施しても低級脂肪酸代謝の持続発現につながるひとつの例と言えよう。

筆者らは上記の殺菌処理を施しても発生し続ける臭気に対し，その制御物質の探索を行ったところローズマリー抽出物が高い臭気発生抑制効果を示すことを見出した。図10ですでに説明したように，IPMP 処理のみでは50％程度のカプロン酸の発生が確認されるが，さらにローズマリー抽出物で処理することでその発生量は20％以下に抑制された（図11）。またリパーゼに対する阻害活性を調べたところ500 ppm の IPMP では阻害率が20％程度であったが，250 ppm のローズマリー抽出物では70％以上の阻害活性が確認された（図12）。つまりローズマリー抽出物はリパーゼ活性を阻害し，その結果として殺菌後にも発生する臭気を抑制したと考えられる。

体臭の発生には脂質代謝以外にも種々の経路があり，アミノ酸代謝によるイソ吉草酸発生がそ

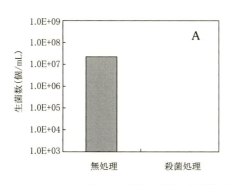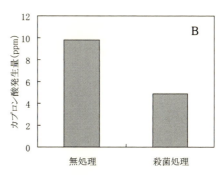

図10　殺菌処理後の生菌数（A）とカプロン酸発生量（B）[39]
　　　殺菌処理は 500 ppm の IPMP にて3時間行った。

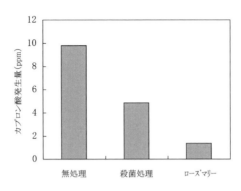

図11 殺菌後に発生する臭気に対するローズマリー抽出物の作用[39]
殺菌剤は IPMP で 500 ppm，ローズマリー抽出物は 250 ppm で評価を行った。

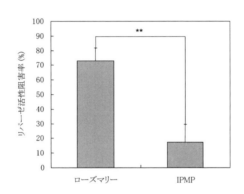

図12 ローズマリー抽出物のリパーゼ阻害効果[39]
ローズマリーは 250 ppm，IPMP は 500 ppm で評価を行った。

の一例として挙げられることは前述したとおりである。筆者らは脂質代謝と同様，本経路に関しても非殺菌的な臭気抑制素材を探索し，オトギリソウ抽出物が殺菌作用を示さない濃度領域で臭気発生を抑制していることを確認した。3.3節で述べたように本系は殺菌剤処理によってイソ吉草酸の発生が顕著に抑制され，その点が前述のカプロン酸評価系と大きく異なるところである。つまり殺菌作用とイソ吉草酸の発生とは高い相関性があること，そしてイソ吉草酸発生に関与する酵素は菌体内か膜近傍に存在し，その安定性もさほど高くないことが推測される。しかしながらオトギリソウ抽出物は非殺菌的にイソ吉草酸の発生を抑制することより，本素材は微生物の生育阻止までには至らなくても，臭気発生に関わる代謝系に作用しうることが推測された。また，オトギリソウ抽出物と IPMP とを組み合わせると相加以上の作用が確認され（図13），作用機作の異なる素材の組み合わせによって，より強力なデオドラント効果が得られる可能性が示唆された。

ローズマリーやオトギリソウは古くから和漢生薬，ヨーロピアンハーブとして用いられてきた植物で食用，薬用をはじめ幅広い分野で活用されている。特にローズマリーはラテン語で薬用を

第4章 医農薬，ライフサイエンス分野での応用

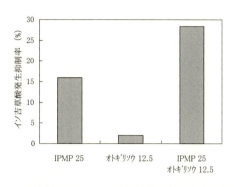

図13 殺菌剤とオトギリソウ抽出物の組み合わせ効果[39]
図中の数字は添加量（ppm）を表す。

意味する "*officinalis*" が種名として付けられており，種々の薬効成分を含有し，幅広い作用性を示すことが知られている[34,35]。ローズマリー中には代表的な化合物としてカルノソール等のジテルペン類やロスマリン酸等のリグナン類が含まれ，オトギリソウにはキサントン類等が含まれる。そしてそれらの化合物はプレニル基等の側鎖の結合や環状部分の開裂によって多種多様な構造が考えられ，その構造によって活性が変化することは十分に予測される。ローズマリーやオトギリソウの臭気発生抑制に関してもこれらの化合物が関与しているものと推測されるが，残念ながら詳細な解析結果を示すには至っていない。種々の薬効を示す植物抽出物の応用にあたっては，その作用性や活性の強弱によって用法や添加量を調整することが好ましい。そのためには植物中の活性成分の同定が有効な手段であり，さらなる検討が必要なところである。

3.5 おわりに

本稿では筆者らの研究内容を中心に，体臭発生に関して新たな臭気成分であるビニルケトン類とその臭気特性，*C. xerosis* による分岐アミノ酸からの低級脂肪酸発生，そして最後に酵素活性の残存によって殺菌処理後にも発生し続ける臭気に関して論じてきた。さらにこれらの臭気を抑制する植物素材としてクワ，クララ，ローズマリー，オトギリソウといった植物素材に関する研究例を紹介し，その抑制機構を考察した。具体的にはクワ抽出物は抗酸化作用，クララ抽出物は抗菌作用によって体臭発生を抑制し，ローズマリー抽出物やオトギリソウ抽出物は体臭発生に関わる酵素活性の阻害作用を示し，さらにクララ抽出物も同様の作用を有することを論述してきた。

植物中にはその生合成経路や構造面から脂肪酸類，テルペノイドに代表されるイソプレノイド，フラボノイドに代表される芳香族化合物，キノン系化合物等の多様な成分が含まれ，それらの成分は種々の作用を示すことが知られている。本稿では植物成分が示す体臭抑制作用について論述してきたが，その作用機構は，抗酸化，抗菌，酵素阻害とさまざまなものであった。それぞれの作用を示す植物成分は構造上テルペノイドやフラボノイドに分類されたが，極めて興味深い

のはいずれのフラボノイドもイソプレン系統の側鎖を有している点である。生体等の複合的な場における抗酸化物質の作用特性の変化に関しては，Poterら[36]が"polar paradox"との呼称で報告しており，筆者らも皮膚上でも同様な現象を確認している[37]。こういった現象は抗菌物質の作用性においても観察され，対象系のマクロな塩濃度やタンパク量で抗菌スペクトルは容易に変化する[38]。このように生体細胞への化学物質の作用を考える際には作用物と対象物の構造や極性に代表されるミクロな物性に加え反応場全体のマクロな環境を勘案することが重要であり，イソプレン構造はそれらの調整に役立っているのではないかと考えられる。

世界には40万種以上の植物種が存在するが，実際にヒトが活用している植物はそのうちの約7％程度であると言われている。大地と太陽の恵みの結晶とも言える植物資源を，その多様性も含めた環境面に配慮しながら有効に活用することが，デオドラントのみならず，人々の豊かな生活の実現につながる重要な方策であると最後に述べて本稿を終わりたい。

文　　献

1) J. N. Labows, *J. Soc. Cosmet. Chem.*, **34**, 193 (1982)
2) M. K. McClintock, *Horm. Behav.*, **10**, 264 (1978)
3) J. Cowley et al., *Psychoneuroendocrinology*, **2**, 159 (1977)
4) M. Kirk-Smith et al., *Res. Comm. in Psychol., Psychiatry and Behavior*, **3**, 379 (1978)
5) M. J. Russell et al., *Biochm. Behav.*, **13**, 737 (1980)
6) M. Kirk-Smith et al., in Olfaction and Taste VII (van der Starre, ed.), p.397, Information Retrieval Inc. N.Y. (1980)
7) X-N. Zeng et al., *J. Chem. Ecol.*, **17**, 1469 (1991)
8) B. W. L. Brooksbank, *Experentia*, **26**, 1012 (1972)
9) S. Haze et al., *J. Invest. Dermatol.*, **116**, 510 (2001)
10) 志水弘典ほか，日本生物工学会大会要旨，**65**, 134 (2013)
11) D. B. Gower, *J. Steroid Biochem.*, **3**, 45 (1972)
12) J. E. Amoore, in Chemical Senses and Flavour, vol. 2, p.401, D Reidel Pub Co. (1977)
13) W. B. Shelly et al., *Arch. Dermatol. Suppl.*, **68**, 430 (1953)
14) J. E. Strauss et al., *J. Invest. Dermatol.*, **27**, 67 (1956)
15) N. H. Shehadeh et al., *J. Invest. Dermatol.*, **40**, 61 (1963)
16) J. J. Leyden et al., *J. Invest. Dermatol.*, **77**, 413 (1981)
17) D. Talor et al., *Int. J. Cosmet. Sci.*, **25**, 137 (2003)
18) 宮崎雅嗣ほか，粧技誌，**37**, 02 (2003)
19) カール・ラーデンほか，"制汗剤とデオドラント"，フレグランスジャーナル社（1995）
20) 飯田悟ほか，粧技誌，**37**, 195 (2003)
21) P. A. T. Swoboda et al., *J. Sci. Food Agric.*, **28**, 1010 (1977)

第4章　医農薬，ライフサイエンス分野での応用

22) P. A. T. Swoboda et al., *J. Sci. Food Agric.*, **28**, 1019 (1977)
23) 上村瑞夫ほか，ビタミン，**50**, 443 (1976)
24) 上村瑞夫ほか，ビタミン，**50**, 449 (1976)
25) S. Y. Cho et al., *J. Am. Oil. Chem. Soc.*, **64**, 876 (1987)
26) 野村太郎，化学の領域，**36**, 596 (1982)
27) 竹中玄ほか，香粧会誌，**28**, 177 (2004)
28) K. Sawano et al., *J. Soc. Cosmet. Chem. Jpn.*, **27**, 227 (1993)
29) A. G. James et al., *Int. J. Cosmet. Sci.*, **26**, 149 (2004)
30) A. G. James et al., *World J. Microbiol. Biotechnol.*, **20**, 787 (2004)
31) Holland, K.T., in The skin microflora and Microbial Skin Disease (Noble, W.C. ed.), p33. Cambridge Univ. Press, Cambridge (1993)
32) M. Kuroyanagi et al, *Int. J. Nut. Prod.*, **62**, 1595 (1999)
33) 御子柴茂郎ほか，第59回SCCJ研究討論会要旨集，37 (2006)
34) K. Someya, *Food Chemical*, **1998-9**, 46 (1998)
35) K. Takada et al., *J. Oleo Sci.*, **52**, 549 (2003)
36) W. Porte et al., *J. Agric. Food Chem.*, **37**, 615 (1989)
37) K. Someya et al., *J. Oleo Sci.*, **52**, 463 (2003)
38) 芝崎勲，"新・食品殺菌工学"，pp.229, 光琳 (1998)

4 きのこテルペンの抗腫瘍作用

大野木 宏*

4.1 はじめに

担子菌は二次代謝産物としてさまざまなテルペノイド類を生合成することが知られており，抗腫瘍作用，免疫調整作用，抗菌作用など多様な生理機能を示すものが多い。

ブナシメジ（*Hypsizigus marmoreus*）はハラタケ目キシメジ科シロタモギタケ属の食用キノコであり，1970年に宝酒造（現 タカラバイオ）が人工栽培に初めて成功して以来，広く全国で栽培され，現在では日本人になじみの深いキノコのひとつとなっている。近年，キノコの機能性に関する研究が進められてきているが，ブナシメジについては担がん動物に対する抗腫瘍作用[1]，化学発がん動物モデルでの発がん抑制作用[2]，高脂肪食負荷動物での脂質低下作用[3]，Ⅳ型アレルギー動物モデルでの抗アレルギー作用[4]などが報告されている。また，疫学調査によりブナシメジの摂取が胃がんの発症リスクを下げるとの報告がされている[5]。ブナシメジの抗腫瘍成分としては，βグルカンなど高分子画分の報告[6]もあるが，その詳細については明らかになっていなかった。本稿では，当社が解明したブナシメジの抗腫瘍作用について，活性成分のテルペノイド（きのこテルペン）の機能ならびにその作用機序について紹介する。

4.2 きのこテルペンの抗腫瘍効果

担子菌の抗腫瘍作用を研究するに当たり，S180腫瘍細胞を移植したマウスにさまざまな食用キノコ粉末を餌に混ぜて投与し，その抗腫瘍効果を検討した。その結果，ブナシメジ子実体粉末投与群に明らかな抗腫瘍作用が見られた。ブナシメジの酢酸エチル抽出物が担がん動物に対して最も強い抗腫瘍作用を示したことから，抽出物中の抗腫瘍成分をクロマトグラフィーなどで単離精製し，NMRおよびマススペクトル解析を行った結果，低分子のポリテルペン（きのこテルペン：hypsiziprenol A9，分子式 $C_{45}H_{86}O_7$）であることを解明した[7]。図1に示すように，精製されたきのこテルペンはIMCがん細胞を移植したマウスへの経口投与により腫瘍の増殖を強く抑制した（図1）。きのこテルペンはブナシメジに特有の成分であり，宝酒造・中央研究所（現 タカラバイオ・バイオ研究所）によって新規物質として単離された。その構造はイソプレン単位の繰り返しから成っており，部分的に水酸基が導入されている[8]（図2）。きのこテルペンの機能性に関する研究は少なく，これまでに培養肝がん細胞の細胞周期停止による増殖抑制[9]や結核菌の増殖抑制[10]などが報告されているにすぎない。そこで当社は担がん動物モデルで認められたきのこテルペンの抗腫瘍作用についてその作用機序の解明を行った[11,12]。

* Hiromu Ohnogi　タカラバイオ㈱　事業開発部　部長代理

第4章 医農薬, ライフサイエンス分野での応用

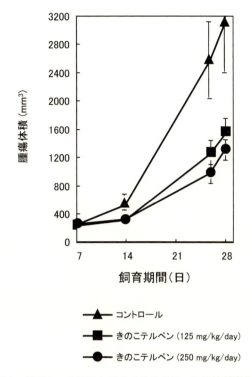

図1 担がんマウスにおけるきのこテルペンの抗腫瘍作用

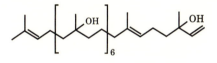

図2 きのこテルペンの化学構造式

4.3 きのこテルペンの培養がん細胞に対する増殖抑制作用

　種々のがん細胞の培養液にきのこテルペンを添加して増殖に及ぼす影響を評価した。その結果, ヒト前骨髄性白血病細胞株 HL-60 の増殖が最も強く抑制され, その IC_{50} は 9 μM であった。また, その他の培養がん細胞(ヒト急性T細胞性白血病細胞株 Jurkat, ヒト結腸腺癌細胞株 HCT116 および HT-29)もきのこテルペンによって増殖が抑制され, IC_{50} は 13-19 μM であった。きのこテルペン(以下, 特に記載がない場合, 濃度は 10 μM)を HL-60 細胞の培養液に添加して4時間目の細胞像を位相差顕微鏡下で観察した結果, 細胞膜に包まれた大小の細胞の断片化を特徴とするアポトーシス小体の形成が確認された。すなわち, きのこテルペンはがん細胞に対してアポトーシスを誘導することで増殖抑制作用を発揮することが考えられた。Hoechst 33342 で核染色した HL-60 細胞を蛍光顕微鏡下で観察した結果, きのこテルペンを添加した場合にはアポトーシスの形態学的な特徴の一つである細胞核の断片化が認められた(図3)。また,

きのこテルペンのアポトーシス誘導作用を確認するため，きのこテルペンを添加した HL-60 細胞から DNA を抽出し，アガロースゲル電気泳動を行った。図4に示すように，きのこテルペンで処理した細胞では，ヌクレオソーム単位での DNA の断片化と考えられる複数のバンドが検出されアポトーシスの特徴的な現象が確認された。加えて，きのこテルペンを添加した HL-60 細胞の核を染色し，フローサイトメーターを用いて hypodiploid 細胞を定量することで，きのこテルペンの経時的なアポトーシス誘導を評価した。その結果，hypodiploid 細胞がきのこテルペン添加後2時間目に認められ，以後経時的に増加していくことが示された（図5）。きのこテルペ

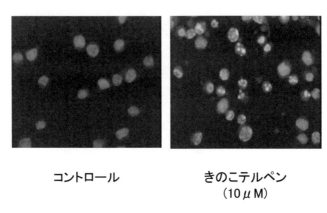

コントロール　　　きのこテルペン
　　　　　　　　　（10μM）

図3　きのこテルペンのアポトーシス誘導作用

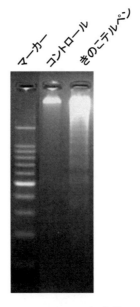

図4　きのこテルペンによるがん細胞の DNA 断片化
　　（アガロースゲル電気泳動）

第4章 医農薬,ライフサイエンス分野での応用

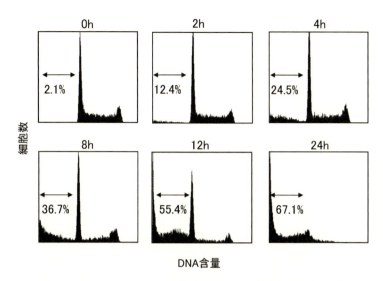

図5 きのこテルペンによるがん細胞のDNA断片化の経時的変化
(フローサイトメトリー)

ンが培養肝がん細胞(HepG2)の細胞周期を G_1 期で停止させて増殖を抑制するという報告[9]もあるが,HL-60細胞においては短時間でhypodiploid細胞が増加し,アポトーシスが引き起こされた。したがって,きのこテルペンの作用機構はがん細胞の種類によって異なる可能性も考えられる。

4.4 きのこテルペンの増殖抑制作用に対するカスパーゼの関与

カスパーゼはアポトーシスの誘導に重要な働きを担うシステインプロテアーゼであり,ヒトにおいては多種類のカスパーゼの存在が確認されている。細胞内においてカスパーゼは不活性な前駆体(プロカスパーゼ)として存在しており,一連のカスパーゼ群が連鎖反応的に活性化されることによりアポトーシス誘導のシグナルが伝達されていく。このカスパーゼカスケードと呼ばれる経路を介してアポトーシスを誘導する物質は多く知られているが,活性化されるカスパーゼの種類や経路などは刺激する物質や細胞の種類によって異なると考えられている。そこで,きのこテルペンがどのようなカスパーゼの活性化を介してアポトーシスを誘導しているのかを解明するために,きのこテルペンで処理したHL-60細胞内のカスパーゼ-2,-3,-8,-9の活性を測定した。その結果,きのこテルペンが濃度依存的に各カスパーゼの活性を促進していることが明らかとなった(図6)。本実験で活性を測定した4種類のカスパーゼのうち,カスパーゼ-2,-8,-9はシグナル伝達経路の上流位置でアポトーシスの誘導に関わるイニシエーター型カスパーゼである。カスパーゼ-2はDNA損傷のシグナルに関わるカスパーゼカスケードの上流に位置し,ミトコンドリアからのcytochrome c の遊離を誘導する[13]。ミトコンドリアから遊離したcytochrome c はApaf-1およびプロカスパーゼ-9と結合することによりapoptosomeを形成し

てカスパーゼ9を活性化する。カスパーゼ-3はカスパーゼ-8やカスパーゼ-9のイニシエーター型カスパーゼなどによって活性化され，エフェクター型カスパーゼとしてpoly(ADP-ribose) polymeraseやinhibitor of caspase-activated DNaseなどを分解してアポトーシスを引き起こす。したがって，きのこテルペンはカスパーゼ-2，-8，-9を活性化し，次いで，下流に位置するカスパーゼ-3を活性化することでアポトーシスを誘導すると考えられた。

　きのこテルペンのアポトーシス誘導作用に対するカスパーゼの関与をさらに詳細に調べために，さまざまなカスパーゼ群に対して広く阻害作用を有するカスパーゼ阻害剤（Z-VAD-FMK）をきのこテルペンと同時にHL-60細胞に添加し24時間培養したところ，Z-VAD-FMKはきのこテルペンの増殖抑制作用を緩和した（図7）。このように，カスパーゼ阻害剤がきのこテルペンの増殖抑制作用を濃度依存的に緩和したことから，きのこテルペンのHL-60細胞に対するアポトーシス誘導作用がカスパーゼ依存的であることが示された。

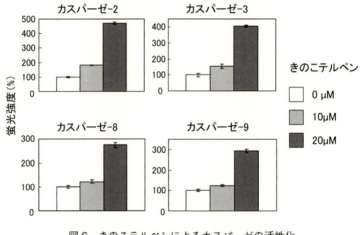

図6　きのこテルペンによるカスパーゼの活性化

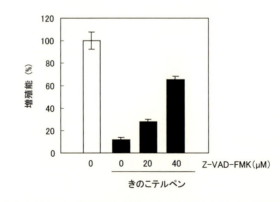

図7　きのこテルペンの細胞増殖抑制作用に対するカスパーゼ阻害剤の影響

第4章　医農薬，ライフサイエンス分野での応用

4.5　きのこテルペンの増殖抑制作用におけるメカニズム解析

きのこテルペンのがん細胞の増殖抑制作用のメカニズムを解明するために，HL-60細胞を蛍光試薬JC-1で染色し，ミトコンドリアの膜電位の変化について評価した。その結果，図8に示すように，コントロールのHL-60細胞と比較して，きのこテルペンで処理した細胞においては，ミトコンドリアの膜電位の低下（緑色／赤色の蛍光強度比の上昇）が示された（陽性対照に脱共役剤のCCCP，100 μMを使用した）。ミトコンドリアの膜電位低下はミトコンドリアから細胞質へcytochrome *c* などのタンパク質を遊離させ，前述したようにカスパーゼ-9を活性化することが知られている。したがって，きのこテルペンはHL-60細胞に対してミトコンドリアの膜電位の低下を引き起こし，それが刺激となってカスパーゼ-9とその下流のカスパーゼ-3が活性化される経路を介してアポトーシスを誘導することが示唆された。

さらに，詳細なメカニズムを解明するために，各種シグナル伝達関連薬剤の影響を調べた。きのこテルペンと同時に各種薬剤をHL-60細胞の培養液に添加して24時間後，細胞の増殖能を測定した。その結果，きのこテルペンの増殖抑制作用はDBcAMP（25 μM）により明らかに緩和された（図9）。DBcAMPは細胞透過性のcAMPの誘導体であり，セカンドメッセンジャーのcAMPと同様に働き，細胞内でcAMP依存性プロテインキナーゼ（PKA）などを活性化する薬剤である。このことから，きのこテルペンはHL-60細胞内のcAMP経路に対して抑制的に作用することでアポトーシスを誘導することが示唆された。一方，p38 MAPK阻害剤のSB239063やJNK阻害剤のSP600125，Ca^{2+}キレート剤のEGTAとBAPTA-AMはいずれもきのこテルペンの増殖抑制作用に全く影響しなかったことから，これらのシグナル伝達経路の関与は低いと考えられた。

cAMPは細胞膜に存在するアデニル酸シクラーゼによってATPから合成され，ホスホジエステラーゼによって5'-AMPに分解される。そこで次に，アデニル酸シクラーゼの活性化やホスホジエステラーゼの阻害による細胞内cAMPレベルの上昇がきのこテルペンの細胞増殖抑制作用に影響するかどうかを調べた。きのこテルペンと同時にアデニル酸シクラーゼ活性化剤の

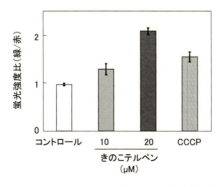

図8　きのこテルペンによるミトコンドリア膜電位の変化

forskolin (10 μM) とホスホジエステラーゼ阻害剤の IBMX (50 μM) それぞれ単独あるいは両方を HL-60 細胞の培養液に添加して 24 時間培養後，細胞の増殖能を測定した。その結果，きのこテルペンによる HL-60 細胞の増殖抑制は forskolin 単独，IBMX 単独添加で緩和され，両方添加でさらに強まることが示された（図10）。cAMP はさまざまな細胞外からの情報を細胞内に伝えるセカンドメッセンジャーとして働き，PKA などが cyclic AMP responsive element binding protein などをリン酸化することで多様な細胞活動を調節することが知られている[14]。以上の結果から，がん細胞の cAMP 経路に対してきのこテルペンが抑制的に働くことでその下流に位置するさまざまなタンパク質のリン酸化レベルを低下させ，アポトーシスを誘導している可能性が考えられた。このような cAMP 経路への抑制的な作用を機序とするアポトーシス誘導は抗がん剤や天然物でわずかに報告があるのみで非常に特徴的な機構であると言える[15〜17]。

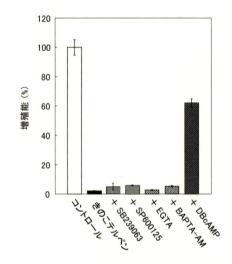

図9 きのこテルペンの細胞増殖抑制作用に対する各種シグナル伝達関連薬剤の影響

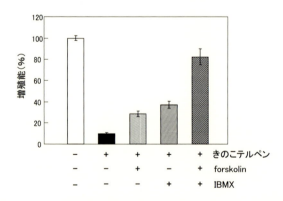

図10 きのこテルペンの細胞増殖抑制作用に対する Forskolin と IBMX の影響

第4章　医農薬，ライフサイエンス分野での応用

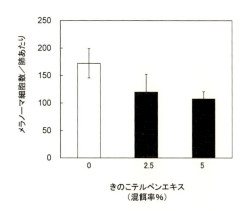

図11　きのこテルペン含有エキスのがん転移抑制作用

4.6　きのこテルペンのがん転移の抑制作用

　当社では豊富な担子菌ライブラリーの中からきのこテルペンを多く含有する株（K-3128）を選抜し，さらに含量を向上させる栽培条件を開発した。そこで，きのこテルペンを高含量化したブナシメジ子実体から調製したエキスを用いて，メラノーマ転移モデルにおけるがん転移抑制効果を評価した。図11に示すように，きのこテルペンを含むエキスの経口投与は，メラノーマの肺転移を強く抑制した。鶏卵漿尿膜法において，きのこテルペンには血管新生を抑制する作用が確認されており，がん細胞の転移抑制の作用機序の一つとして考えられる。

4.7　おわりに

　以上，ブナシメジに特徴的に含まれるきのこテルペンには，がん細胞にアポトーシスを誘導することで抗腫瘍作用が期待できる。また，その作用機序は，cAMPシグナルの抑制，ミトコンドリア膜電位の低下，カスパーゼの活性促進が関係していることも明らかとなった。ブナシメジは十分な食経験を有することから，安全性は高いと考えられる。

　さらに，数々の安全性試験も実施されており，きのこテルペンが遺伝毒性試験（変異原性試験，小核試験，染色体異常試験）において陰性であり，ラットを用いた試験において薬物代謝酵素に影響を与えないことも確認されている[18]。加えて，ヒト介入試験においても，過剰摂取や長期摂取試験において臨床的な安全性が確認されている[19,20]。今後，きのこテルペンを上手く活用することで，わが国の健康寿命の延伸に貢献できるものと期待する。

文　　献

1) 斉藤英晴ほか，薬学雑誌，**117**, 1006-1010 (1997)
2) Yasukawa, K. *et al.*, *Phytother. Res.*, **8**, 10-13 (1994)
3) 大槻誠ほか，日本きのこ学会誌，**15**, 85-90 (2007)
4) Yoshino, K. *et al.*, *J. Food Sci.*, **73**, 21-25 (2008)
5) Hara, M. *et al.*, *Nutr. Cancer*, **46**, 138-147 (2003)
6) Ikekawa, T. *et al.*, *Chem. Pharm. Bull.*, **40**, 1954-1957 (1992)
7) 水谷滋利ほか，日本食品科学工学会誌，**53**, 55-61 (2006)
8) Sawabe, A. *et al.*, *J. Mass Spectrom.*, **31**, 921-925 (1996)
9) Chang, J. S. *et al.*, *Cancer Lett.*, **212**, 7-14 (2004)
10) Akihisa, T. *et al.*, *Biol. Pharm. Bull.*, **28**, 1117-1119 (2005)
11) 水本裕子ほか，日本食品科学工学会誌，**55**, 612-618 (2008)
12) 水本裕子ほか，日本きのこ学会誌，**16**, 143-148 (2008)
13) Lassus, P. *et al.*, *Science*, **297**, 1352-1354. (2002)
14) Borrelli, E. *et al.*, *Crit. Rev. Oncog.*, **3**, 321-338 (1992)
15) Pae, H.O. *et al.*, *Immunopharmacol. Immunotoxicol.*, **21**, 233-245 (1999)
16) Bermejo, L. G. *et al.*, *J. Cell Sci.*, **111**, 637-644 (1998)
17) Choi, B. M. *et al.*, *Pharmacol. Toxicol.*, **86**, 53-58 (2000)
18) 大野木宏ほか，日本補完代替医療学会誌，**9**, 1-7 (2012)
19) 大野木宏ほか，日本補完代替医療学会誌，**8**, 61-65 (2011)
20) 鈴木信孝ほか，日本補完代替医療学会誌，**10**, 17-24 (2013)

5 ヒノキおよび青森ヒバ，ベイスギ精油の製造と，含有成分の産業応用

東　昌弘*

5.1 はじめに

　樹木および植物体から抽出された精油・テルペン類の利用は，本書中の応用例として多くの事例が記述されたように，ここ30年来，急速に抽出技術や利用技術が進展した。それらが充填された精油小瓶やアロマ雑貨は，デパートはおろか普段の街角のショップやコンビニで見かけるケースも増えてきている。

　それらの中には，第2次大戦以前から産業利用が進んでいた樟脳・ハッカ，樹脂粘着剤など従来型の産業応用例以外に，身の回り（衣・食・住）の身近な利用法の開発が約20年前から急速に進んだように見受けられる。

　その理由の一つに，平成元年（1989年）に，当時の（林野庁）森林総合研究所谷田貝博士と大学研究者および23社にのぼる民間企業の研究者が一同に会し，5年間にわたって樹木精油の採取技術，加工技術，製品技術開発の3分野で技術開発を競った経緯（「樹木抽出成分利用技術研究組合」）[1]がある。

　この中での研究活動の結果，筆者らは水蒸気蒸留法による，ヒノキチオール高含量の淡色ヒバ油を，工業レベルで大量に製造する（年間10,000 kg程度）方法を大型釜で実用化し，そのヒバ油から天然ヒノキチオールを効率良く回収・精製して，主に化粧品原料として国内外に提供してきた。（その後合成品の開発にも成功し，併せて製造・販売を始めた。）

　従来は，われわれのヒノキ油・青森ヒバ油の抽出原料は，100％製材時のオガ粉や端材であり，またはヒノキの場合は乾燥機に入れられる材木製品であった。ところが増えてくる精油需要と，稼働が低迷する製材工場の流れの中で，われわれも必然的に原木を購入し，直接それを抽出に使用する比率が増えてきている。弊社ヒノキの場合，現時点ですでに50％以上が，森林組合などからの原木（木材市場でC材という間伐材）の購入使用に切り替わった。精油の製造過程が，産業構造の変化につれて変質してきている実例である。

　われわれは精油抽出の試験機や分析装置を持つ関係で，実に多くの試験抽出依頼が来る。中でも最近多いのが，農業分野における「6次産業化」の掛け声に応じた，野菜・果物のエキス，香気成分，栄養成分（つまり有価物）の抽出製造の実験依頼である。多くの場合，われわれの水蒸気蒸留では失敗するが，依頼元には気の毒なので，他の可能な抽出方法の紹介や，場合によっては抽出実験を外部発注する。その加減で必然的に，最近流行りのマイクロ波加熱真空抽出や，真空乾燥凝縮法などを試す機会がある。その分野の同業者との意見交換を行った結果，判ったことがある。

　農業分野の製品開発において，食品衛生法で「機能性表示食品」の制度施行（消費者庁，平成27年）があり，普通には市場に出ない余った野菜・果物を活用した多くの製品が出るようになっ

---

*　Masahiro Higashi　㈲キセイテック　代表取締役

表1 主要な樹木精油の供給量と平均的価格(弊社)

品名	販売量(kg/y)	価格(円/kg)	主用途	用途
ヒノキ材油	2,000	16,000	芳香雑貨	石けん芳香,化粧品
ヒノキ葉油	20	30,000	芳香雑貨	
ヒバ材油	10,000	12,000	HT原料用	芳香雑貨,防虫剤原料
WRC材油	60	120,000	(HT原料)	(防虫原料),(農業用)
スギ材油	30	60,000	芳香雑貨	
スギ葉油	10	50,000	皮膚クリーム	
高野槙葉油	20	90,000	芳香雑貨	石けん芳香
天然ヒノキチオール	300	340,000	化粧品配合	化粧品防腐,洗浄剤

ている。これらの多くは,香気成分や栄養成分,果皮成分や梅干し仁の活用など,ほとんど捨てる部分が無くなったような徹底して活用されていく様子を見て,われわれの精油業界の課題が大きく見えてきた。

彼らは言う。費用対効果の観点から,「kg単価¥50,000以下の製品は手がけない」と。また,樹木精油の抽出には,収率などの理由で,常圧の水蒸気蒸留法のほうが有利であろうと。

この価格の基準で言えば,樹木精油でこのラインをクリアできる(弊社)製品は,コウヤマキ葉油のみとなる。しかしわれわれの採用する水蒸気蒸留法は,設備コストが比較的安価なほか,特殊要因(たとえばヒバ油がかろうじて採算ラインを上回るのは,精油販売の他に,ヒノキチオール原料としてのヒバ油の利用,防虫剤用に中性油を活用する)があって,精油の総合利用が可能なときは,精油単価が安くても事業を継続できる事となる。表1に,弊社精油の現状をまとめた。

農業(野菜・果物エキス)分野と比較すると,樹木精油の分野には多くの不利な点はあるが,彼我の違いの最たるは,森林樹木にはほとんど食経歴(食品に利用された経歴)の乏しいことである(農産物の抽出残は,別の食品になり,家畜・ペットの餌になり,養殖魚の餌にもなる)。

増え続ける需要とコスト圧縮要請に切れ目なく対応することは至難である。が,最大の難点に最近光明が見えてきている。難点とは,抽出のために仕込んだ原料とまったく同量の(得られる精油に対し,重さで100倍量,体積で300倍量)の抽出残渣が発生するが,この残渣の処分法のことである。家畜敷料に投入し堆肥化する方法が一般的であるが,そのほか炭化法,バイオマス発電所への燃料化法などがある。しかし昔ながらの処理ルートを持たない,小規模経営のわれわれは,需要の増勢の中で対処していくことはとても困難な状況となってきている。そして光明とは,小型バイオマスボイラーの開発進展や,小型のガス化発電エンジン用の燃料化法である。再生可能エネルギーの固定価格買取制度(通称FIT)により,抽出残渣をガス化して発電機用のエンジン燃料に使用し,得られた電気エネルギーを国の定めた固定価格で,一定期間,電気事業者が買い取る制度である。ガス化発電の小型化にはまだ技術的問題は残るようだが,小規模のガ

第4章 医農薬,ライフサイエンス分野での応用

ス化発電による売電収益で,小規模の精油製造の採算ラインを少しでも下げて,産業資材としてヒノキ油が生き残り,活躍できるように工夫したい。これは,地球規模の環境規制法制が,小さな精油製造業界に及ぼす,朗報の一例ではある。

なおヒノキ油とヒバ油は,当社の定常製品となって常時在庫しているが,ヒノキ葉油やスギ油,マキやその他の精油は受注生産品目としており,納入までに一定のリードタイムを設定している。

5.2 ヒノキ精油
5.2.1 ヒノキ材油

樹齢200年以上の大径木のヒノキは,精油含有量も1.5％以上と多く,芳香が強い。しかし普通に建築用材として市場に出るのは100年前後であり,われわれは規模の大きい製材所のヒノキ端材やオガ粉を抽出原料に用いる。間伐材に至っては50年以下であって,木材市場もしくは市場に出る前の伐採現場から直接弊社に搬入してチップ化して原料使用する。先端部や枝条部分は油分は少なく,根部は多い。しかしいわゆる産地による精油の内容は大きくは異ならない。したがって,産業用途として供給する限りは,産地や樹齢,使用部位による品質の振れをできるだけ少なくする必要がある。そのためには多くのグレードの原料精油を持ち,ロット単位を大きくとり,ブレンドによって均質化を図ることが肝要で,ガスクロなどによる分析が必須となる。

ヒノキ材油の軽沸部分は,α-ピネンなどのモノテルペンが多い。次いで中沸部分はカジネン,カジノールなどのセスキテルペン類が多いと見られる。高沸部分は,ジテルペンが多くなる。軽沸部分は芳香成分が含まれ,また抗菌成分が多いと言われる。中・高沸成分は落ち着いた持続性のある芳香と,防虫成分がある[2]と言われる。

弊社のヒノキ油は主に3種類あるが,樹齢100年前後の成木主幹部を原料に用いる建築材のヒノキの香りを平均的組成と見立てているDSBグレードが一番バランスが良いようで,ヒノキ油全体の60％以上を占める。代表的成分とその比率を図1に示した。

またこのDSBヒノキ油のMSDSを作成し提供しているが,特に注意すべき毒性はない。ただし引火点が低い(30℃とガソリン並)ことによる,火災危険性には細心の注意が必要となる。

5.2.2 ヒノキ葉油

まれに学術研究用として,純粋(?)ヒノキ葉油を求められるが,弊社での通常ヒノキ葉精油は,伐採直後の新鮮材料から,緑色葉部と親指大太さの茶色枝部を含む原料チップから抽出する枝葉油である。この材料は伐採直後に現場から持ち出さないと調達できないので,いきおい集材のための人件費がかかる。紀伊半島では,枝付きの根切り材をワイヤーで土場に搬出する皆伐方式が多いので,この土場でチップ化して工場へ持ち帰る方法を採ることもある。

ヒノキ葉独特の強い芳香があり,ヒノキ林の散歩などで馴染みの香りであるが,一般的に葉油はモノテルペン類の含量が多く,皮膚などへの作用が,材油より強いことが多いため,人体に用いる化粧品用途への使用は注意が必要である。価格的にも,一般的にはその材油よりも高価とな

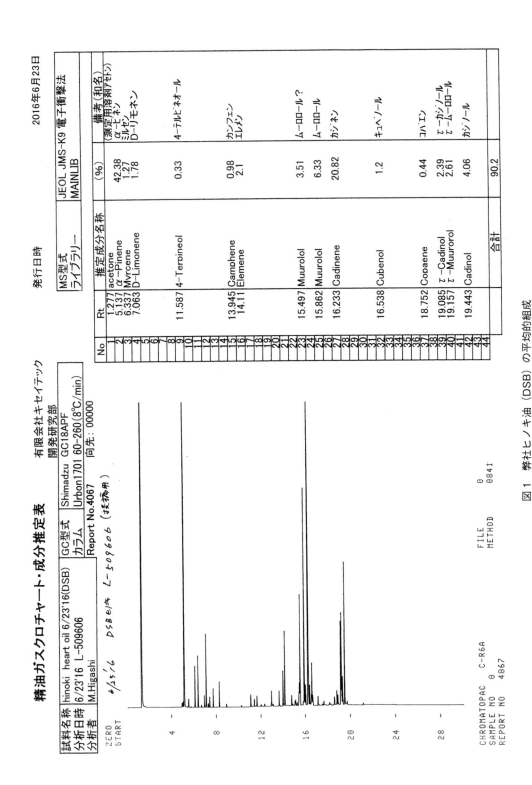

図1 弊社ヒノキ油 (DSB) の平均的組成

第4章 医農薬,ライフサイエンス分野での応用

る。しかし空間用の芳香材料としては,今後の活用が期待できるのではないかと考えられる。

5.2.3 スギ油

ヒノキ以上に,植林樹種としては国内最大の材積量を誇るスギは,しかしその精油に対しては期待に反して機能的にも価格的にも魅力のある精油ではない。精油の採油収率は極端に低く,高価となる。そのため当面は建築用材以外には,発電用の燃料用,強いて言えば炭酸ガス吸収用の成長の早い植物と評価すべきである。

しかし次の事実から見て,将来は最も注目されるべき材料となるかもしれない。その意味から,スギ精油成分の用途開発研究の進展が,強く望まれる状況である。

1) 杉材であっても,50〜60年の材ではなく,1000年以上の屋久杉の場合は,ヒノキ以上の採油率を確認している。九州の飫肥(おび)杉などでも,採油率はかなり高いと聞く。
2) 驚くべきことに,日本酒の賦香用(吉野産スギ大径木)原料の使用済み解体スギ樽材からは,新鮮材からとほとんど同じ成分の杉材油が,良い収率で得られる事実がある。
3) スギ材油の精油成分パターンは比較的単純であり,成分が単離精製できる可能性がある。(例えば,βオイデスモールなど)
4) スギ葉油は,日本では食経験のある希少な樹種であり,現にその精油が,アレルギーおよびアトピーなどの治療に効くとして,医療用途の開発が進行中である。すでにその原型となる商品(雑貨)が㈲サクセスから販売されている。

5.3 青森ヒバ材油

青森ヒバ材油中には,野副博士がタイワンヒノキ中に発見した[3]ヒノキチオール(β-ツヤプリシン)と同じ成分が含まれており,国産樹木中で,明確な抗菌性,防虫性を示す[4]観点から,近年の開発で最も産業利用が進んだ精油である。しかしその用途が,抗菌成分ヒノキチオールに限れば,ほとんど70年前から製造と利用[5]が始まっていたことは驚異である。そして結核特効薬としての医療用途研究[6]の経緯がある点においても,その有用性は眼を見張るものがある。図2にトロポロン骨格と各種ヒノキチオールの構造を示した。

弊社の研究例から見て,ヒバ材とほとんど同等の防腐性,防虫性能を示す国産の針葉樹種は,コウヤマキ材油のみであった[7]。しかし産業利用の観点からは,精油の有効性と同等以上に,原料ヒバ材の材積量の豊富さ(入手のしやすさ)が重要であって,この観点は精油コストに直結する要因であり,青森ヒバ材油が産業となりえた原因でもある。

平成元年の頃の青森ヒバの伐採量は,年間20万m^3とされ,しかもそれらは樹齢200年以上の大径木ばかりを択伐する方式であり,苗木の植林はせずに実生苗による更新のみであった。それでも20万m^3の伐採量は成長量見合いの,資源量は維持できる伐採量であるとされていた。

折しも地球環境の問題(炭酸ガス増加による大気温度の上昇,気候変動)が提起(COP3京都議定書)され,各国は夫々,自国のCO_2ガス増加防止策を実行する国際条約を締結した。我が国では,取敢えず豊富な森林資源によるCO_2吸収を進める必要に迫られて,スギ・ヒノキ・カ

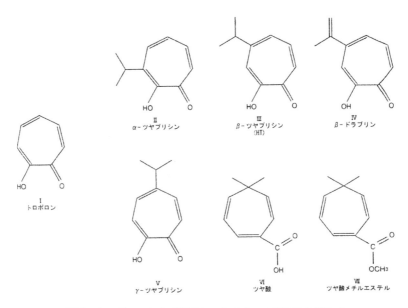

図2　トロポロンおよび関連ヒノキチオール異性体の構造式

ラマツなどの植林樹木の更新（成長木の伐採と苗の植林）が叫ばれ，非植林木である青森ヒバの伐採は強く制限された。その結果，現在の伐採量は，長らく年間1万 m^3 を大きく下回る規模となっている。

普通品グレードのヒバ油は，高級耐蝕材を使ったタテ型撹拌釜による常圧水蒸気蒸留法で採るが，ヒノキチオール原料に使うヒバ油は，加圧法で採る。ヒバ油中のヒノキチオール含量は，加圧法の方が0.5％くらい高く，有利である。さらに一緒に留出するヒバ水の中にもヒノキチオールが含まれるが，このヒバ水量が莫大であるため，低濃度であっても回収されるヒノキチオール量が，精油からのヒノキチオールと等量であり，都合ヒノキチオール製造のコストは従前より半減[8]できた。この技術開発により，弊社グループは遅ればせながら最大のヒバ油メーカーとなり，かつ唯一の天然ヒノキチオールメーカーとなった。

結局，技術開発によるコスト削減の実現と，大本の青森ヒバの伐採量の大幅減少による製材業の衰退，ヒバ油原料のオガ粉・チップの入手難という，相反する要因の大波の間で揉まれてきた20年であったが，地球環境問題が製材と精油産業に大きな影響を及ぼした一例でもある。

食品業界における大きな潮流として，抗菌（防腐）剤の分野で，化学合成品の防腐剤から，植物系の天然物防腐剤への転換が進む傾向がある。成功例として，いちご包装フィルムへヒノキチオールを入れて日持ち向上を行う成和化成㈱の開発例がある。ヒノキチオールの他には，ワサビの辛味成分を利用した三菱化学フーズ㈱「ワサオーロ」，積水化成品工業㈱「ワサパワー」がある。こちらのほうが大躍進しており，ヒノキチオールは後塵を拝している。しかし化粧品分野においては，防腐剤をめぐる同様の材料交代が進みつつあり，日本では特異的に「合成防腐剤パラベン

第4章　医農薬，ライフサイエンス分野での応用

類」から天然ヒノキチオールへの利用転換が大きく進んだ。

　もとよりヒノキチオールは，養毛育毛剤成分の走りであり，消炎作用，メラニン生成抑制，細胞賦活作用など多くの薬理効果が見出されている。最近では日焼止め剤，ニキビクリームなどが大人気のようである。そして日本の化粧品業界[5]は，肌に優しい，良質の化粧品を提供すると評価されて，中国などアジア系の消費者からも絶大な信用を勝ちとり，世界のスタンダードを築きつつあると見られるが，われわれ精油業界もほんの少しの貢献を果たしている事になる。

　青森ヒバ油が産業利用[9]される一面として，ヒバ油の組成上70％を占める中性油部分（ツジョプセン主体）に，シロアリ防除効果のあることが見出されて，防蟻剤製品が開発され，ヒバ油の産業資材としての活躍の裏方として貢献は大きい。さらに最近の発見として，山形大 芦谷先生[10]により，ツジョプセン（Thujopsene）の酸化生成物が防蟻効果の本体であることが解明されて，より効率的な利用法が開発され始めている。

5.4　ウエスターンレッドセダー（Western Red Cedar : WRC）（ベイスギ）精油[11～13]

　ヒノキチオールを含有する針葉樹としては，古くから北米西海岸の多雨地帯（オレゴン州以北からバンクーバー付近にかけて）に，WRCが多く植生して，先住民の造ったトーテムポール（木製彫刻）や狩猟用のカヌーの材料となってきた。このヒノキ科の耐久性樹木は，学名ではThuja Plicataと言い，青森ヒバThujopsis Dolabrataと同じくThujaを冠されているように，Thujaplicin（＝ヒノキチオール）を含む[14]ことで有名であり，しかも産業用の天然ヒノキチオールが得られる地球上最後の針葉樹とも言われていることで注目されていた。

　天然ヒノキチオールの唯一のメーカーであることを自認する弊社としては，青森ヒバの資源減少に悩まされてきたことに鑑み，北米西海岸にWRCの採油事業を起業したい強い思いがあった。リサーチを進めること5年有余，ついに提携相手が現れて，現在我々はカナダKei-Tec社[15]に参加し，その事業可能性と規模，資金調達に関してFSの最中である。提携相手は，過去において大量に建築材および製紙原料用にWRC原木を購入してきた経緯があり，その伐採権を維持している現地大手の製材・製紙会社の関係者である。弊社は，カナダのこの関係者と共同でWRC事業を起業する事とし，第一歩として，WRCのおが屑を海上コンテナで輸入し，国内で試験抽出とヒノキチオールなどの精油加工品を試作中である。

　図3に，ヒバ油とWRC精油のGC比較を示した。WRCの天然木（80年以上の太径のOld Growth）の場合，その精油はいわゆる中性油部分が極端に少なく，そのためか採油収率もヒバに比して1/5程度である。しかし都合の良いことに，ヒノキチオール類の組成は約30％もあり，この点ではヒバ油よりも数倍ヒノキチオール抽出効率が良い。ただしWRCのヒノキチオールは，ヒバ由来のそれ（β-体リッチ）と相違してγ-体がリッチである。またWRC原材料（植林若年木）の場合は，ツヤ酸（Thujic acid）やそのエステルが多くなり，さわやかで良い芳香があって，精油としての価値もある。

　このワールドワイドの抗菌原料HTMは，γ-ヒノキチオールとして化粧品防腐剤向けに提供

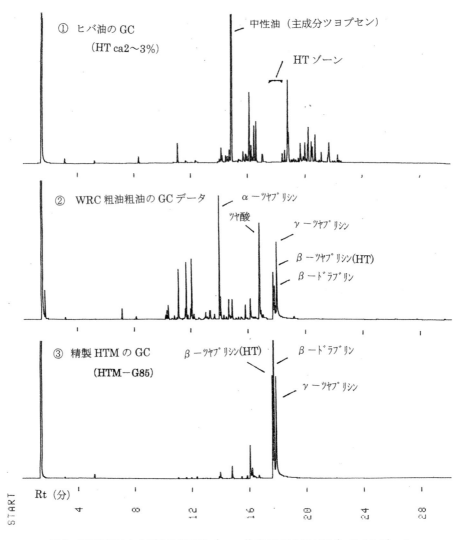

図3 WRC精油およびその加工品（γ—一体85%以上のHTM）のGCデータ

される見通しであるが，同時にTA（Thujic Acid）の方も近日中に市場に出したい。図4に，新製品（HTM-G85）の規格を示した。

現時点で我々（カナダKei-Tec社）が手中に持つ統計資料によると，化粧品防腐用途の世界中のパラベン類使用量は，年間50,000トンとされている。日本における天然ヒノキチオール市場50kg/月との間で，双方の抗菌効力の相違（MIC比1/100），日本と世界の化粧品市場の比と近い将来に現出するであろう中国アジア・インドなど未開発国市場の大きさ，ヒノキチオールが使用される高級化粧品と低級品との比率，購買可能な価格の推定，等々から，販売額さしあたり最大50億円／年の事業規模が設定された。つまり将来の世界市場が，日本市場（1億円）の約

第4章 医農薬, ライフサイエンス分野での応用

ウエスタンレッドセダー油（HTM-G85）規格書

別称：WRC OIL（HTM - G85）（日本名ベイスギ油）

学名：北米西海岸に多生する針葉樹 Western Red Cedar（*Thuja Plicata D.Don*）
（和名ヒノキ科ネズコ）日本の青森ひばに似るが, 森林資源量はほぼ無尽蔵と多い。

成分：γツヤプリシン（HT）中心に, βHT, βドラブリンを少量含む HT 含量 85%以上。

製法：樹齢 200 年以上の天然 WRC（Old Growth）端材チップの水蒸気蒸留品。粗油を特殊技術により精製し, HT 含量を 85%以上に高めた, HT 類混合油。

特長：独特のベイスギ香あり。精油中に多く含む HT 類により, 強い抗菌性, 殺虫性能を有す。

用途：WRC OIL (HTM- G85) の配合により, 防腐剤添加が不要な香粧品を開発できる他, 浴用および介護用雑貨の抗菌剤となる。農業用の（非農薬）防虫・抗菌剤となる。ネッタイシマカなど病気媒介害虫『ボーフラ』の根絶, シロアリ防除薬剤にもなる。

品質規格（暫定）

項目	分析代表値	規格	備考
外観	茶色透明オイル	茶色透明オイル	目視
性状	ベイスギ芳香油	ベイスギ芳香油	目視
色数（G-No.）	G3	G4 以内	ガードナーヘリーゲ比色計
比重（d_4^{20}）	1.100〜1.002	1.000〜1.002	標準比重計
粘度 EL（cp）	17.0	20 以下	Visco Tester03F
HT 含量（合計）	88.0	85.0 以上	Hx 抽出/GC 法

品質保証期間：6ケ月

図4 新製品情報

---

50 倍と設定されたわけであるが, 如何であろうか？

　目下の世界の関心事であるジカ熱であるが, WRC 由来の HTM オイルは, ジカ熱などの媒介虫であるシマ蚊（の幼虫のボウフラ）を, 完璧に殺虫することが判った（社内資料）。また, もう一つの世界の関心事は, 医療および産業分野で多くの抗生物質が濫用された結果として, 耐性菌に有効な薬剤が無くなり, 細菌感染の恐怖が出てきていることがある。世界中で結核が再び蔓延し始めていることが報道[16]されているが, ヒノキチオールが当初, 結核に対する特効薬として開発研究[6]されていたことを思い起こし, また最近, ヒノキチオールは耐性菌の一種 MRSA にも有効[17]であることが見出されたことなど, ヒノキチオール類に対する医療方面の期待が膨らんでいる。

5.5 現在の精油利用開発の動向

われわれ精油メーカーが所属するグリーンスピリッツ協議会（GSA）では，その活動の主目的を，精油を用いた健康増進においている。精油業界の研究は，この方向性に沿った開発活動が盛んであるが，分類すれば，

1) 植物精油のアロマテラピー（芳香植物精油を用いた治療行為）

現在における精油産業の大きな部分を占める。空気中の細菌やウイルスを抑制する精油利用法が進展し，空気ビジネスの興隆につながるが，専門外につき他稿に譲る。

2) 野菜・果実由来の精油およびバイオマスの利用

主に食品フレーバーおよび，機能性食品の分野であり，また利用残材を粉末野菜や，漢方食材に利用する技術開発が非常に活発であり，おおいに興味も持たれる。

3) 精油などを利用した認知症の予防キットの販売

そしてついに，医療界の一大課題：認知症の予防と治療につながる『浦上式アロマオイル（セット）』が，認知症専門医である浦上教授監修のもとに発売された。使用される精油は，昼用にローズマリーカンファーとレモン，夜用に真正ラベンダーとオレンジである。柑橘系の精油が，ヒトの嗅覚細胞の衰え（嗅神経の障害）を遅らせ，回復させることが，ひいては次に来る認知症（の初期症状）の発症を遅らせる効果があることを発見し，応用したものである。

5.6 産業資材としての資格

精油類が産業資材としてその用途が開発され，一定の地位を継続的に確保できるか否かは，精油メーカーのみならず，山林経営者および素材生産業者にとって非常な関心事であり，かつ自律的解決が困難なことである。

一定の地位を得るためには，その順序として，

1) 精油資材が，開発目的（課題）に対して技術的に有効な性能があり，在来品を凌ぐこと。
2) その精油資材を受け入れる市場があり，合理的な価格で提供できること。
3) 一方で精油資材を継続的に，安定した価格で，一定の品質で提供できるための精油の原料植物バイオマスが確保されていること。（天然物原料である精油は，この条件のクリアが難しい）

が必要である。

これを弊社製品に当てはめた時，ヒバ由来の天然ヒノキチオールは，日本市場では一定の産業資材として確立できているが，ヒノキ油はどうであろうか？つまり確立された市場が無かったわけであるから，新たな市場創出が盤石か否かにかかっていると思える。

この観点から，WRC精油の事業は，青森ヒバ精油のケースを見るまでもなく，その可能性は途方も無く大きく，社会貢献も大である。

野菜・果物のエキス開発例に見られるように，技術開発の上に法整備による認知と規制の利点があり，市場があって経済合理性が伴う，その上での快適性が享受できるような，精油資材の開発に努めていきたい。

第 4 章　医農薬，ライフサイエンス分野での応用

文　　献

1) 林野庁主宰，樹木抽出成分利用技術研究組合発行，同成果集，（一社）全国林業改良普及協会編（1995）
2) 谷田貝，*aromatopia*, **3**（9），30-36（1994）
3) 野副，*Bull. Chem. Soc. Japan*, **11**, 295（1936）
4) カタログ「青森ひばの超能力」，青森ひば協同組合，岡部，斎藤ほか，「青森ひばの不思議」，青森ヒバ油研究会（1990）など
5) ヒノキ新薬株式会社創立 40 周年記念出版発行，阿部武彦「ヒノキチオール物語」，ヒノキ新薬㈱（1996）
6) 野副，桂，薬誌，**64**, 181（1944）
7) 東，久保田，特開平 04-91003（1992）
8) 東，久保田，日本特許番号第 2727046 号
9) 富岡，柴山，ヒバ油の衛生害虫に対する殺虫・忌避効果，日本 MRS シンポジウム D 研究発表要旨集，261-264（1996）
10) 芦谷，樹木抽出成分の生物活性―未利用セスキテルペン成分の自動酸化と抗蟻活性―，*Green Spirits*, **8**（2），3（2013）
11) G. M. Barton *et al.*, The Chemistry And Utilization Of Western Red Cedar, 1-28 Department Of Fisheries And Forestry Canadian Forestry Servise Publication, No.1023（1971）
12) Josefina S. Gonzalez, Growth, Properties And Uses Of Western Red Cedar, 11-42 Forintek Canada Corp. Special Publication No. SP-37R ISSN No. 0824-2119 March（2004）
13) M. Saniewski *et al.*, *Journal Of Horticultural Reserch*, **22**（1），5-19（2014）DOI : 10. 2478/johr -2014-0001, The Biological Activities Of Troponoids And Their Use In Agriculture（A Review）
14) H. Eldtman, *et al.*, Antibiotic Substances from the heartwood of *Thuja pli cata* Donn, *Nature*, **161**, 719（1948）
15) Kei-Tec 社，カナダ，BC 洲（BC 島 Portalberni 市）
16) 「抗生物質耐性 - 厳しい見通し - 」（Antibiotic Resistance The Grim Prospect）The Economist 誌（印刷版）5/21（2016）
17) 十字，岩田ほか，ヒノキチオール（青森ひば由来）のアトピー性皮膚炎に対する安全性について，日本 MRS シンポジウム D 講演要旨集，325（1996）

6 医農薬, ライフサイエンス分野での特許動向

シーエムシー出版　編集部

6.1 医薬品・医薬中間体への応用特許

「テルペン」,「医薬品」,「医薬中間体」の3語をキーワードとして特許検索を行った。その結果, 約30件の特許が検索された。そのうちの13個の特許のタイトル等を表1に示す。

6.2 農薬への応用特許

「テルペン」,「農薬」の2語をキーワードとして特許検索を行った。その結果, 約181件の特許が検索された。そのうちの10個の特許のタイトル等は表2のとおりである。

6.3 体臭抑制剤と植物オイルへの利用の特許

「テルペン」,「体臭抑制剤」,「植物オイル」の3語をキーワードとして特許検索を行った。その結果5件の特許が検索された。そのうち3件の特許のタイトル等を表3に示すとともに, これらの特許の要旨, 特許請求の範囲, 特許情報を下記に示す。

(1)経口組成物

公告番号	WO2014148244 A1	出願日	2014年3月4日
公開タイプ	出願	優先日	2013年3月22日
出願番号	PCT/JP2014/055405	発明者	金子陽一ほか
公開日	2014年9月25日	特許出願人	小林製薬㈱

【要約書】
【課題】本発明は油脂, 清涼化剤, 難油溶性固形成分及び乳化剤を含有する経口組成物を提供することを目的とする。また, 本発明は油脂, 清涼化剤及び難油溶性固形成分に, 乳化剤を併用することを特徴とする, 油脂, 清涼化剤及び難油溶性固形成分を含有する経口組成物の後味改善方法を提供することを目的とする。
【解決手段】油脂, 清涼化剤, 難油溶性固形成分及び乳化剤を含有する経口組成物。油脂, 清涼化剤及び難油溶性固形成分に, 乳化剤を併用することを特徴とする, 油脂, 清涼化剤及び難油溶性固形成分を含有する経口組成物の後味改善方法。

【特許請求の範囲】
1. 油脂, 清涼化剤, 難油溶性固形成分及び乳化剤を含有する経口組成物。
2. 油脂中に清涼化剤, 難油溶性固形成分及び乳化剤を含有する, 請求項1に記載の経口組成物。
3. 乳化剤が, グリセリン脂肪酸エステル, ポリグリセリン脂肪酸エステル, レシチン及びこれらの誘導体からなる群より選択される少なくとも1種の乳化剤である, 請求項1または2に記載の経口組成物。

第4章 医農薬, ライフサイエンス分野での応用

表1 医薬品・医薬中間体への応用特許

	公告番号	名称	出願日	発行日	発明者	特許出願人
1	WO2010023874A1	ロペラミド塩酸塩含有フィルム製剤	2009年8月25日	2010年3月4日	Tsutomu Awamura	Kyukyu Pharmaceutical Co., Ltd.
2	WO2012043393A1	乳化組成物	2011年9月22日	2012年4月5日	Kazuyoshi Ado	Kobayashi Pharmaceutical Co., Ltd.
3	WO2011105465A1	メイラード反応抑制剤, α-ジカルボニル化合物分解剤, およびメイラード反応抑制方法	2011年2月24日	2011年9月1日	Makoto Ubukata	National University Corporation Hokkaido University
4	WO2012133189A1	新規なカルボン酸エステル化合物およびその製造方法, 並びに香料組成物	2012年3月23日	2012年10月4日	Mitsuharu Kitamura	Mitsubishi Gas Chemical Company, Inc.
5	WO2012056509A1	医薬組成物	2010年10月25日	2012年5月3日	Takayuki Arai	Kowa Co., Ltd.
6	WO2012057103A1	医薬組成物	2011年10月25日	2012年5月3日	Takayuki Arai	Kowa Co., Ltd.
7	WO2011122420A1	外用剤組成物	2011年3月23日	2011年10月6日	Yukie Watanabe	Fujifilm Corporation
8	WO2015022798A1	Novel terpenoid compound and method for producing same	2014年5月27日	2015年2月19日	Haruo Ikeda	The Kitasato Institute
9	WO2013168455A1	相乗的抗糖尿病治療剤	2013年3月4日	2013年11月14日	Takeshi Ima	Tokyo Institute Of Technology
10	WO2013146866A1	ワックス状組成物及びその製造方法	2013年3月27日	2013年10月3日	Tatsuya Kobayashi	The Nisshin Oillio Group, Ltd.
11	WO2010103844A1	鎮痛・抗炎症剤含有外用剤	2010年3月11日	2010年9月16日	Seiji Miura	Kowa Co., Ltd.
12	WO2012056509A1	医薬組成物	2010年10月25日	2012年5月3日	Takayuki Arai	Kowa Co., Ltd.
13	WO2011108643A1	不快な味を有する薬物を含有するフィルム製剤	2011年3月3日	2011年9月9日	Tsutomu Awamura	Kyukyu Pharmaceutical Co., Ltd.

すべて出願済み

表2 農薬への応用特許

	公告番号	名称	出願日	発行日	発明者	特許出願人
1	WO2011092840A1	経時安定性に優れ且つ残留農薬の量が低減されたポリメトキシフラボン類の製造方法	2010年1月29日	2011年8月4日	Kenji Adachi	Ogawa & Co., Ltd.
2	WO2013069700A1	水分散型気化活性物質徐放性製剤	2012年11月7日	2013年5月16日	Ryuichi Saguchi	Nissin Chemical Industry Co., Ltd.
3	WO2009119569A1	除草剤組成物及び除草方法	2009年3月24日	2009年10月1日	Keisuke Sekino	Sds Biotech K. K.
4	WO2011010614A1	エポキシ化合物の製造方法及び炭素-炭素二重結合のエポキシ化方法	2010年7月16日	2011年1月27日	Kiyoshi Takumi	Arakawa Chemical Industries, Ltd.
5	WO2010055864A1	精製エッセンシャルオイルの製造方法	2009年11月11日	2010年5月20日	Ryo Takeuchi	Takasago International Corporation
6	WO2014156450A1	ホップ苞を使用したビールテイスト飲料の製造方法	2014年2月26日	2014年10月2日	Tomoyuki Nakahara	Suntory Holdings Limited
7	WO2014050932A1	ネダニ類の防除剤	2013年9月26日	2014年4月3日	Akiyuki Suwa	Nihon Nohyaku Co., Ltd.
8	WO2013057805A1	尿石防止剤	2011年10月19日	2013年4月25日	Shigeru Saito	Nippon Soda Co., Ltd.
9	WO2012165511A1	イネの病害防除方法	2012年5月30日	2012年12月6日	Atsushi Kogure	Kumiai Chemical Industry Co., Ltd.
10	WO2012169473A1	植物生長調節剤及びその使用方法	2012年6月5日	2012年12月13日	Nao Tokubuchi	Nihon Nohyaku Co., Ltd.

すべて出願済み

第4章　医農薬，ライフサイエンス分野での応用

表3　体臭抑制剤と植物オイルへの利用の特許

	公告番号	名称	出願日	発行日	発明者	特許出願人
1	WO2014148244A1	経口組成物	2014年3月4日	2014年9月25日	Youichi Kaneko	Kobayashi Pharmaceutical Co., Ltd.
2	WO2009084471A1	乳化皮膚外用剤および化粧料	2008年12月19日	2009年7月9日	Hirobumi Aoki	Showa Denko K.K.
3	WO2009084477A1	皮膚外用剤および化粧料	2008年12月19日	2009年7月9日	Hirobumi Aoki	Showa Denko K.K.

すべて出願済み

(2)乳化皮膚外用剤および化粧料			
公告番号	WO2009084471 A1	出願日	2008年12月19日
公開タイプ	出願	優先日	2007年12月28日
出願番号	PCT/JP2008/073163	発明者	Hirobumi Aoki ほか
公開日	2009年7月9日	特許出願人	Showa Denko K.K.

【要約】

本発明は，乳化安定性に優れた分岐型アシルカルニチン配合乳化皮膚外用剤および化粧料を提供することを課題としている。

本発明者らは，鋭意研究を重ねた結果，ノニオン系界面活性剤，特にポリオキシエチレン多価アルコール脂肪酸エステル類が，乳化安定性に優れた分岐型アシルカルニチン配合乳化皮膚外用剤および化粧料を容易に与えることを見出した。更に，この配合に加えて，該乳化皮膚外用剤のpHを特定の範囲に調整することで，その製剤の長期安定性が改善されることを見出し，本発明を完成した。

本発明は，乳化安定性に優れた分岐型アシルカルニチン配合乳化皮膚外用剤および化粧料を提供することを目的とする。本発明の乳化皮膚外用剤は，特定のカルニチン誘導体および／またはカルニチン誘導体の塩0.01～10質量％と，ノニオン系界面活性剤0.01～20質量％を含有することを特徴とする

本発明の乳化皮膚外用剤および化粧料によれば，乳化製剤を破壊しやすい分岐アシルカルニチン配合下でも高い乳化安定性が得られる。特に感触や外観が商品価値に大きな影響を与える化粧料において，長期保存後も感触に優れ，外観の変化も小さい製剤とすることができる。

また製剤中の諸成分を均一に保つことは，たとえば，皮膚外用剤の典型的な使用条件である，製品を容器から少量ずつ採取し用いるような場合に，毎回の成分を経時変化なく同一に維持・提供できることにつながる。よって保存中の品質の維持はもとより，開封から使用終了までにわたり長く製剤の設計特性が維持される。本発明の乳化皮膚外用剤は，分岐アシルカルニチンの作用，あるいは同時に配合される諸成分の作用をも安定に提供できる製剤である。

【特許請求の範囲】
1. 特定の式で示されるカルニチン誘導体および／またはカルニチン誘導体の塩 0.01～10 質量％と，ノニオン系界面活性剤 0.01～20 質量％とを含有することを特徴とする乳化皮膚外用剤。

(3)皮膚外用剤および化粧料			
公告番号	WO2009084477 A1	出願日	2008 年 12 月 19 日
公開タイプ	出願	優先日	2007 年 12 月 28 日
出願番号	PCT/JP2008/073187	発明者	Hirobumi Aoki ほか
公開日	2009 年 7 月 9 日	特許出願人	Showa Denko K.K.

【要約】
　本発明は，製剤安定性に優れた分岐型アシルカルニチン配合皮膚外用剤および化粧料を提供することを目的とする。本発明の皮膚外用剤は，特定の式で示されるカルニチン誘導体および／またはカルニチン誘導体の塩と，両性界面活性剤を含有することを特徴とする。

　本発明は，皮膚外用剤ならびに化粧料に関する。より詳しくは，カルニチン誘導体および／またはその塩と特定の界面活性剤を含有する製剤安定性に優れた安定な皮膚外用剤および化粧料に関する。

　カルニチンが人体の脂質代謝に重要な役割をもつことはよく知られている。カルニチンは，細胞において，脂肪から遊離する脂肪酸に酵素的に結合し，脂質燃焼の場である細胞内器官のミトコンドリア内に脂肪酸を運ぶキャリアの働きを持つ。

　本発明者らは，鋭意研究を重ねた結果，両性界面活性剤，特にベタイン型界面活性剤の配合が，媒体と分離しにくく均一製剤化の容易な分岐型アシルカルニチン配合皮膚外用剤および化粧料を与えることを見出した。更に，この配合に加えて，皮膚外用剤の pH を特定の範囲に調整することで，その製剤の長期安定性が改善されることを見出し，本発明を完成した。

【特許請求の範囲】
1. 特定の式で示されるカルニチン誘導体および／またはカルニチン誘導体の塩と，両性界面活性剤とを含有することを特徴とする皮膚外用剤。

6.4　キノコテルペンの特許

　「キノコテルペン」の 1 語をキーワードとして特許検索を行った。その結果，約 23 件の特許が検索された。そのうちの 4 個の特許のタイトル等は表 4 のとおりである。

6.5　青森ヒバ由来精油，木曽ヒノキ由来精油の特許

　「テルペン」，「青森ヒバ」，「木曽ヒノキ」，「精油」の 4 語をキーワードとして特許検索を行った。その結果，約 0 件の特許が検索された。それで「テルペン」，「精油」の 2 語をキーワードとして検索すると，約 308 件の特許が検索された。そのうちの 10 件の特許のタイトル等を表 5 に示す。

第4章 医農薬，ライフサイエンス分野での応用

表4 キノコテルペンの利用の特許

	公告番号	名称	出願日	発行日	発明者	特許出願人
1	WO2010052791A1	植物またはキノコからの有効成分の高効率抽出法	2008年11月7日	2010年5月14日	Yukuo Katayama	K.E.M. Corporation
2	WO2012066960A1	アラニン含有食品	2011年11月7日	2012年5月24日	Atsuya Murakami	Musashino Chemical Laboratory, Ltd.
3	WO2012165452A1	飲料組成物	2012年5月30日	2012年12月6日	Masanori Igarashi	Suntory Holdings Limited
4	WO2013161939A1	菌類培養方法	2013年4月25日	2013年10月31日	Junichi Ikeda	Kyoeisha Chemical Co., Ltd.

すべて出願済み

表5 テルペン・精油の応用特許

	公告番号	名称	出願日	発行日	発明者	特許出願人
1	WO2010098440A1	高モノテルペン成分含有精油，その製造方法および当該精油を用いた環境汚染物質浄化方法	2010年2月26日	2010年9月2日	Toshihiko Kaneko	Japan Aroma Laboratory Co., Ltd.
2	WO2011148761A1	精油含有飲料	2011年5月2日	2011年12月1日	Kenryo Kawamoto	Suntory Holdings Limited
3	WO2014065346A1	o/w型マイクロエマルション組成物	2013年10月24日	2014年5月1日	Takahiro Matsushita	V.Mane Fils Japan, Ltd.
4	WO2010103843A	鎮痛・抗炎症剤含有外用剤	2010年3月11日	2010年9月16日	Seiji Miura	Kowa Co., Ltd.
5	WO2014157436A1	外用医薬組成物	2014年3月27日	2014年10月2日	Kazuyoshi Ado	Kobayashi Pharmaceutical Co., Ltd.
6	WO2011040432A1	洗眼剤	2010年9月29日	2011年4月7日	Chikako Ikeda	Rohto Pharmaceutical Co., Ltd.
7	WO2011040433A1	点眼剤	2010年9月29日	2011年4月7日	Teiko Akagi	Rohto Pharmaceutical Co., Ltd.
8	WO2011078338A1	新規のテルペン類合成酵素活性を有するタンパク質とそれをコードする遺伝子	2010年12月24日	2011年6月30日	Tetsu Sugimura	Kirin Holdings Kabushiki Kaisha
9	WO2011132718A1	還元型補酵素q10含有組成物とその製造方法及び安定化方法	2011年4月20日	2011年10月27日	Takao Yamaguchi	Kaneka Corporation
10	WO2013191293A1	ロキソプロフェンを含有する医薬組成物	2013年6月24日	2013年12月27日	Hiroshi Miura	Kowa Company, Ltd.

すべて出願済み

テルペン利用の新展開

2016年8月29日　第1刷発行

監　　修	大平辰朗，宮澤三雄	（T1015）
発 行 者	辻　賢司	
発 行 所	株式会社シーエムシー出版	
	東京都千代田区神田錦町1-17-1	
	電話 03(3293)7066	
	大阪市中央区内平野町1-3-12	
	電話 06(4794)8234	
	http://www.cmcbooks.co.jp/	
編集担当	池田朋美／廣澤　文	

〔印刷　倉敷印刷株式会社〕　　　Ⓒ T. Ohira, M. Miyazawa, 2016

落丁・乱丁本はお取替えいたします。

本書の内容の一部あるいは全部を無断で複写（コピー）することは，法律で認められた場合を除き，著作者および出版社の権利の侵害になります。

ISBN978-4-7813-1170-8　C3043　¥70000E